# 建筑工程计量计价
# 实务基础教程

丁 卫 编 著

中国建筑工业出版社

图书在版编目（CIP）数据

建筑工程计量计价实务基础教程/丁卫编著. —北京：
中国建筑工业出版社，2018.1
ISBN 978-7-112-21359-7

Ⅰ.①建…　Ⅱ.①丁…　Ⅲ.①建筑工程-计量-教材
②建筑造价-教材　Ⅳ.①TU723.3

中国版本图书馆 CIP 数据核字（2017）第 256585 号

本书依据国家最新标准规范编写而成，主要内容以表格形式编写，便于读者对相关内容对比学习，整体记忆；将"消耗量定额"、"定额解释"、"工程量计算"同时体现在表格中，避免了以上内容分开描述，相互脱节的问题，同时加入了"房屋建筑与装饰工程工程量清单"计算规则的内容。

本书提供了"表格化内容梳理"、"重点、难点分析"、"预算实例"，层层递进、思路清晰的学习方案，是建筑工程造价初学者很好的学习教材，又是很实用的工具书。

责任编辑：王砾瑶　范业庶
责任设计：谷有稷
责任校对：王　瑞　刘梦然

建筑工程计量计价实务基础教程

丁　卫　编　著

\*

中国建筑工业出版社出版、发行（北京海淀三里河路 9 号）

各地新华书店、建筑书店经销

北京科地亚盟排版公司制版

廊坊市海涛印刷有限公司印刷

\*

开本：787×1092毫米　1/16　印张：15　字数：370 千字
2018 年 1 月第一版　　2019 年 2 月第二次印刷
定价：**49.00 元**
ISBN 978 - 7 - 112 - 21359 - 7
（31094）

# 前　言

本书以现行的《山东省建筑工程消耗量定额》（SD01—31—2016）、《山东省建设工程费用项目组成及计算规则》（鲁建标字〔2016〕40号）、《房屋建筑与装饰工程工程量计算规范》（GB 50854—2013）、《建设工程工程量清单计价规范》（GB 50500—2013）、《山东省建筑工程价目表》（2017年）为依据编写。

本书内容以定额各章节的分类设置及工程量计算规则为主线，内容中加入了各章节的定额编号，突出了本书的实用性；工程实例部分兼顾了"定额计价"与"清单计价"两种计价模式。本书在内容编排上体现了从易到难的特点，将工程造价工作实践中难理解的知识点放在"重点、难点分析"部分。

本书主要内容以表格形式编写，便于读者对相关内容对比学习，框架式整体记忆；将"定额项目设置"、"定额解释"、"工程量计算"同时体现在表格中，避免了以上内容分开描述、相互脱节的问题，同时加入了"房屋建筑与装饰工程工程量清单"项目设置和计算规则的内容。

本书提供了"表格化内容梳理"、"重点、难点分析"、"工程预算实例"，层层递进、思路清晰的学习方案，是初学者很好的学习教材，又是工程造价从业者很实用的工具书。

全书共分两篇，第一篇建设工程计价依据，主要内容包括：建筑工程消耗量定额概述、房屋建筑与装饰工程工程量计算规范概述、建设工程工程量清单计价规范概述、建设工程费用项目组成及计算规则、建筑面积计算；第二篇建筑工程计量与计价，主要内容包括：土石方工程，地基处理与边坡支护工程，桩基础工程，砌筑工程，钢筋及混凝土工程，金属结构工程，木结构工程，门窗工程，屋面及防水工程，保温、隔热、防腐工程，楼地面装饰工程，墙、柱饰面与隔断、幕墙工程，天棚工程，油漆、涂料及裱糊工程，其他装饰工程，构筑物及其他工程，脚手架工程，模板工程，施工运输工程，建筑施工增加。

由于时间和水平有限，书中可能存在不足或错误，欢迎读者朋友批评指正。

2017年9月

# 目　　录

# 第一篇

## 建设工程计价依据

# 第一章　建筑工程消耗量定额

《山东省建筑工程消耗量定额》SD01-31—2016（以下简称"本定额"）以《房屋建筑与装饰工程消耗量定额》TY01-31—2015 和《山东省建筑工程消耗量定额》（2003 年）（本书简称为"03 定额"）为基础，以国家和省有关部门发布的现行设计规范、施工及验收规范、技术操作规程、质量评定标准、产品标准和安全操作规程以及现行工程量清单计价规范、计算规范和有关定额为依据，并参考了典型工程设计、施工和其他资料，结合山东省实际情况编制，分上、下两册。此定额与《山东省建设工程费用项目组成及计算规则》配套使用。

本定额于 2016 年 11 月 11 日，经山东省住房和城乡建设厅批准发布，自 2017 年 3 月 1 日起施行，2017 年 3 月 1 日前已签订合同的工程，仍按原合同及有关规定执行。

## 一、编制指导思想

定额编制工作的指导思想是：以科学发展观统领全局，坚持实事求是、与时俱进，遵循市场经济原则，有利于政府对工程造价的宏观调控，有利于规范工程造价计价行为，有利于合理确定和有效控制工程投资，推动建筑安装行业公平竞争、健康有序发展，同时兼顾山东省计价依据、计价模式的有效衔接。

## 二、编制原则

（1）坚持科学合理、实事求是、简明适用原则

定额项目的设置既要能反映工程实际内容，又要便于工程计量，尽量以主体工序为主列项，带次要工序，又要考虑工程实际中次要工序的复现性。对于在不同工程中变化大、不易综合到主要项目中的次要工序，均另列定额项目，使定额更能反映实际。

（2）坚持与现行技术标准、规范相适应的原则

对由于技术标准、规范更新引起的消耗量的种类和数量的变化进行了调整，做到与现行技术标准、规范要求相适应。优先采用现行标准图集，无标准图集的，采用具有代表性的设计图纸。

（3）坚持与现行工程量计算规范相衔接的原则

本定额章、节、项目划分尽量与《房屋建筑与装饰工程工程量计算规范》GB 50854—2013（以下简称"13 清单规范"）一致或协调，同时考虑到清单计价与定额计价的不同，进行适当调整。

（4）坚持定额消耗量总体水平反映社会平均的原则

定额消耗量经过代表性工程与市场投标报价、工程结算对比测算，反复调整，使定额水平基本反映市场实际情况。

## 三、编制依据

编制的主要依据有：

（1）《房屋建筑与装饰工程工程量计算规范》GB 50854—2013；

（2）《建设工程工程量清单计价规范》GB 50500—2013；

（3）《房屋建筑与装饰工程消耗量定额》TY01-31—2015；

（4）《全国统一建筑工程基础定额》GJD 101—1995；

（5）《爆破工程消耗量定额》GYD-102—2008；

（6）《建设工程劳动定额》LD/T 72.1～11—2008；

（7）《全国建筑安装工程统一劳动定额》（1985 年）；

（8）《山东省建筑工程消耗量定额》（2003 年）；

（9）《工程岩体分级标准》GB/T 50218—2014；

（10）《岩土工程勘察规范》GB 50021—2001（2009 年版）；

（11）浙江、北京、湖南、吉林等省市的现行定额；

（12）有关施工现场的实际调查资料。

## 四、主要内容

本定额的章节子目设置是在 13 清单规范的框架下进行的，同时，考虑山东省计价工作的延续性，按山东省常规做法增加和修改了部分内容。章节设置情况是：

第一章　土石方工程

第二章　地基处理与边坡支护工程

第三章　桩基础工程

第四章　砌筑工程

第五章　钢筋及混凝土工程

第六章　金属结构工程

第七章　木结构工程

第八章　门窗工程

第九章　屋面及防水工程

第十章　保温、隔热、防腐工程

第十一章　楼地面装饰工程

第十二章　墙、柱面装饰与隔断、幕墙工程

第十三章　天棚工程

第十四章　油漆、涂料及裱糊工程

第十五章　其他装饰工程

第十六章　构筑物及其他工程

第十七章　脚手架工程

第十八章　模板工程

第十九章　施工运输工程

第二十章　建筑施工增加

章节划分基本与 13 清单规范各附录对应，山东省定额设置增加了"第十六章　构筑物及其他工程"。13 清单规范"附录 R 拆除工程"，山东省在修缮定额中设置有相应项目，故未设。附录 S 措施项目，此次项目设置时将其设为第十七、十八、十九、二十章。

### 五、定额的结构形式

本定额由总说明、目录、各章说明及工程量计算规则、定额消耗量表组成。

1. 总说明

主要包括定额主要内容、适用范围、编制依据、主要问题的确定、共性问题等。

2. 各章说明及工程量计算规则

主要包括本章主要内容、适用范围、定额适用条件、使用注意事项等，以及工程量计算规则及注意事项。

3. 定额消耗量表

定额消耗量表包括工作内容、计量单位、项目名称及各类消耗量的名称、规格、数量等。

### 六、定额编制中主要问题的确定

（一）定额编制考虑的基本条件

消耗量定额按正常施工条件，山东省内大多数施工企业采用的施工方法，机械化程度和合理的劳动组织及工期进行编制的。

定额未考虑特殊施工条件下所发生的人工、材料、机械等各类消耗量，如有发生可按批准的施工组织设计另行计算。

（二）关于人工

（1）本定额的人工不分列工种和技术等级，以综合工日表示。

（2）本定额的人工包括基本用工、超运距用工、辅助用工和人工幅度差。

1）基本用工：是以劳动定额或施工记录为基础，按照相应的工序内容进行计算的用工数量。

2）超运距用工：是指定额取定的材料、成品、半成品的水平运距超过施工定额（或劳动定额）规定的运距所增加的用工。

3）辅助用工：是指为保证基本工作的顺利进行所必需的辅助性工作所消耗的用工。

4）人工幅度差：是指工种之间的工序搭接，不可避免的停歇时间，施工机械在场内变换位置及施工中移动临时水、电线引起的临时停水、停电所发生的不可避免的间歇时间，施工中水、电维修用工，隐蔽工程验收、质量检查掘开及修复的时间，现场内操作地点转移影响的操作时间，施工过程中不可避免的少量零星用工。

（3）本定额的人工每工日按 8h 工作制计算。

（三）关于材料

（1）本定额中的材料包括施工中消耗的主要材料、辅助材料、周转材料和其他材料。

（2）本定额中的材料消耗量包括净用量和损耗量。损耗量包括：从工地仓库、现场集中堆放地点（或现场加工地点）至操作（或安装）地点的施工场内运输损耗、施工操作损耗、施工现场堆放损耗等，规范（设计文件）规定的预留量、搭接量不在损耗量中考虑。

（3）本定额中主要材料数量以"（－）"表示的，是指主要材料需按实际考虑的未计价材（含损耗量）。

（4）本定额中的周转性材料按不同施工方法，不同类别、材质，计算出摊销量进入消耗量定额。

（5）对于用量少、低值易耗的零星材料，定额编制时作了技术处理，不再体现。

（四）关于机械

（1）本定额中的机械按常用机械、合理机械配备和施工企业的机械化装备程度，并结合工程实际综合确定。

（2）本定额的机械台班消耗量是按正常机械施工工效并考虑机械幅度差综合取定。

（3）凡单位价值在 2000 元以内、使用年限在一年以内的不构成固定资产的施工机械，不列入机械台班消耗量，作为工具用具在建筑安装工程费用中的企业管理费考虑，其消耗的燃料动力等列入材料。

（4）本定额中未包括大型机械进出场费及其安拆费，应另行计算。

# 第二章 房屋建筑与装饰工程工程量计算规范

《房屋建筑与装饰工程工程量计算规范》GB 50854—2013 是根据住房和城乡建设部《关于印发〈2009 年工程建设标准规范制订、修订计划〉的通知》（建标 [2009] 88 号）的要求，为进一步适应建设市场计量、计价的需要，对《建设工程工程量清单计价规范》GB 50500—2008 附录 A 建筑物部分、附录 B 装饰装修工程进行修订并增加新项目而成。

房屋建筑与装饰工程涉及电气、给水排水、消防等安装工程的项目，按照现行国家标准《通用安装工程工程量计算规范》GB 50856—2013 的相应项目执行；涉及仿古建筑工程的项目，按现行国家标准《仿古建筑工程工程量计算规范》GB 50855—2013 的相应项目执行；涉及室外地（路）面、室外给水排水等工程的项目，按现行国家标准《市政工程工程量计算规范》GB 50857—2013 的相应项目执行；采用爆破法施工的石方工程按照现行国家标准《爆破工程工程量计算规范》GB 50862—2013 的相应项目执行。

## 一、工程计量

（1）工程量计算除依据本规范各项规定外，尚应依据以下文件：

1）经审定通过的施工设计图纸及其说明。

2）经审定通过的施工组织设计或施工方案。

3）经审定通过的其他有关技术经济文件。

（2）本规范附录中有两个或两个以上计量单位的，应结合拟建工程项目的实际情况，确定其中一个为计量单位。同一工程项目的计量单位应一致。

（3）工程计量时每一项目汇总的有效位数应遵守下列规定：

1）以"t"为单位，应保留小数点后三位数字，第四位小数四舍五入。

2）以"m"、"m²"、"m³"、"kg"为单位，应保留小数点后两位数字，第三位小数四舍五入。

3）以"个"、"件"、"根"、"组"、"系统"为单位，应取整数。

（4）本规范各项目仅列出了主要工作内容，除另有规定和说明者外，应视为已经包括完成该项目所列或未列的全部工作内容。

## 二、工程量清单编制

（一）一般规定

（1）编制工程量清单应依据：

1）本规范和现行国家标准《建设工程工程量清单计价规范》GB 50500—2013；

2）国家或省级、行业建设主管部门颁发的计价依据和办法；

3）建设工程设计文件；

4）与建设工程项目有关的标准、规范、技术资料；

5）拟定的招标文件；

6）施工现场情况、工程特点及常规施工方案；

7）其他相关资料。

（2）其他项目、规费和税金项目清单应按照现行国家标准《建设工程工程量清单计价规范》GB 50500—2013 的相关规定编制。

（3）补充项目的编码由本规范的代码 01 与 B 和三位阿拉伯数字组成，并应从 01B001 起顺序编制，同一招标工程的项目不得重码。

补充的工程量清单需附有补充项目的名称、项目特征、计量单位、工程量计算规则、工作内容。不能计量的措施项目，需附有补充项目的名称、工作内容及包含范围。

（二）分部分项工程

（1）工程量清单应根据附录规定的项目编码、项目名称、项目特征、计量单位和工程量计算规则进行编制。

（2）工程量清单的项目编码，应采用十二位阿拉伯数字表示，一至九位按附录的规定设置，十至十二位应根据拟建工程的工程量清单项目名称和项目特征设置，同一招标工程的项目编码不得有重码。

（3）工程量清单的项目名称应按附录的项目名称结合拟建工程的实际情况确定。

（4）工程量清单的项目特征应按附录中规定的项目特征结合拟建工程的实际予以描述。

（5）工程量清单中所列工程量应按附录中规定的工程量计算规则计算。

（6）工程量清单的计量单位应按附录中规定的计量单位确定。

（三）措施项目

（1）措施项目中列出了项目编码、项目名称、项目特征、计量单位、工程量计算规则的项目，编制工程量清单时，应按照本规范分部分项工程的规定执行。

（2）措施项目中列出了项目编码、项目名称，未列出项目特征、计量单位和工程量计算规则的项目，编制工程量清单时，应按本规范附录 S 措施项目规定的项目编码、项目名称确定。

# 第三章　建设工程工程量清单计价规范

《建设工程工程量清单计价规范》GB 50500—2013 是根据住房和城乡建设部《关于印发〈2009 年工程建设标准规范制订、修订计划〉的通知》（建标〔2009〕88 号）的要求，由住房和城乡建设部标准定额研究所、四川省建设工程造价管理总站会同有关单位共同在《建设工程工程量清单计价规范》GB 50500—2008 正文部分的基础上修订的。

## 一、计价方式

（1）使用国有资金投资的建设工程发承包，必须采用工程量清单计价。

（2）使用非国有资金投资的建设工程，宜采用工程量清单计价。

（3）不采用工程量清单计价的建设工程，应执行本规范除工程量清单等专门性规定外的其他规定。

（4）工程量清单应采用综合单价计价。

（5）措施项目中的安全文明施工费必须按国家或省级、行业建设主管部门的规定计算，不得作为竞争性费用。

（6）规费和税金必须按国家或省级、行业建设主管部门的规定计算，不得作为竞争性费用。

## 二、工程量清单编制

（一）分部分项工程

（1）分部分项工程量清单必须载明项目编码、项目名称、项目特征、计量单位和工程量。

（2）分部分项工程量清单必须根据相关工程现行国家计量规范规定的项目编码、项目名称、项目特征、计量单位和工程量计算规则进行编制。

（二）措施项目

（1）措施项目清单必须根据相关工程现行国家计量规范的规定编制；

（2）措施项目清单应根据拟建工程的实际情况列项。

（三）其他项目

其他项目清单应按照下列内容列项：

（1）暂列金额；

（2）暂估价，包括材料暂估价、工程设备暂估价、专业工程暂估价；

（3）计日工；

（4）总承包服务费。

（四）规费

规费项目清单应按照下列内容列项：

（1）社会保险费，包括养老保险费、失业保险费、医疗保险费、工伤保险费、生育保险费；

（2）住房公积金；

（3）工程排污费；

（4）出现以上未列的项目，应根据省级政府或省级有关部门的规定列项。

（五）税金

根据税务部门的规定列项。

### 三、 工程量清单计价工程费用项目组成

工程量清单计价工程费用项目组成见表1-3-1。

工程量清单计价工程费用项目组成        表 1-3-1

| | | |
|---|---|---|
| 工程量清单的含义 | | 是载明建设工程的分部分项工程、措施项目、其他项目的名称和相应数量以及规费和税金项目等内容的明细清单。工程量清单以单位（项）工程为单位编制，由分部分项工程量清单、措施项目清单、其他项目清单、规费和税金项目清单组成 |
| 分部分项工程量清单 | 项目编码 | 是载明计量单位、项目特征、计算规则及所含工作内容的分部分项工程明细清单。其所含工作内容是相互关联的多项分部分项工作内容之和。<br>分部分项工程量清单项目编码以五级编码设置，项目编码结构如下图所示：<br>01—04—01—001—×××<br>第五级为工程量清单项目名称顺序码（由工程量清单编制人编制，从001开始）<br>第四级为分项工程项目名称顺序码，001表示砖基础<br>第三级为分部工程顺序码，01表示砖砌体<br>第二级为附录分类顺序码，04表示砌筑工程<br>第一级为专业工程代码，01表示房屋建筑与装饰工程 |
| | 项目名称 | 分部分项工程量清单的项目名称应按各专业工程计量规范附录的项目名称结合拟建工程的实际确定 |
| | 项目特征 | 分部分项工程量清单的项目特征应按各专业工程计量规范附录中规定的项目特征，结合技术规范、标准图集、施工图纸，按照工程结构、使用材质及规格或安装位置等，予以详细而准确的表述和说明 |
| | 计量单位 | 清单的计量单位应采用基本单位 |
| | 工程量计算规则 | 工程数量主要通过工程量计算规则计算得到。工程量计算规则是指对清单项目工程量的计算规定。除另有说明外，所有清单项目的工程量应以实体工程量为准，并以完成后的净值计算；投标人投标报价时，应在单价中考虑施工中的各种损耗和需要增加的工程内容 |
| 措施项目清单 | | 措施项目中可以计算工程量的项目清单宜采用分部分项工程量清单的方式编制，列出项目编码、项目名称、项目特征、计量单位和工程量。 |

分部分项工程和单价措施项目清单与计价表

工程名称：　　　　　　　　　标段：　　　　　　　　　　第 页 共 页

| 序号 | 项目编码 | 项目名称 | 项目特征描述 | 计量单位 | 工程量 | 金额（元） | | |
|---|---|---|---|---|---|---|---|---|
| | | | | | | 综合单价 | 合价 | 其中<br>暂估价 |
| | | | | | | | | |
| | | | | | | | | |
| 本页小计 | | | | | | | | |
| 合计 | | | | | | | | |

续表

单价措施项目中不能计算工程量的项目清单，以"项"为计量单位进行编制。

### 总价措施项目清单与计价表

| 序号 | 项目编码 | 项目名称 | 计算基础 | 费率（％） | 金额（元） | 调整费率（％） | 调整后金额（元） | 备注 |
|---|---|---|---|---|---|---|---|---|
| | | 安全文明施工费 | | | | | | |
| | | 夜间施工增加费 | | | | | | |
| | | 二次搬运费 | | | | | | |
| | | 冬雨期施工增加费 | | | | | | |
| | | 已完工程及设备保护费 | | | | | | |

注：1. "计算基础"中安全文明施工费可为"定额基价"、"定额人工费"或"定额人工费＋定额机械费"，其他项目可为"定额人工费"或"定额人工费＋定额机械费"。

2. 按施工方案计算的措施费，若无"计算基础"和"费率"的数值，也可只填"金额"数值，但应在备注栏说明施工方案出处或计算方法。

### 其他项目清单与计价汇总表

| 序号 | 项目名称 | 金额（元） | 结算金额（元） | 备注 |
|---|---|---|---|---|
| 1 | 暂列金额 | | | 明细详见下表1 |
| 2 | 暂估价 | | | |
| 2.1 | 材料（工程设备）暂估价、结算价 | — | | 明细详见下表2 |
| 2.2 | 专业工程暂估价/结算价 | | | 明细详见下表3 |
| 3 | 计日工 | | | 明细详见下表4 |
| 4 | 总承包服务费 | | | 明细详见下表5 |
| 5 | 索赔与现场签证 | | | |
| | 合计 | | | — |

注：材料（工程设备）暂估单价进入清单项目综合单价，此处不汇总。

暂列金额是指招标人在工程量清单中暂定并包括在合同价款中的一笔款项。用于工程合同签订时尚未确定或者不可预见的所需材料、工程设备、服务的采购，施工中可能发生的工程变更、合同约定调整因素出现时的合同价款调整以及发生的索赔、现场签证确认等的费用。可根据工程的复杂程度、设计标准、工程环境条件进行估算，一般可以分部分项工程费的10％～15％为参考。

### 暂列金额明细表（表1）

工程名称：          标段：          第 页 共 页

| 序号 | 项目名称 | 计量单位 | 暂定金额（元） | 备注 |
|---|---|---|---|---|
| 1 | | | | |
| 2 | | | | |
| 3 | | | | |
| | | | | |

注：此表由招标人填写，如不能详列，也可只列暂定金额总额，投标人应将上述暂列金额总额计入投标总价中。

暂估价是指招标人在工程量清单中提供的用于支付必然发生但暂时不能确定价格的材料、工程设备以及专业工程的金额，包括材料暂估单价、工程设备暂估单价和专业工程暂估价。

专业工程的暂估价一般应是综合暂估价，应包括规费和税金以外的管理费、利润等取费。暂估价中的材料、工程设备暂估单价应根据工程造价信息或参照市场价格估算，列出明细表。

### 材料（工程设备）暂估单价及调整表（表2）

工程名称：　　　　　　　　　　　　　标段：　　　　　　　　　　　　第 页 共 页

| 序号 | 材料（工程设备）名称、规格、型号 | 单位 | 数量 | | 暂估（元） | | 确认（元） | | 差额（元） | | 备注 |
|---|---|---|---|---|---|---|---|---|---|---|---|
| | | | 暂估 | 确认 | 单价 | 合价 | 单价 | 合价 | 单价 | 合价 | |
| | | | | | | | | | | | |
| | | | | | | | | | | | |

注：此表由招标人填写"暂估单价"，并在备注栏说明暂估价的材料、工程设备拟用在哪些清单项目上，投标人应将上述材料、工程设备暂估价计入工程量清单综合单价报价中。

### 专业工程暂估价及结算价表（表3）

工程名称：　　　　　　　　　　　　　标段：　　　　　　　　　　　　第 页 共 页

| 序号 | 工程名称 | 工程内容 | 暂估金额（元） | 结算金额（元） | 差额±（元） | 备注 |
|---|---|---|---|---|---|---|
| | | | | | | |
| | | | | | | |

注：此表"暂估金额"由招标人填写，投标人应将"暂估金额"计入投标总价中。结算时按合同约定结算金额填写。

其他项目清单

计日工适用的所谓零星项目或工作一般是指合同约定之外的或者因变更而产生的、工程量清单中没有相应项目的额外工作，尤其是那些难以事先商定价格的额外工作。计日工应列出项目名称、计量单位和暂估数量。

### 计日工表（表4）

工程名称：　　　　　　　　　　　　　标段：　　　　　　　　　　　　第 页 共 页

| 编号 | 项目名称 | 单位 | 暂定数量 | 实际数量 | 综合单价（元） | 合价（元） | |
|---|---|---|---|---|---|---|---|
| | | | | | | 暂定 | 实际 |
| 一 | 人工 | | | | | | |
| 1 | | | | | | | |
| 2 | | | | | | | |
| … | | | | | | | |
| 人工小计 | | | | | | | |
| 二 | 材料 | | | | | | |
| 1 | | | | | | | |
| 2 | | | | | | | |
| … | | | | | | | |
| 材料小计 | | | | | | | |
| 三 | 施工机械 | | | | | | |
| 1 | | | | | | | |
| 2 | | | | | | | |
| … | | | | | | | |
| 施工机械小计 | | | | | | | |
| 四 | 企业管理费和利润 | | | | | | |
| 合计 | | | | | | | |

注：此表项目名称、暂定数量由招标人填写，编制招标控制价时，单价由招标人按有关计价规定确定；投标时，单价由投标人自主报价，按暂定数量计算合价计入投标总价中。结算时，按发承包双方确认的实际数量计算合价。

<table>
<tr><td rowspan="10">总承包服务费</td><td colspan="7">是指总承包人为配合协调发包人进行的专业工程发包，对发包人自行采购的材料、工程设备等进行保管以及施工现场管理、竣工资料汇总整理等服务所需的费用。招标人应预计该项费用并按投标人的投标报价向投标人支付该项费用。总承包服务费应列出服务项目及其内容等。</td></tr>
</table>

**总承包服务费计价表（表5）**

工程名称：　　　　　　　　　标段：　　　　　　　　　　　　第　页　共　页

| 序号 | 项目名称 | 项目价值（元） | 服务内容 | 计算基础 | 费率（%） | 金额（元） |
|---|---|---|---|---|---|---|
| 1 | 发包人发包专业工程 | | | | | |
| 2 | 发包人提供材料 | | | | | |
| | 合计 | — | — | | — | |

注：此表项目名称、服务内容由招标人填写，编制招标控制价时，费率及金额由招标人按有关计价规定确定；投标时，费率及金额由投标人自主报价，计入投标总价中。

**规费、税金项目计价表**

工程名称：　　　　　　　　　标段：　　　　　　　　　　　　第　页　共　页

| 序号 | 项目名称 | 计算基础 | 计算基数 | 费率（%） | 金额（元） |
|---|---|---|---|---|---|
| 1 | 规费 | 定额人工费 | | | |
| 1.1 | 社会保险费 | 定额人工费 | | | |
| (1) | 养老保险费 | 定额人工费 | | | |
| (2) | 失业保险费 | 定额人工费 | | | |
| (3) | 医疗保险费 | 定额人工费 | | | |
| (4) | 工伤保险费 | 定额人工费 | | | |
| (5) | 生育保险费 | 定额人工费 | | | |
| 1.2 | 住房公积金 | 定额人工费 | | | |
| 1.3 | 工程排污费 | 按工程所在地环境保护部门收取标准，按实计入 | | | |
| 2 | 税金（增值税） | 人工费＋材料费＋施工机具使用费＋企业管理费＋利润＋规费 | | | |
| | 合计 | | | | |

（左侧栏目：规费和税金项目清单）

# 第四章　建设工程费用项目组成及计算规则

鲁建标〔2016〕40 号

## 一、　总说明

根据住房和城乡建设部、财政部关于印发《建筑安装工程费用项目组成》的通知（建标〔2013〕44 号），为统一山东省建设工程费用项目组成、计价程序并发布相应费率，制定本规则。

（1）本规则所称建设工程费用，是指一般工业与民用建筑工程的建筑、装饰、安装、市政、园林绿化等工程的建筑安装工程费用。

（2）本规则适用于山东省行政区域内一般工业与民用建筑工程的建筑、装饰、安装、市政、园林绿化工程的计价活动，与山东省现行建筑、装饰、安装、市政、园林绿化工程消耗量定额配套使用。

（3）本规则涉及的建设工程计价活动包括编制招标控制价、投标报价和签订施工合同价以及确定工程结算等内容。

（4）规费中的社会保险费，按山东省政府鲁政发〔2016〕10 号和山东省住建厅鲁建办字〔2016〕21 号文件规定，在工程开工前由建设单位向建筑企业劳保机构交纳。规费中的建设项目工伤保险，按鲁人社发〔2015〕15 号《关于转发人社部发〔2014〕103 号文件明确建筑业参加工伤保险有关问题的通知》，在工程开工前向社会保险经办机构交纳。编制招标控制价、投标报价时，应包括社会保险费和建设项目工伤保险。编制竣工结算时，若已按规定交纳社会保险费和建设项目工伤保险，该费用仅作为计税基础，结算时不包括该费用；若（建设单位）未交纳社会保险费和建设项目工伤保险，结算时应包括该费用。

（5）本规则中的费用计价程序是计算山东省建设工程费用的依据，其中包括定额计价和工程量清单计价方式。

（6）本规则中的费率是编制招标控制价的依据，也是其他计价活动的重要参考（其中规费、税金必须按规定计取，不得作为竞争性费用）。

## 二、　建设工程费用计算程序

（一）定额计价计算程序

定额计价计算程序见表 1-4-1。

定额计价计算程序　　　　　　　　　　　　　　　　表 1-4-1

| 序号 | 费用项目名称 | 计算方法 |
|------|------------|----------|
| 一 | 分部分项工程费 | $\Sigma\{[$定额$\Sigma($工日消耗量×人工单价$)+\Sigma($材料消耗量×材料单价$)+\Sigma($机械台班消耗量×台班单价$)]×$分部分项工程量$\}$ |
| | 计费基础 $JD_1$ | 详见计费基础说明 |

14

续表

| 序号 | 费用项目名称 | 计算方法 |
|---|---|---|
| 二 | 措施项目费 | 2.1＋2.2 |
| | 2.1 单价措施费 | $\sum\{[定额\sum(工日消耗量×人工单价)＋\sum(材料消耗量×材料单价)＋\sum(机械台班消耗量×台班单价)]×单价措施项目工程量\}$ |
| | 2.2 总价措施费 | $JD_1×相应费率$ |
| | 计费基础 $JD_2$ | 详见计费基础说明 |
| 三 | 其他项目费 | 3.1＋3.3＋…＋3.8 |
| | 3.1 暂列金额 | |
| | 3.2 专业工程暂估价 | |
| | 3.3 特殊项目暂估价 | |
| | 3.4 计日工 | 按表后注解内容"1."中相应规定计算 |
| | 3.5 采购保管费 | |
| | 3.6 其他检验试验费 | |
| | 3.7 总承包服务费 | |
| | 3.8 其他 | |
| 四 | 企业管理费 | $(JD_1＋JD_2)×管理费费率$ |
| 五 | 利润 | $(JD_1＋JD_2)×利润率$ |
| 六 | 规费 | 4.1＋4.2＋4.3＋4.4＋4.5 |
| | 4.1 安全文明施工费 | (一＋二＋三＋四＋五)×费率 |
| | 4.2 社会保险费 | (一＋二＋三＋四＋五)×费率 |
| | 4.3 住房公积金 | 按工程所在地设区市相关规定计算 |
| | 4.4 工程排污费 | 按工程所在地设区市相关规定计算 |
| | 4.5 建设项目工伤保险 | 按工程所在地设区市相关规定计算 |
| 七 | 设备费 | $\sum(设备单价×设备工程量)$ |
| 八 | 税金 | (一＋二＋三＋四＋五＋六＋七)×税率 |
| 九 | 工程费用合计 | 一＋二＋三＋四＋五＋六＋七＋八 |

注：1. 其他项目费说明：

(1) 暂列金额：是指建设单位在工程量清单中暂定并包括在工程合同价款中的一笔款项，用于施工合同签订时尚未确定或不可预见的材料、设备、服务的采购，施工中可能发生的工程变更、合同约定调整因素出现时工程价款的调整以及发生的索赔、现场签证等的费用。

暂列金额，包含在投标总价和合同总价中，但只有施工过程中实际发生了并且符合合同约定的价款支付程序，才能纳入到竣工结算价款中。暂列金额，扣除实际发生金额后的余额，仍属于建设单位所有。

暂列金额，一般可按分部分项工程费的 10%～15% 估列。

(2) 专业工程暂估价：是指建设单位根据国家相应规定，预计需由专业承包人另行组织施工，实施单独分包（总承包人仅对其进行总承包服务），但暂时不能确定价格的专业工程价款。

专业工程暂估价，应区分不同专业，按有关计价规定估价，并仅作为计取总承包服务费的基础，不计入总承包人的工程总造价。

(3) 特殊项目暂估价，是指未来工程中肯定发生，其他费用项目均未包括，但由于材料、设备或技术工艺的特殊性，没有可参考的计价依据，事先难以准确确定其价格，对造价影响较大的项目费用。

(4) 计日工：是指在施工过程中，承包人完成建设单位提出的工程合同范围以外的、突发性的零星项目或工作，按合同中约定的单价计价的一种方式。

计日工，不仅指人工，零星项目或工作使用的材料、机械均应计列于本项之下。

(5) 采购保管费：是指采购、供应和保管材料、设备过程中所需要的各项费用。包括采购费、仓储费、工地保管费、仓储损耗。采购保管费从定义上来说属于材料费，省站发布的材料单价中已包含采购保管费。此处采购保管费是考虑在工程建设过程中没有计取采购保管费的材料，比如甲方购买的材料等，按费率计算采购保管费。

(6) 其他检验试验费：检验试验，不包括相应规范规定之外要求增加鉴定、检查的费用，新结构、新材料的试验费用，对构件做破坏性试验及其他特殊要求检验试验的费用，建设单位委托检测机构进行检测的费用。此类检测发生的费用，在该项中列支。

建设单位对施工单位提供的具有出厂合格证明的材料要求进行再检验，经检验不合格的，该检测费用由施工单位支付。

(7) 总承包服务费：是指总承包人为配合、协调发包人根据国家有关规定进行专业工程发包，自行采购材料、设备等进行现场接收、管理（非指保管）以及施工现场管理、竣工资料汇总整理等服务所需要的各项费用。

2. 其他未尽内容详见"《山东省建设工程费用项目组成及计算规则》(2016 年)"。

（二）工程量清单计价计算程序

工程量清单计价计算程序见表 1-4-2。

工程量清单计价计算程序　　　　　　　　　　　　表 1-4-2

| 序号 | 费用项目名称 | | 计算方法 |
|---|---|---|---|
| 一 | | 分部分项工程费 | $\Sigma(J_i \times$ 分部分项工程量$)$ |
| | | 分部分项工程综合单价 | $J_i = 1.1 + 1.2 + 1.3 + 1.4 + 1.5$ |
| | 1.1 | 人工费 | 每计量单位$\Sigma$（工日消耗量×人工单价） |
| | 1.2 | 材料费 | 每计量单位$\Sigma$（材料消耗量×材料单价） |
| | 1.3 | 施工机械使用费 | 每计量单位$\Sigma$（机械台班消耗量×台班单价） |
| | 1.4 | 企业管理费 | $JQ_1 \times$管理费费率 |
| | 1.5 | 利润 | $JQ_1 \times$利润率 |
| | | 计费基础 $JQ_1$ | 详见计费基础说明 |
| 二 | | 措施项目费 | $2.1 + 2.2$ |
| | 2.1 | 单价措施费 | $\Sigma\{[$每计量单位$\Sigma$（工日消耗量×人工单价）$+\Sigma$（材料消耗量×材料单价）$+$ $\Sigma$（机械台班消耗量×台班单价）$+JQ_2 \times$（管理费费率+利润率）$] \times$单价措施项目工程量$\}$ |
| | | 计费基础 $JQ_2$ | 详见计费基础说明 |
| | 2.2 | 总价措施费 | $\Sigma[(JQ_1 \times$分部分项工程量）×措施费率+$(JQ_1 \times$分部分项工程量）×省发措施费费率×$H \times$（管理费费率+利润率）$]$ |
| 三 | | 其他项目费 | $3.1 + 3.3 + \cdots + 3.8$ |
| | 3.1 | 暂列金额 | |
| | 3.2 | 专业工程暂估价 | |
| | 3.3 | 特殊项目暂估价 | |
| | 3.4 | 计日工 | 同"定额计价计算程序" |
| | 3.5 | 采购保管费 | |
| | 3.6 | 其他检验试验费 | |
| | 3.7 | 总承包服务费 | |
| | 3.8 | 其他 | |
| 四 | | 规费 | $4.1 + 4.2 + 4.3 + 4.4 + 4.5$ |
| | 4.1 | 安全文明施工费 | （一+二+三）×费率 |
| | 4.2 | 社会保险费 | （一+二+三）×费率 |
| | 4.3 | 住房公积金 | 按工程所在地设区市相关规定计算 |
| | 4.4 | 工程排污费 | 按工程所在地设区市相关规定计算 |
| | 4.5 | 建设项目工伤保险 | 按工程所在地设区市相关规定计算 |
| 五 | | 设备费 | $\Sigma$（设备单价×设备工程量） |
| 六 | | 税金 | （一+二+三+四+五）×税率 |
| 七 | | 工程费用合计 | 一+二+三+四+五+六 |

注：其他未尽内容详见"《山东省建设工程费用项目组成及计算规则》（2016 年）"。

（三）计费基础说明

计费基础说明见表 1-4-3。

计费基础说明　　　　　　　　　　　　　　　　表 1-4-3

| 专业工程 | 计费基础 | | | 计算方法 |
|---|---|---|---|---|
| 建筑 | 人工费 | 定额计价 | $JD_1$ | 分部分项工程的省价人工费之和 |
| | | | | $\sum$[分部分项工程定额$\sum$(工日消耗量×省人工单价)×分部分项工程量] |
| | | | $JD_2$ | 单价措施项目的省价人工费之和＋总价措施费中的省价人工费之和 |
| | | | | $\sum$[单价措施项目定额$\sum$(工日消耗量×省人工单价)×单价措施项目工程量]＋$\sum$($JD_1$×省发措施费费率×$H$) |
| | | | $H$ | 总价措施费中人工费含量（%） |
| | | 工程量清单计价 | $JQ_1$ | 分部分项工程每计量单位的省价人工费之和 |
| | | | | 分部分项工程每计量单位$\sum$(工日消耗量×省人工单价) |
| | | | $JQ_2$ | 单价措施项目每计量单位的省价人工费之和 |
| | | | | 单价措施项目每计量单位$\sum$(工日消耗量×省人工单价) |
| | | | $H$ | 总价措施费中人工费含量（%） |

## 三、 建筑工程类别划分

### （一）建筑工程类别划分标准

建筑工程类别划分标准见表 1-4-4。

建筑工程类别划分标准　　　　　　　　　　　　表 1-4-4

| 工程特征 | | | 单位 | 工程类别 | | |
|---|---|---|---|---|---|---|
| | | | | Ⅰ | Ⅱ | Ⅲ |
| 工业厂房工程 | 钢结构 | | 跨度 | m | ＞30 | ＞18 | ≤18 |
| | | | 建筑面积 | m² | ＞25000 | ＞12000 | ≤12000 |
| | 其他结构 | 单层 | 跨度 | m | ＞24 | ＞18 | ≤18 |
| | | | 建筑面积 | m² | ＞15000 | ＞10000 | ≤10000 |
| | | 多层 | 檐高 | m | ＞60 | ＞30 | ≤30 |
| | | | 建筑面积 | m² | ＞20000 | ＞12000 | ≤12000 |
| 民用建筑工程 | 钢结构 | | 檐高 | m | ＞60 | ＞30 | ≤30 |
| | | | 建筑面积 | m² | ＞30000 | ＞12000 | ≤12000 |
| | 混凝土结构 | | 檐高 | m | ＞60 | ＞30 | ≤30 |
| | | | 建筑面积 | m² | ＞20000 | ＞10000 | ≤10000 |
| | 其他结构 | | 层数 | 层 | — | ＞10 | ≤10 |
| | | | 建筑面积 | m² | — | ＞12000 | ≤12000 |
| | 别墅工程（≤3层） | | 栋数 | 栋 | ≤5 | ≤10 | ＞10 |
| | | | 建筑面积 | m² | ≤500 | ≤700 | ＞700 |
| 构筑物工程 | 烟囱 | | 混凝土结构高度 | m | ＞100 | ＞60 | ≤60 |
| | | | 砖结构高度 | m | ＞60 | ＞40 | ≤40 |
| | 水塔 | | 高度 | m | ＞60 | ＞40 | ≤40 |
| | | | 容积 | m³ | ＞100 | ＞60 | ≤60 |
| | 筒仓 | | 高度 | m | ＞35 | ＞20 | ≤20 |
| | | | 容积（单体） | m³ | ＞2500 | ＞1500 | ≤1500 |
| | 贮池 | | 容积（单体） | m³ | ＞3000 | ＞1500 | ≤1500 |
| 桩基础工程 | | | 桩长 | m | ＞30 | ＞12 | ≤12 |
| 单独土石方工程 | | | 土石方 | m³ | ＞30000 | ＞12000 | 5000＜体积≤12000 |

（二）建筑工程类别划分说明

（1）建筑工程确定类别时，应首先确定工程类型。

建筑工程的工程类型，按工业厂房工程、民用建筑工程、构筑物工程、桩基础工程、单独土石方工程五个类型分列。

1）工业厂房工程，指直接从事物质生产的生产厂房或生产车间。

工业建筑中，为物质生产配套和服务的实验室、化验室、食堂、宿舍、医疗、卫生及管理用房等独立建筑物，按民用建筑工程确定工程类别。

2）民用建筑工程，指直接用于满足人们物质和文化生活需要的非生产性建筑物。

3）构筑物工程，指与工业或民用建筑配套，并独立于工业与民用建筑之外，如：烟囱、水塔、筒仓、贮池等工程。

4）桩基础工程，是浅基础不能满足建筑物的稳定性要求，而采用的一种深基础工艺，主要包括：各种现浇和预制混凝土桩以及其他材质的桩基础。桩基础工程适用于建设单位直接发包的桩基础工程。

5）单独土石方工程：指建筑物、构筑物、市政设施等基础土石方以外的，挖方或填方工程量＞5000m³ 且需要单独编制概预算的土石方工程。包括：土石方的挖、运、填等。

6）同一建筑物工程类型不同时，按建筑面积大的工程类型确定其工程类别。

（2）房屋建筑工程的结构形式：

1）钢结构，是指柱、梁（屋架）、板等承重构件用钢材制作的建筑物。

2）混凝土结构，是指柱、梁（屋架）、板等承重构件用现浇或预制的钢筋混凝土制作的建筑物。

3）同一建筑物结构形式不同时，按建筑面积大的结构形式确定其工程类别。

（3）工程特征

1）建筑物的檐高，指设计室外地坪至檐口滴水（或屋面板板顶）的高度。凸出建筑物主体屋面的楼梯间、电梯间、水箱间部分高度不计入檐口高度。

2）建筑物的跨度，指设计图示轴线间的宽度。

3）建筑物的建筑面积，按建筑面积计算规范的规定计算。

4）构筑物的高度，指设计室外地坪至构筑物主体结构顶坪的高度。

5）构筑物的容积，指设计净容积。

6）桩长，指设计桩长（包括桩尖长度）。

（4）与建筑物配套的零星项目，如水表井、消防水泵接合器井、热力入户井、排水检查井、雨水沉砂池等，按相应建筑物的类别确定工程类别。

其他附属项目，如场区大门、围墙、挡土墙、庭院甬路、室外管道支架等，按建筑工程Ⅲ类确定工程类别。

（5）工业厂房的设备基础，单体混凝土体积＞1000m³，按构筑物工程Ⅰ类；单体混凝土体积＞600m³，按构筑物工程Ⅱ类；单体混凝土体积≤600m³ 且＞50m³，按构筑物工程Ⅲ类；单体混凝土体积≤50m³，按相应建筑物或构筑物的工程类别确定工程类别。

（6）强夯工程，按单独土石方工程Ⅱ类确定工程类别。

### 四、装饰工程类别划分

（一）装饰工程类别划分标准

装饰工程类别划分标准见表1-4-5。

装饰工程类别划分标准　　　　　　　　　　　　　表1-4-5

| 工程特征 | 工程类别 | | |
|---|---|---|---|
| | Ⅰ | Ⅱ | Ⅲ |
| 工业与民用建筑 | 特殊公共建筑，包括：观演展览建筑、交通建筑、体育场馆、高级会堂等 | 一般公共建筑，包括：办公建筑、文教卫生建筑、科研建筑、商业建筑等 | 居住建筑工业厂房工程 |
| | 四星级及以上宾馆 | 三星级宾馆 | 三星级以下宾馆 |
| 单独外墙装饰（包括幕墙、各种外墙干挂工程） | 幕墙高度>50m | 幕墙高度>30m | 幕墙高度≤30m |
| 单独招牌、灯箱、美术字等工程 | — | — | 单独招牌、灯箱、美术字等工程 |

（二）装饰工程类别划分说明

（1）装饰工程，指建筑物主体结构完成后，在主体结构表面及相关部位进行抹灰、镶贴和铺装面层等施工，以达到建筑设计效果的施工内容。

1）作为地面各层次的承载体，在原始地基或回填土上铺装的垫层，属于建筑工程。附着于垫层或者主体结构的找平层仍属于建筑工程。

2）为主体结构及其施工服务的边坡支护工程，属于建筑工程。

3）门窗（不含门窗零星装饰），作为建筑物围护结构的重要组成部分，属于建筑工程。工艺门扇以及门窗的包框、镶贴和零星装饰，属于装饰工程。

4）位于墙柱结构外表面以外、楼板（含屋面板）以下的各种龙骨（骨架）及各种找平层、面层，属于装饰工程。

5）具有特殊功能的防水层、保温层，属于建筑工程；防水层、保温层以外的面层，属于装饰工程。

6）为整体工程或主体结构工程服务的脚手架、垂直运输、水平运输、大型机械进出场，属于建筑工程；单纯为装饰工程服务的，属于装饰工程。

7）建筑工程的施工增加，属于建筑工程；装饰工程的施工增加，属于装饰工程。

（2）特殊公共建筑，包括：观演展览建筑（如影剧院、影视制作播放建筑、城市级图书馆、博物馆、展览馆、纪念馆等）、交通建筑（如汽车、火车、飞机、轮船的站房建筑等）、体育场馆（如体育训练、比赛场馆等）、高级会堂等。

（3）一般公共建筑，包括：办公建筑、文教卫生建筑（如教学楼、实验楼、学校图书馆、门诊楼、病房楼、检验化验楼等）、科研建筑、商业建筑等。

（4）宾馆、饭店的星级，按《旅游饭店星级的划分与评定》GB/T 14308—2010确定。

# 第五章 建筑面积计算

（1）建筑物的建筑面积应按自然层外墙结构外围水平面积之和计算。结构层高在2.20m及以上的，应计算全面积；结构层高在2.20m以下的，应计算1/2面积。

建筑面积计算，在主体结构内形成的建筑空间，满足计算面积结构层高要求的均应按本条规定计算建筑面积。主体结构外的室外阳台、雨篷、檐廊、室外走廊、室外楼梯等按相应条款计算建筑面积。当外墙结构本身在一个层高范围内不等厚时，以楼地面结构标高处的外围水平面积计算。

（2）建筑物内设有局部楼层时，对于局部楼层的二层及以上楼层，有围护结构的应按其围护结构外围水平面积计算，无围护结构的应按其结构底板水平面积计算，且结构层高在2.20m及以上的，应计算全面积，结构层高在2.20m以下的，应计算1/2面积。建筑物内的局部楼层见图1-5-1。

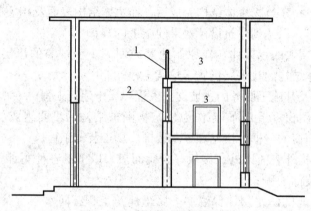

图1-5-1 建筑物内的局部楼层

1—围护设施；2—围护结构；3—局部楼层

（3）对于形成建筑空间的坡屋顶，结构净高在2.10m及以上的部位，应计算全面积；结构净高在1.20m及以上至2.10m以下的部位，应计算1/2面积；结构净高在1.20m以下的部位，不应计算建筑面积。

（4）对于场馆看台下的建筑空间，结构净高在2.10m及以上的部位，应计算全面积；结构净高在1.20m及以上至2.10m以下的部位，应计算1/2面积；结构净高在1.20m以下的部位，不应计算建筑面积。室内单独设置的有围护设施的悬挑看台，应按看台结构底板水平投影面积计算建筑面积。有顶盖无围护结构的场馆看台应按其顶盖水平投影面积的1/2计算建筑面积。

场馆看台下的建筑空间因其上部结构多为斜板，所以采用净高的尺寸划定建筑面积的计算范围和对应规则。室内单独设置的有围护设施的悬挑看台，因其看台上部设有顶盖且可供人使用，所以按看台结构底板水平投影面积计算建筑面积。"有顶盖无围护结构的场馆看台"所称的"场馆"为专业术语，指各种"场"类建筑，如体育场、足球场、网球场、带看台的风雨操场等。

（5）**地下室、半地下室应按其结构外围水平面积计算。结构层高在 2.20m 及以上的，应计算全面积；结构层高在 2.20m 以下的，应计算 1/2 面积。**

地下室作为设备、管道层按（26）执行；地下室的各种竖向井道按（19）执行；地下室的围护结构不垂直于水平面的按（18）执行。

（6）**出入口外墙外侧坡道有顶盖的部位，应按其外墙结构外围水平面积的 1/2 计算面积。** 地下室出入口见图 1-5-2。

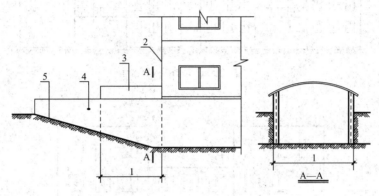

图 1-5-2　地下室出入口

1—计算 1/2 投影面积部位；2—主体建筑；3—出入口顶盖；4—封闭出入口侧墙；5—出入口坡道

（7）**建筑物架空层及坡地建筑物吊脚架空层，应按其顶板水平投影计算建筑面积。结构层高在 2.20m 及以上的，应计算全面积；结构层高在 2.20m 以下的，应计算 1/2 面积。** 本条既适用于建筑物吊脚架空层、深基础架空层建筑面积的计算，也适用于目前部分住宅、学校教学楼等工程在底层架空或在二楼或以上某个甚至多个楼层架空，作为公共活动、停车、绿化等空间的建筑面积的计算。架空层中有围护结构的建筑空间按相关规定计算。建筑物吊脚架空层见图 1-5-3。

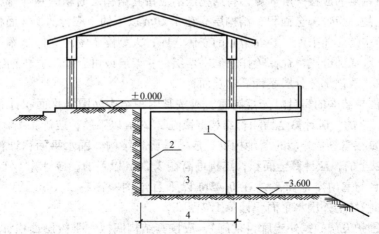

图 1-5-3　建筑物吊脚架空层

1—柱；2—墙；3—吊脚架空层；4—计算建筑面积部位

（8）建筑物的门厅、大厅应按一层计算建筑面积，门厅、大厅内设置的走廊应按走廊结构底板水平投影面积计算建筑面积。结构层高在 **2.20m** 及以上的，应计算全面积；结构层高在 **2.20m** 以下的，应计算 **1/2** 面积。

（9）对于建筑物间的架空走廊，有顶盖和围护设施的，应按其围护结构外围水平面积计算全面积；无围护结构但有围护设施的，应按其结构底板水平投影面积计算 **1/2** 面积。无围护结构的架空走廊见图 1-5-4，有围护结构的架空走廊见图 1-5-5。

图 1-5-4　无围护结构的架空走廊
1—栏杆；2—架空走廊

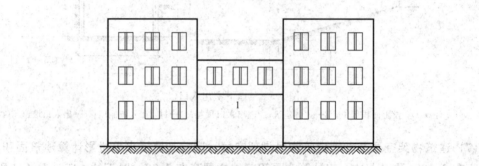

图 1-5-5　有围护结构的架空走廊
1—架空走廊

（10）对于立体书库、立体仓库、立体车库，有围护结构的，应按其围护结构外围水平面积计算建筑面积；无围护结构但有围护设施的，应按其结构底板水平投影面积计算建筑面积。无结构层的应按一层计算，有结构层的应按其结构层面积分别计算。结构层高在 **2.20m** 及以上的，应计算全面积；结构层高在 **2.20m** 以下的，应计算 **1/2** 面积。本条主要规定了图书馆中的立体书库、仓储中心的立体仓库、大型停车场的立体车库等建筑的建筑面积的计算。起局部分隔、存储等作用的书架层、货架层或可升降的立体钢结构停车层均不属于结构层，故该部分分层不计算建筑面积。

（11）有围护结构的舞台灯光控制室，应按其围护结构外围水平面积计算。结构层高在 **2.20m** 及以上的，应计算全面积；结构层高在 **2.20m** 以下的，应计算 **1/2** 面积。

（12）附属在建筑物外墙的落地橱窗，应按其围护结构外围水平面积计算。结构层高在 **2.20m** 及以上的，应计算全面积；结构层高在 **2.20m** 以下的，应计算 **1/2** 面积。

（13）窗台与室内楼地面高差在 **0.45m** 以下且结构净高在 **2.10m** 及以上的凸（飘）窗，应按其围护结构外围水平面积计算 **1/2** 面积。

（14）有围护设施的室外走廊（挑廊），应按其结构底板水平投影面积计算 **1/2** 面积；有围护设施（或柱）的檐廊，应按其围护设施（或柱）外围水平面积计算 **1/2** 面积。檐廊见图 1-5-6。

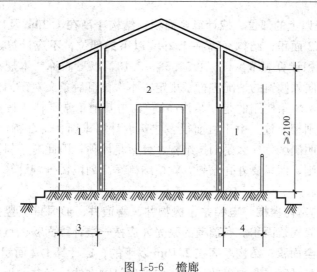

图 1-5-6 檐廊
1—檐廊；2—室内；3—不计算建筑面积部位；4—计算 1/2 建筑面积部位

（15）门斗应按其围护结构外围水平面积计算建筑面积，且结构层高在 **2.20m 及以上**的，应计算全面积；结构层高在 **2.20m 以下**的，应计算 **1/2** 面积。门斗见图 1-5-7。

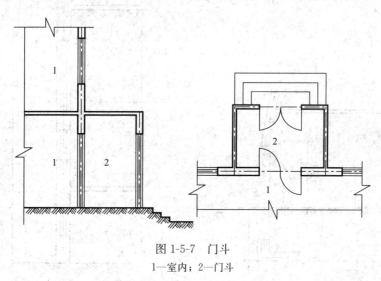

图 1-5-7 门斗
1—室内；2—门斗

（16）门廊应按其顶板水平投影面积的 **1/2** 计算建筑面积；有柱雨篷应按其结构板水平投影面积的 **1/2** 计算建筑面积；无柱雨篷的结构外边线至外墙结构外边线的宽度在 **2.10m 及以上**的，应按雨篷结构板水平投影面积的 **1/2** 计算建筑面积。

雨篷分为有柱雨篷和无柱雨篷。有柱雨篷，没有出挑宽度的限制，也不受跨越层数的限制，均计算建筑面积。无柱雨篷，其结构板不能跨层，并受出挑宽度的限制，设计出挑宽度大于或等于 2.10m 时才计算建筑面积。出挑宽度，系指雨篷结构外边线至外墙结构外边线的宽度，弧形或异形时，取最大宽度。

（17）设在建筑物顶部的、有围护结构的楼梯间、水箱间、电梯机房等，结构层高在 **2.20m 及以上**的，应计算全面积；结构层高在 **2.20m 以下**的，应计算 **1/2** 面积。

（18）围护结构不垂直于水平面的楼层，应按其底板面的外墙外围水平面积计算。结

23

构净高在 **2.10m** 及以上的部位，应计算全面积；结构净高在 **1.20m** 及以上至 **2.10m** 以下的部位，应计算 **1/2** 面积；结构净高在 **1.20m** 以下的部位，不应计算建筑面积。本规范（《建筑工程建筑面积计算规范》GB/T 50353—2013，以下简称"本规范"）的 2005 版条文中仅对围护结构向外倾斜的情况进行了规定，本次修订后条文对于向内、向外倾斜均适用。在划分高度上，本条使用的是"结构净高"，与其他正常平楼层按层高划分不同，但与斜屋面的划分原则相一致。由于目前很多建筑设计追求新、奇、特，造型越来越复杂，很多时候根本无法明确区分什么是围护结构、什么是屋顶，因此对于斜围护结构与斜屋顶采用相同的计算规则，即只要外壳倾斜，就按结构净高划段，分别计算建筑面积。斜围护结构见图 1-5-8。

**(19)** 建筑物的室内楼梯、电梯井、提物井、管道井、通风排气竖井、烟道，应并入建筑物的自然层计算建筑面积。有顶盖的采光井应按一层计算面积，且结构净高在 **2.10m** 及以上的，应计算全面积；结构净高在 **2.10m** 以下的，应计算 **1/2** 面积。建筑物的楼梯间层数按建筑物的层数计算。有顶盖的采光井包括建筑物中的采光井和地下室采光井。地下室采光井见图 1-5-9。

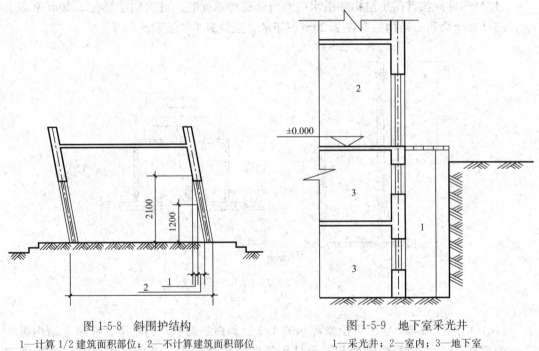

图 1-5-8　斜围护结构　　　　　　　图 1-5-9　地下室采光井
1—计算 1/2 建筑面积部位；2—不计算建筑面积部位　　　　1—采光井；2—室内；3—地下室

**(20)** 室外楼梯应并入所依附建筑物的自然层，并应按其水平投影面积的 **1/2** 计算建筑面积。室外楼梯作为连接该建筑物层与层之间交通不可缺少的基本部件，无论从其功能还是工程计价的要求来说，均需计算建筑面积。层数为室外楼梯所依附的楼层数，即梯段部分投影到建筑物范围的层数。利用室外楼梯下部的建筑空间不得重复计算建筑面积；利用地势砌筑的室外踏步，不计算建筑面积。

**(21)** 在主体结构内的阳台，应按其结构外围水平面积计算全面积；在主体结构外的阳台，应按其结构底板水平投影面积计算 **1/2** 面积。建筑物的阳台，不论其形式如何，均以建筑物主体结构为界分别计算建筑面积。

（22）有顶盖无围护结构的车棚、货棚、站台、加油站、收费站等，应按其顶盖水平投影面积的 1/2 计算建筑面积。

（23）以幕墙作为围护结构的建筑物，应按幕墙外边线计算建筑面积。

幕墙以其在建筑物中所起的作用和功能来区分，直接作为外墙起围护作用的幕墙，按其外边线计算建筑面积；设置在建筑物墙体外起装饰作用的幕墙，不计算建筑面积。

（24）建筑物的外墙外保温层，应按其保温材料的水平截面积计算，并计入自然层建筑面积。

为贯彻国家节能要求，鼓励建筑外墙采取保温措施，本规范将保温材料的厚度计入建筑面积，但计算方法较 2005 年规范有一定变化。建筑物外墙外侧有保温隔热层的，保温隔热层以保温材料的净厚度乘以外墙结构外边线长度按建筑物的自然层计算建筑面积，其外墙外边线长度不扣除门窗和建筑物外已计算建筑面积的构件（如阳台、室外走廊、门斗、落地橱窗等部件）所占长度。当建筑物外已计算建筑面积的构件（如阳台、室外走廊、门斗、落地橱窗等部件）有保温隔热层时，其保温隔热层也不再计算建筑面积。外墙是斜面者按楼面楼板处的外墙外边线长度乘以保温材料的净厚度计算。外墙外保温以沿高度方向满铺为准，某层外墙外保温铺设高度未达到全部高度时（不包括阳台、室外走廊、门斗、落地橱窗、雨篷、飘窗等），不计算建筑面积。保温隔热层的建筑面积是以保温隔热材料的厚度来计算的，不包含抹灰层、防潮层、保护层（墙）的厚度。建筑外墙外保温见图 1-5-10。

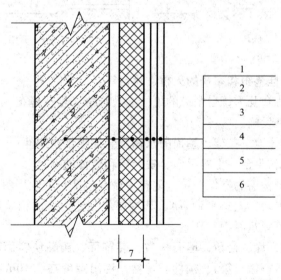

图 1-5-10 建筑外墙外保温

1—墙体；2—粘结胶浆；3—保温材料；4—标准网；5—加强网；6—抹面胶浆；7—计算建筑面积部位

（25）与室内相通的变形缝，应按其自然层合并在建筑物建筑面积内计算。对于高低联跨的建筑物，当高低跨内部连通时，其变形缝应计算在低跨面积内。

本规范所指的与室内相通的变形缝，是指暴露在建筑物内，在建筑物内可以看得见的变形缝。

（26）对于建筑物内的设备层、管道层、避难层等有结构层的楼层，结构层高在 2.20m 及以上的，应计算全面积；结构层高在 2.20m 以下的，应计算 1/2 面积。

设备层、管道层虽然其具体功能与普通楼层不同，但在结构上及施工消耗上并无本质区别，且本规范定义自然层为"按楼地面结构分层的楼层"，因此设备层、管道层归为自然层，其计算规则与普通楼层相同。在吊顶空间内设置管道的，吊顶空间部分不能被视为设备层、管道层。

（27）下列项目不应计算建筑面积：

1）与建筑物内不相连通的建筑部件；

指的是依附于建筑物外墙外不与户室开门连通，起装饰作用的敞开式挑台（廊）、平台，以及不与阳台相通的空调室外机搁板（箱）等设备平台部件。

2）骑楼、过街楼底层的开放公共空间和建筑物通道；

骑楼见图 1-5-11，过街楼见图 1-5-12。

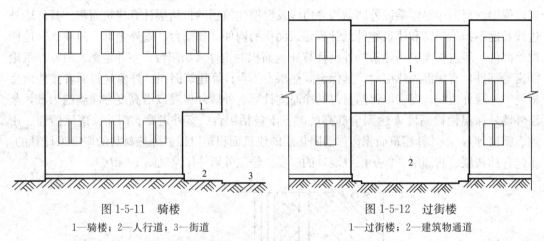

图 1-5-11　骑楼　　　　　　　　　　　图 1-5-12　过街楼

1—骑楼；2—人行道；3—街道　　　　　　1—过街楼；2—建筑物通道

3）舞台及后台悬挂幕布和布景的天桥、挑台等；

指的是影剧院的舞台及为舞台服务的可供上人维修、悬挂幕布、布置灯光及布景等搭设的天桥和挑台等构件设施。

4）露台、露天游泳池、花架、屋顶的水箱及装饰性结构构件；

5）建筑物内的操作平台、上料平台、安装箱和罐体的平台；

建筑物内不构成结构层的操作平台、上料平台（包括：工业厂房、搅拌站和料仓等建筑中的设备操作控制平台、上料平台等），其主要作用是为室内构筑物或设备服务的独立上人设施，因此不计算建筑面积。

6）勒脚、附墙柱、垛、台阶、墙面抹灰、装饰面、镶贴块料面层、装饰性幕墙，主体结构外的空调室外机搁板（箱）、构件、配件，挑出宽度在 2.10m 以下的无柱雨篷和顶盖高度达到或超过两个楼层的无柱雨篷；附墙柱是指非结构性装饰柱。

7）窗台与室内地面高差在 0.45m 以下且结构净高在 2.10m 以下的凸（飘）窗，窗台与室内地面高差在 0.45m 及以上的凸（飘）窗；

8）室外爬梯、室外专用消防钢楼梯；

室外钢楼梯需要区分具体用途，如专用于消防楼梯，则不计算建筑面积，如果是建筑物唯一通道，兼用于消防，则需要按（20）计算建筑面积。

9）无围护结构的观光电梯；

10）建筑物以外的地下人防通道，独立的烟囱、烟道、地沟、油（水）罐、气柜、水塔、贮油（水）池、贮仓、栈桥等构筑物。

# 第二篇

建筑工程计量与计价

# 总说明

（1）《山东省建筑工程消耗量定额》SD01-31—2016（以下简称"本定额"），包括土石方工程，地基处理与边坡支护工程，桩基础工程，砌筑工程，钢筋及混凝土工程，金属结构工程，木结构工程，门窗工程，屋面及防水工程，保温、隔热、防腐工程，楼地面装饰工程，墙、柱面装饰与隔断、幕墙工程，天棚工程，油漆、涂料及裱糊工程，其他装饰工程，构筑物及其他工程，脚手架工程，模板工程，施工运输工程，建筑施工增加共二十章。

（2）本定额适用于山东省行政区域内的一般工业与民用建筑的新建、扩建和改建工程及新建装饰工程。

（3）本定额是完成规定计量单位分部分项工程所需的人工、材料、施工机械台班消耗量的标准，是编制招标标底（招标控制价）、施工图预算、确定工程造价的依据，以及编制概算定额、估算指标的基础。

（4）本定额以国家和有关部门发布的国家现行设计规范、施工验收规范、技术操作规程、质量评定标准、产品标准和安全操作规程以及现行工程量清单计价规范、计算规范为依据，并参考了有关地区和行业标准定额编制的。

（5）本定额是按照正常的施工条件，合理的施工工期、施工组织设计编制的，反映建筑行业平均水平。

（6）本定额中人工工日消耗量是以《全国建筑安装工程统一劳动定额》为基础计算的，人工每工日按8h工作制计算，内容包括：基本用工、辅助用工、超运距用工及人工幅度差。人工工日不分工种、技术等级，以综合工日表示。

（7）本定额中材料（包括成品、半成品、零配件等）是按施工中采用的符合质量标准和设计要求的合格产品确定的，主要包括：

1）本定额中的材料包括施工中消耗的主要材料、辅助材料和周转性材料。

2）本定额中材料消耗量包括净用量和损耗量。损耗量包括：从工地仓库、现场集中堆放点（或现场加工点）至操作（或安装）点的施工场内运输损耗、施工操作损耗、施工现场堆放损耗等。

3）本定额中所有（各类）砂浆均按现场拌制考虑，若实际采用预拌砂浆时，各章定额项目按以下规定进行调整：

① 使用预拌砂浆（干拌）的，除将定额中的现拌砂浆调换成预拌砂浆（干拌）外，另按相应定额中每立方米砂浆扣除人工0.382工日，增加预拌砂浆罐式搅拌机0.041台班，并扣除定额中灰浆搅拌机台班的数量。

② 使用预拌砂浆（湿拌）的，除将定额中的现拌砂浆调换成预拌砂浆（湿拌）外，另按相应定额中每立方米砂浆扣除人工0.580工日，并扣除定额中灰浆搅拌机台班的数量。

（8）本定额中机械消耗量：

1）本定额中的机械按常用机械、合理机械配备和施工企业的机械化装备程度，并结合工程实际综合确定。

2）本定额中的机械台班消耗量是按正常机械施工功效并考虑机械幅度综合确定的，以不同种类的机械分别表示。

3）除本定额项目中所列的小型机具外，其他单位价值在 2000 元以内、使用年限在一年以内的不构成固定资产的施工机械，不列入机械台班消耗量，作为工具用具在企业管理费中考虑。

4）大型机械安拆及场外运输，按《山东省建设工程费用项目组成及计算规则》中的有关规定计算。

（9）本定额中的工作内容已说明了主要的施工工序，次要工序虽未说明，但均已包括在定额中。

（10）本定额注有"×××以内"或"×××以下"者均包括×××本身；"×××以外"或"×××以上"者则不包括×××本身。

（11）凡本说明未尽事宜，详见各章说明。

# 第一章 土石方工程

## 一、本章内容

本章定额包括单独土石方、基础土方、基础石方、平整场地及其他四节。本章未包括地下常水位以下的施工降水及土石方开挖过程中的排水和防护，实际发生时，另按相应章节的规定计算。

## 二、定额共性

（1）本章土壤及岩石按普通土、坚土、松石、坚石分类，其具体分类见表 2-1-1。

土壤分类　　　　　　　　　　　　　　　　　　　　表 2-1-1

| 定额分类 | 《房屋建筑与装饰工程工程量计算规范》GB 50854—2013 分类 | | |
|---|---|---|---|
| | 土壤分类 | 土壤名称 | 开挖方法 |
| 普通土 | 一、二类土 | 粉土、砂土（粉砂、细砂、中砂、粗砂、砾砂）、粉质黏土、弱中盐渍土、软土（淤泥质土、泥炭、泥炭质土）、软塑红黏土、冲填土 | 用锹开挖，少许用镐、条锄开挖机械能全部直接铲挖满载者 |
| 坚土 | 三类土 | 黏土、碎石土（圆砾、角砾）、混合土、可塑红黏土、硬塑红黏土、强盐渍土、素填土、压实填土 | 主要用镐、条锄开挖，少许用锹开挖机械需部分刨松方能铲挖满载者，或可直接铲挖但不能满载者 |
| | 四类土 | 碎石土（卵石、碎石、漂石、块石）、坚硬红黏土、超盐渍土、杂填土 | 全部用镐、条锄挖掘，少许用撬棍挖掘机械须普遍刨松方能铲挖满载者 |

（2）干土、湿土、淤泥的划分：

1）干土、湿土的划分，以地质勘测资料的地下常水位为准。地下常水位以上为干土，以下为湿土。地表水排出后，土壤含水率≥25％时为湿土。含水率超过液限，土和水的混合物呈现流动状态时为淤泥。温度在0℃及以下，并夹含有冰的土壤为冻土。本定额中的冻土，指短时冻土和季节冻土。

2）土方子目按干土编制。

人工挖、运湿土时，相应子目人工乘以系数1.18；机械挖、运湿土时，相应子目人工、机械乘以系数1.15。采取降水措施后，人工挖、运土相应子目人工乘以系数1.09，机械挖、运土不再乘系数。

（3）推土机推运土（不含平整场地）、装载机装运土土层平均厚度≤0.3m时，相应子目人工、机械乘以系数1.25。

（4）挖掘机挖筑、维护、挖掘施工坡道（施工坡道斜面以下）土方，相应子目人工、机械乘以系数1.50。

（5）人工挖冻土是指挖冻结部分的土方工程量，如遇冬季挖土发生冻结时只能计算一次挖土的工程量。

（6）挖掘机在垫板上作业时，人工、机械乘以系数1.25，挖掘机下铺设垫板、汽车道路上铺设材料时，人工、材料、机械按实另计。

（7）场区（含地下室顶板以上）回填，相应子目人工、机械乘以系数0.90。

（8）本章土石方运输，按施工现场范围内运输编制。在施工现场范围之外的市政道路上运输，不适用本定额。弃土外运以及弃土处理等其他费用，按各地市有关规定执行。

（9）土石方运输的运距上限，是根据合理的施工组织设计设置的。超出运距上限的运输，不适用本定额。自卸汽车、拖拉机运输土石方子目，定额虽未设定运距上限，但仅限于施工现场范围内增加运距。

（10）土石方运距，按挖土区重心至填方区（或堆放区）重心间的最短运输距离计算。

（11）人工、人力车、汽车的负载上坡（坡度≤15%）降效因素已综合在相应运输子目中，不另计算。推土机、装载机、铲运机负载上坡时，其降效因素按坡道斜长乘以表2-1-2中规定的系数计算。

负载上坡降效系数　　　　　　　　　　　表2-1-2

| 坡度（%） | ≤10 | ≤15 | ≤20 | ≤25 |
|---|---|---|---|---|
| 系数 | 1.75 | 2.00 | 2.25 | 2.50 |

### 三、单独土石方、基础土石方的划分

（1）单独土石方子目适用于自然地坪与设计室外地坪之间，且挖方或填方工程量＞5000m³的土石方工程；且同时适用于建筑、安装、市政、园林绿化、修缮等工程中的单独土石方工程。单独土石方项目不能满足需要时，可以借用并执行基础土石方项目相应定额子目，但挖方或填方工程量应乘以系数0.9。

（2）基础土石方子目适用于设计室外地坪以下的基础土石方工程，以及自然地坪与设计室外地坪之间、挖方或填方工程量≤5000m³的土石方工程。

### 四、工程取费类别

单独土石方应单独按土石方划分工程类别及其相应费率单独编制预结算。

### 五、基础土石方的相关概念

（1）沟槽、地坑、一般土石方的划分：

底宽（设计图示垫层或基础的底宽，下同）≤3m，且底长＞3倍底宽为沟槽。

坑底面积≤20m²，且底长≤3倍底宽为地坑。

超出上述范围，又非平整场地的，为一般土石方。

（2）桩间挖土，系指桩承台外缘向外1.2m范围内，桩顶设计标高以上1.2m（不足时按实计算）至基础（含垫层）底的挖土，但相邻桩承台外缘间距离≤4m时，其间（竖向同上）的挖土全部为桩间挖土。桩间挖土不扣除桩体和空孔所占体积。

（3）场地平整，系指建筑物（构筑物）所在现场厚度在±0.3cm以内的就地挖、填及平整。挖填土方厚度超过30cm时，全部厚度按一般土方相应规定另行计算，但仍应计算

平整场地。

（4）竣工清理，系指建筑物（构筑物）内、外围四周 2m 范围内建筑垃圾的清理、场内运输和指定地点的集中堆放，以及建筑物（构筑物）竣工验收前的清理、清洁等工作内容。不包括建筑垃圾的装车和场外运输。

# 第一节　单独土石方

## 一、消耗量定额

**定额项目设置**

| | | |
|---|---|---|
| 单独<br>土石方 | 人工挖土方 1-1-1～2 | 普通土、坚土 |
| | 人工挖人力车运土方 1-1-3～5 | 1. 普通土、坚土　2. 基本运距、增运距 |
| | 推土机推运土方 1-1-6～8 | 1. 普通土、坚土　2. 基本运距、增运距 |
| | 装载机装运土方 1-1-9～10 | 基本运距、增运距 |
| | 铲运机铲运土方 1-1-11～13 | 1. 普通土、坚土　2. 基本运距、增运距 |
| | 挖掘机挖自卸汽车运 1km1-1-14～16 | 1. 普通土、坚土　2. 基本运距、增运距 |
| | 机械回填与碾压 1-1-17～18 | 夯填、回填碾压 |
| | 人工清人力车运石渣 1-1-19～20 | 基本运距、增运距 |
| | 推土机推运石渣 1-1-21～22 | 基本运距、增运距 |
| | 挖掘机挖自卸汽车运石渣 1-1-23～24 | 基本运距、增运距 |

## 二、工程量计算

（1）土石方开挖、运输，均按开挖前的天然密实体积计算。土石方回填，按回填后的竣工体积计算。不同状态的土石方体积，按表 2-1-3 换算。

**土石方体积换算系数**　　　　　　　　　　　　　　　　　表 2-1-3

| 名称 | 虚方 | 松填 | 天然密实 | 夯填 |
|---|---|---|---|---|
| 土方 | 1.00 | 0.83 | 0.77 | 0.67 |
| | 1.20 | 1.00 | 0.92 | 0.80 |
| | 1.30 | 1.08 | 1.00 | 0.87 |
| | 1.50 | 1.25 | 1.15 | 1.00 |
| 石方 | 1.00 | 0.85 | 0.65 | — |
| | 1.18 | 1.00 | 0.76 | — |
| | 1.54 | 1.31 | 1.00 | — |
| 块石 | 1.75 | 1.43 | 1.00 | （码方）1.67 |
| 砂夹石 | 1.07 | 0.94 | 1.00 | — |

注：此表也适用于基础土石方。

（2）自然地坪与设计室外地坪之间的单独土石方，依据设计土方竖向布置图，以体积计算。

## 第二节 基础土方

### 一、消耗量定额

| 定额项目设置 | | | 定额解释 |
|---|---|---|---|
| 人工基础土方 | 挖土 1-2-1～24 | 1. 一般土方、沟槽、地坑、桩孔<br>2. 挖深<br>3. 普通土、坚土、冻土、淤泥 | 1. 人工挖一般土方、沟槽土方、基坑土方，6m＜深度≤7m 时，按深度≤6m 相应子目人工乘以系数 1.25；7m＜深度≤8m 时，按深度≤6m 相应子目人工乘以系数 $1.25^2$；依此类推<br>2. 小型挖掘机，系指斗容量≤0.3m³ 的挖掘机，适用于基础（含垫层）底宽≤1.2m 的沟槽土方工程或底面积≤8m² 的地坑土方工程<br>3. 挡土板下挖槽坑时，相应项目人工乘以系数 1.43<br>4. 桩间挖土不扣除桩体和空孔所占体积，相应项目人工、机械乘以系数 1.50<br>5. 在强夯后的地基上挖土方和基底钎探，相应子目人工、机械乘以系数 1.15<br>6. 满堂基础垫层底以下局部加深的槽坑，按槽坑相应规则计算工程量，相应子目人工、机械乘以系数 1.25<br>7. 人工清理修整，系指机械挖土后，对于基底和边坡遗留厚度≤0.3m 的土方，由人工进行的基底清理与边坡修整<br>机械挖土按挖土总量执行相应子目，人工挖土按挖土总量执行规定子目，分别乘以下系数（人工挖土方，不计人工清底修边）：<br>一般土方　机械挖土子目×0.95<br>人工清理修整 1-2-3×0.063<br>沟槽土方　机械挖土子目×0.90<br>人工清理修整 1-2-8×0.125<br>地坑土方　机械挖土子目×0.85<br>人工清理修整 1-2-8×0.188<br>8. 人工挖冻土是指挖冻结部分的土方工程量，如遇冬季挖土发生冻结时只能计算一次挖土的工程量<br>9. 本章不包括施工现场障碍物清除、边坡支护、地表水排除以及地下常水位以下施工降水等内容，实际发生时，另按其他章节相应规定计算<br>10. 土方开挖实际未放坡或实际放坡小于本章相应规定时，仍应按规定的放坡系数计算土方工程量 |
| | 装车 1-2-25 | | |
| | 运土 1-2-26～33 | 1. 人工、人力车<br>2. 一般土、淤泥<br>3. 基本运距、增运距 | |
| 基础土方（机械基础土方） | 推土机推运一般土方 1-2-34～36 | 1. 普通土、坚土<br>2. 基本运距、增运距 | |
| | 装载机装运一般土方 1-2-37～38 | 基本运距、增运距 | |
| | 挖掘机挖/挖装一般土方 1-2-39～42 | 普通土、坚土 | |
| | 挖掘机挖/挖装槽坑土方 1-2-43～46 | | |
| | 小型挖掘机挖/挖装槽坑土方 1-2-47～50 | | |
| | 挖掘机倒土方 1-2-51 | | |
| | 装车 1-2-52～53 | 装载机、挖掘机 | |
| | 车运土方 1-2-54～59 | 1. 机动翻斗车、拖拉机、自卸汽车<br>2. 基本运距、增运距 | |
| | 卷扬机吊运土方 1-2-60 | | |
| | 挖掘机挖淤泥、流沙 1-2-61 | | |
| | 泥浆罐车运淤泥、流沙、泥浆 1-2-62～63 | 基本运距、增运距 | |

### 二、工程量计算

（一）一般土石方与沟槽土石方工程量计算

1. 计算步骤

| 步骤 | 工程量计算规则 |
|---|---|
| 第一步<br>判断槽坑断面 | 判断基础土方是否放坡，确定坡度系数。见"2. 土方放坡" |
|  | 判断基础施工工作面。见"3. 基础施工的工作面宽度" |
| 第二步<br>计算沟槽长度 $L$<br>注：不是沟槽则省略此步骤 | 1. 外墙条形基础沟槽，按外墙中心线长度计算<br>2. 内墙条形基础沟槽，按内墙条形基础的垫层（基础底坪）净长度计算<br><br>3. 框架间墙条形基础沟槽，按框架间墙条形基础的垫层（基础底坪）净长度计算<br>4. 条形基础中有独立基础时，土方工程量应分别计算<br>5. 凸出墙面的墙垛的沟槽，按墙垛凸出墙面的中心线长度，并入相应工程量内计算<br>　6. 计算土方放坡时，放坡交叉处的重复工程量，不予扣除。若单位工程中计算的沟槽工程量超出大开挖工程量时，应按大开挖工程量<br>　7. 管道的沟槽长度，按设计规定计算；设计无规定时，以设计图示管道垫层（无垫层时，按管道）中心线长度（不扣除下口直径≤1.5m的井池）计算。下口直径或边长＞1.5m的井池的土石方，另按地坑的相应规定计算 |
| 第三步<br>计算土方体积 | **梯形沟槽<br>（常用公式）**<br>沟槽土石方，按设计图示沟槽长度乘以沟槽断面面积，以体积计算。<br>沟槽的断面面积，应包括工作面、土方放坡或石方允许超挖量的面积。<br>$(a+kh)\times h\times L$　式中：$a$—坑底宽，$k$—放坡系数，$h$—槽深，$L$—沟槽长度<br><br>**一般土方<br>地坑<br>（常用公式）**<br>一般土方与地坑土石方，按设计图示基础（含垫层）尺寸，另加工作面宽度、土方放坡宽度或石方允许超挖量乘以开挖深度，以体积计算。机械坡道的土石方工程量，并入相应工程量内计算。以下为常用公式：<br>1. 矩形四等坡土方计算公式<br>$$V=(a+kh)\times(b+kh)\times h+1/3k^2h^3$$<br>式中：$a$、$b$—坑底长、宽，$k$—放坡系数，$h$—坑深<br>2. 矩形一～四等坡土方通用公式<br>$$V=1/6\times[a_1\times b_1+(a_1+a_2)(b_1+b_2)+a_2\times b_2]\times h$$<br>式中：$a_1$、$b_1$—坑下底长、宽，$a_2$、$b_2$—坑上底长、宽，$k$—放坡系数，$h$—坑深 |

图中标注：
内墙条形基础或柱间条形基础
外墙条形基础或独立基础
混凝土垫层
混凝土垫层
03定额确定的沟槽长度
本章确定的沟槽长度
内墙(柱间)条形基础的沟槽长度

注：建设工程工程量清单土方计算一般不考虑放坡和工作面，按设计图示尺寸以基础垫层底面积乘以挖土深度计算。

**2. 土方放坡**

（1）坡度与坡度系数

坡度与坡度系数用放坡总深度与放坡宽度来表示，如图 2-1-1 所示。

坡度＝$H/d$

坡度系数 $K=d/H$

放坡宽度 $d=KH$

坡度与坡度系数是互为倒数的关系，坡度在实践当中主要用来计算放坡宽度。

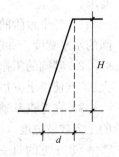

图 2-1-1　坡度示意图

混合土质的综合放坡系数，其计算公式为：

$$K = (K_1 \cdot H_1 + K_2 \cdot H_2)/H$$

式中　$K$——综合放坡系数；

$K_1$、$K_2$——分别表示不同土质的放坡系数；

$H$——槽坑的放坡总深度（m）；

$H_1$、$H_2$——分别表示不同土质的放坡深度（m）。

（2）基础放坡的起点深度和放坡坡度，设计、施工组织设计无规定时，按表 2-1-4 计算。

土方放坡起点深度和放坡坡度　　　　　表 2-1-4

| 土壤类别 | 起点深度（m） | 放坡坡度 | | | |
|---|---|---|---|---|---|
| | | 人工挖土 | 机械挖土 | | |
| | | | 基坑内作业 | 基坑上作业 | 槽坑上作业 |
| 普通土 | >1.20 | 1：0.50 | 1：0.33 | 1：0.65 | 1：0.50 |
| 坚土 | >1.70 | 1：0.30 | 1：0.20 | 1：0.50 | 1：0.30 |

（3）基础土方放坡，自基础（含垫层）底标高算起，如图 2-1-2 所示。

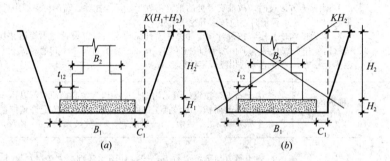

图 2-1-2　基础土方放坡起点
（a）正确放坡起点；（b）错误放坡起点

（4）土类为混合土质时，其放坡起点深度和放坡系数，按不同类厚度加权平均计算。

（5）基础土方支挡土板时，土方放坡不另计算。

3. 基础施工的工作面宽度

（1）工作面宽度的含义

构成基础的各个台阶（各种材料），均应按下列相应规定，满足其各自工作面宽度的要求。

1）各个台阶的单边工作面宽度，均指在台阶底坪高程上，台阶外边线至土方边坡之间的水平宽度。如图 2-1-3（a）中 $C_1$、$C_2$、$C_3$ 所示。

2）基础的工作面宽度，是指基础的各个台阶（各种材料）要求的工作面宽度的"最大者"（使得土方边坡最外者）。如图 2-1-3（b）所示。

3）在考查基础上一个台阶的工作面宽度时，要考虑到由于下一个台阶的厚度所带来的土方放坡宽度（$Kh_1$）。如图 2-1-3（b）所示（注：$d = C_2 - t_{12} - C_1 - Kh_1$）。

4）土方的每一面边坡（含直坡），均应为连续坡（边坡上不出现错台）。

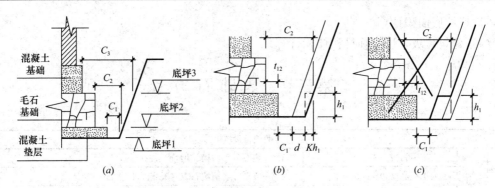

图 2-1-3 基础施工工作面

(*a*) 工作面宽度；(*b*) 连续放坡（正确）；(*c*) 不连续放坡（错误）

（2）工作面宽度的规定

基础施工的工作面宽度，按设计规定计算；设计无规定时，按施工组织设计（经过批准，下同）规定计算；设计、施工组织设计均无规定时，自基础（含垫层）外沿向外，按下列规定计算。

1）基础材料不同或做法不同时，基础施工的工作面宽度按表 2-1-5 计算。

**基础施工所需工作面宽度**　　　　　　　表 2-1-5

| 基础材料 | 单边工作面宽度（mm） |
|---|---|
| 砖基础 | 200 |
| 毛石、方整石基础 | 250 |
| 混凝土基础（支模板） | 400 |
| 混凝土垫层（支模板） | 150 |
| 基础垂直面做砂浆防潮层 | 400（自防潮层外表面） |
| 基础垂直面做防水层或防腐层 | 1000（自防水、防腐层外表面） |
| 支挡土板 | 100（在上述宽度外另加） |

2）基础施工需要搭设脚手架时，其工作面宽度，条形基础按 1.50m 计算（只计算一面）；独立基础按 0.40m 计算（四面均计算）。

3）基坑土方大开挖需做边坡支护时，其工作面宽度均按 2.00m 计算。

4）基坑内施工各种桩时，其工作面宽度均按 2.00m 计算。

5）管道施工的工作面宽度按表 2-1-6 计算。

**管道施工单面工作面宽度**　　　　　　　表 2-1-6

| 管道材质 | 管道基础宽度（无基础时指管道外径）（mm） | | | |
|---|---|---|---|---|
| | ≤500 | ≤1000 | ≤2500 | >2500 |
| 混凝土管、水泥管 | 400 | 500 | 600 | 700 |
| 其他管道 | 300 | 400 | 500 | 600 |

（二）其他土石方工程量计算

（1）桩孔土石方，按桩（含桩壁）设计断面面积乘以桩孔中心线深度，以体积计算。

（2）淤泥流砂，按设计或施工组织设计规定的位置、界限，以实际挖方体积计算。

（3）岩石爆破后人工检底修边，按岩石爆破的规定尺寸（含工程面宽度和允许超挖量），以槽坑底面积计算。

（4）建筑垃圾，以实际堆积体积计算。

# 第三节　基 础 石 方

| 定额项目设置 | | | |
|---|---|---|---|
| 基础石方 | 人工基础石方 | 人工凿石方 1-3-1~8 | 1. 一般石方、沟槽、地坑、桩孔　2. 松石、坚石 |
| | | 人工检底修边 1-3-9~12 | 1. 一般石方、槽坑石方　2. 松石、坚石 |
| | | 人工清石渣 1-3-13~15 | 一般石方、槽坑石方、桩孔石方 |
| | | 人工装车 1-3-16~17 | 建筑垃圾、石渣 |
| | | 运石渣 1-3-18~21 | 1. 人工、人力车　2. 基本运距、增运距 |
| | 机械基础石方 | 破碎石方 1-3-22~32 | 1. 一般石方、槽坑石方、桩孔石方　2. 松石、坚石、孤石 3. 液压锤破碎、风镐破碎 |
| | | 推土机推运石渣 1-3-33~34 | 基本运距、增运距 |
| | | 挖掘机挖/挖装/倒石渣 1-3-35~37 | |
| | | 装载机装车 1-3-38~39 | 建筑垃圾、石渣 |
| | | 挖掘机装车 1-3-40~41 | |
| | | 运石渣 1-3-42~47 | 1. 机动翻斗车、拖拉机、自卸汽车　2. 基本运距、增运距 |
| | | 卷扬机吊运石渣 1-3-48 | |

注：工程量计算同基础土方。

# 第四节　平整场地及其他

## 一、消耗量定额

| 定额项目设置 | | 定额解释 |
|---|---|---|
| 平整场地 1-4-1~2 | 人工、机械 | 1. 定额中的砂，为符合要求的过筛净砂，包括配制各种砂浆、混凝土时操作损耗。毛砂过筛，系指来自砂场的毛砂进入施工现场后的过筛砌筑砂浆、抹灰砂浆等各种砂浆以外的混凝土及其他用砂，不计过筛用工 2. 基础（地下室）周边回填材料时，按本定额"第二章　地基处理与边坡支护工程"相应子目，人工、机械乘以系数 0.90 3. 填土子目中，均已包括碎土，但不包括筛土，若设计要求筛土另计 4. 场区（含地下室顶板以上）回填，相应子目人工、机械乘以系数 0.90 |
| 竣工清理 1-4-3 | | |
| 基底钎探 1-4-4 | | |
| 原土过筛 1-4-5 | | |
| 毛砂过筛 1-4-6 | | |
| 松填土 1-4-7 | | |
| 原土夯实（两遍）1-4-8~9 | 人工、机械 | |
| 夯填土 1-4-10~13 | 1. 人工、机械　2. 地坪、槽坑 | |
| 机械碾压 1-4-14~16 | 原土（一遍）、填土（两遍）、每增加一遍 | |

## 二、工程量计算

（1）场地平整工程量计算

1）场地平整按下列规定，以平方米计算：

按设计图示尺寸,以建筑物首层建筑面积(或构筑物首层结构外围内包面积)计算。

建筑物(或构筑物)地下室结构外边线凸出首层结构外边线时,其凸出部分的建筑面积(结构外围内包面积)合并计算。

建筑物首层外围,若计算 1/2 面积或不计算建筑面积的构造需要配置基础,且需要与主体结构同时施工时,计算了 1/2 面积的(如:主体结构外的阳台、有柱混凝土雨篷等),应补齐全面积;不计算建筑面积的(如装饰性阳台等),应按其基准面积合并于首层建筑面积内,一并计算平整场地。

基准面积,是指同类构件计算建筑面积(含 1/2 面积)时所依据的面积。如主体结构外阳台的建筑面积,以其结构底板水平投影面积为基准,计算 1/2 面积,那么,配置基础的装饰性阳台也按其结构底板水平投影面积计算平整场地等。

2)计算场地平整要注意的几个问题

每栋建筑物,开工放线前,均应计算场地平整一次。

能够形成封闭空间的构筑物,如独立式烟囱、水塔、贮水(油)池、贮仓、筒仓等,也应计算场地平整。但化粪池、检查井、给水阀门井以及道路、停车场、绿化地、围墙、地下管线等不能形成封闭空间的构筑物,不得计算。

(2)竣工清理的计算

竣工清单,按设计图示尺寸,以建筑物(构筑物)结构外围(四周结构外围及与屋面板顶坪)内包的空间体积计算。

具体地说,建筑物内、外,凡产生建筑垃圾的空间,均应按其全部空间体积计算竣工清理。这主要包括:

1)建筑物按全面积计算建筑面积的建筑空间,如建筑物的自然层等,按下式计算:

$$竣工清理 1 = \sum(建筑面积 \times 相应结构层高)$$

2)建筑物按 1/2 面积计算建筑面积的建筑空间,如有顶盖的出入口坡道等,按下式计算:

$$竣工清理 2 = \sum(建筑面积 \times 2 \times 相应结构层高)$$

3)建筑物不计算建筑面积的建筑空间,如挑出宽度在 2.10m 以下的无柱雨篷及窗台与室内地面高差 ≥0.45m 的飘窗等,按下式计算:

$$竣工清理 3 = \sum(基准面积 \times 相应结构层高)$$

4)不能形成建筑空间的设计室外地坪以上的花坛、水池、围墙、屋面顶坪以上的装饰性花架、水箱、风机和冷却塔配套基础、信号收发柱塔(以上仅计算主体结构工程量)、道路、停车场、厂区铺装(以上仅计算面层工程量)等,应按其主要工程量乘以系数 2.5 计算竣工清理,即:

$$竣工清理 4 = \sum(主要工程量 \times 2.5)$$

5)构筑物,如独立式烟囱、水塔、贮水(油)池、贮仓、筒仓等,应按建筑物竣工清理的计算原则,计算竣工清理。

6)建筑物(构筑物)设计室内、外地坪以下不能计算建筑面积的工程内容,不计算竣工清理。

(3)基底钎探,按垫层(或基础)底面积计算。

(4)毛砂过筛,按砌筑砂浆、抹灰砂浆等各种砂浆用砂的定额消耗量之和计算。

(5)原土夯实与碾压,按设计或施工组织设计规定的尺寸,以面积计算。

（6）回填、余土运输按下列规定，以体积计算。

1）槽坑回填体积，按挖方体积减去设计室外地坪以下的地下建筑物（构筑物）或基础（含垫层）的体积计算。

2）管道沟槽回填体积，按挖方体积减去表 2-1-7 中的管道折合回填体积计算。

管道折合回填体积（m³/m）　　　　　　　　　　　　　表 2-1-7

| 管道 | 公称直径（mm 以内） | | | | | |
|---|---|---|---|---|---|---|
| | 500 | 600 | 800 | 1000 | 1200 | 1500 |
| 混凝土、钢筋混凝土管道 | — | 0.33 | 0.60 | 0.92 | 1.15 | 1.45 |
| 其他材质管道 | — | 0.22 | 0.46 | 0.74 | — | — |

3）房心回填体积，以主墙间净面积（扣除连续底面积＞2m² 的设备基础等面积）乘以回填厚度计算。

4）场区回填，按回填面积乘以平均回填厚度计算。

5）余土运输，按挖方总体积减去回填土（折合天然密实）总体积，以体积计算。

　　余土运输体积＝挖土总体积－夯填土总体积×1.15

　　余土运输体积＝挖土总体积－松填土总体积×0.92

（7）钻孔桩泥浆运输，按桩设计断面尺寸乘以桩孔中心线深度，以体积计算。

# 工程预算实例

【例题 2-1-1】　如图 2-1-4 所示，建筑物平面尺寸 $A_1=A_2=B_1=B_2=25m$，求场地平整工程量并套定额。

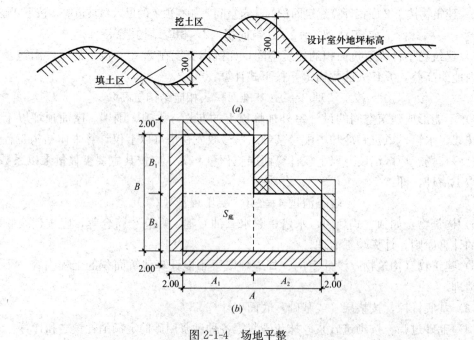

图 2-1-4　场地平整

(a) 断面图；(b) 平面图

**解：**

$$S = S_底 = 50 \times 25 + 25 \times 25 = 1875 \text{m}^2$$

套定额 1-4-2 平整场地（机械）

**【例题 2-1-2】** 施工合同约定，水泵房工程的人工、材料和施工机械台班消耗量按《山东省建筑工程消耗量定额》计算；人工、材料和施工机械台班单价按《山东省建筑工程价目表》（2017 年）计算，有关费用按《山东省建设工程费用项目组成及计算规则》（2016 年）计算。

土方：标高－1.20m 以上为普通土，以下为坚土，人工挖槽坑，人工夯填土，人力车余土运输 150m；地基处理：地基钢钎探底，探眼灌砂，铺筑基础垫层；工程类别按Ⅲ类，企业管理费 25.6%，利润 15.0%。

土石方工程计价依据见表 2-1-8。

**土石方工程计价依据（增值税一般计税）** 表 2-1-8

| 定额编号 | 项目名称 | 单位 | 单价（元）（除税） | 省定额价（元） | | |
|---|---|---|---|---|---|---|
| | | | | 人工费 | 材料费（除税） | 机械费（除税） |
| 1-2-6 | 人工挖沟槽土方 槽深≤2m 普通土 | 10m³ | 334.40 | 334.40 | | |
| 1-2-8 | 人工挖沟槽土方 槽深≤2m 坚土 | 10m³ | 672.60 | 336.55 | | |
| 1-4-4 | 基底钎探 | 10m² | 60.97 | 39.90 | 6.70 | 14.37 |

注：计价依据来源《山东省建筑工程价目表》（2017 年），人工工日单价按 95 元计入。

答题要求：

（1）按定额要求计算 3-3 剖面（见图 2-1-5）土方工程量，基础 1-1（2-2）剖面图见 P94 图 2-5-18（b），套定额并计算出省合价并将结果填入表中；

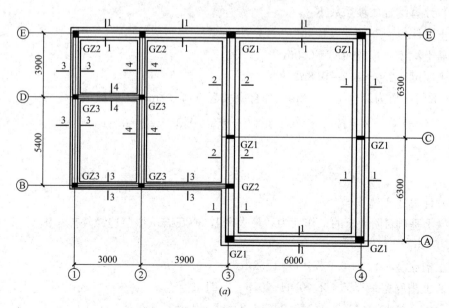

*(a)*

图 2-1-5 条形基础沟槽土方（一）

（a）基础平面图

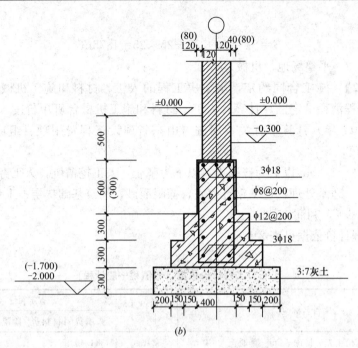

图 2-1-5　条形基础沟槽土方（二）

(*b*) 3-3（4-4）外墙（内墙）基础

（2）编制并计算该工程 3-3 剖面人工挖基础土方的分部分项工程量清单量；

（3）计算 3-3 剖面坚土清单综合单价（不计土方运输）。

**解：**

**1. 按定额计算工程量并套定额**

（1）计算综合放坡系数 $K_{综合}$

挖土总深度＝2－0.3＝1.7m

普通土深度＝1.2－0.3＝0.9m

坚土深度＝2.0－1.2＝0.8m

3-3 剖面土质为综合土，1.2m＜综合放坡起点＜1.7m，需要放坡。

$$K_{综合}＝(0.5×0.9＋0.3×0.8)/1.7＝0.41$$

（2）沟槽长度

$$L_{沟槽}＝3.9＋5.4－0.065＋3＋3.9＋0.065＝16.20m$$

（3）计算挖土体积

混凝土基础台阶要求的工作面为"最大者"，槽底需从垫层边缘外扩 0.4－0.2－0.41×0.3＝0.077m。

坚土槽底宽＝1.4＋0.077×2＝1.55m

普通土槽底宽＝1.55＋2×0.41×0.8＝2.21m

$V_{普}＝(2.21＋0.41×0.9)×0.9×16.2＝37.60m^3$

$V_{坚}＝(1.55＋0.41×0.8)×0.8×16.2＝24.34m^3$

地基钎探＝1.4×16.2＝22.68m²

套定额 1-2-6 人工挖沟槽土方普通土（槽沟≤2m）

　　　 1-2-8 人工挖沟槽土方坚土（槽沟≤2m）

　　　 1-4-4 基底钎探

定额计价表见表 2-1-9。

定额计价表

表 2-1-9

| 分项工程名称 | 单位 | 工程量 | 定额编号 | 省基价（元） | 省合价（元） |
|---|---|---|---|---|---|
| 人工挖沟槽 2m 以内普通土 | 10m³ | 3.76 | 1-2-6 | 334.40 | 1257.34 |
| 人工挖沟槽 2m 以内坚土 | 10m³ | 2.43 | 1-2-8 | 672.60 | 1634.42 |
| 基底钎探 | 10m² | 2.27 | 1-4-4 | 60.97 | 138.40 |

2. 按清单计算工程量

3-3 垫层长度 $L=L_{沟槽}=16.2m$

普通土 $V=L×1.4×0.9=20.41m³$

坚土 $V=L×1.4×0.8=18.14m³$

清单计价表见表 2-1-10。

清单计价表

表 2-1-10

| 序号 | 项目编码 | 项目名称 项目特征 | 计量单位 | 工程数量 | 金额（元） | | |
|---|---|---|---|---|---|---|---|
| | | | | | 综合单价 | 合价 | 其中暂估价 |
| 1 | 010101003001 | 挖基础土方<br>1. 土壤类别：一、二类土<br>2. 挖土深度：2m 以内<br>3. 弃土运距：根据施工现场情况自行考虑 | m³ | 20.41 | | | |
| 2 | 010101003002 | 挖基础土方<br>1. 土壤类别：三类土<br>2. 挖土深度：2m 以内<br>3. 弃土运距：根据施工现场情况自行考虑<br>4. 地基处理：钎探，灌砂 | m³ | 18.14 | | | |

3. 分别计算清单每一个计量单位应包含的各项工程内容的工程数量

（1）普通土

挖普通土 37.60/20.41＝1.84m³

（2）坚土

挖坚土 24.34/18.14＝1.34m³

地基钎探 22.68/18.14＝1.25m²

综合单价分析表见表 2-1-11。

综合单价分析表 表 2-1-11

| 项目编码 | 010101003002 | | 项目名称 | | 挖基础土方 | | 计量单位 | m³ | 工程量 | 18.14 |
|---|---|---|---|---|---|---|---|---|---|---|
| 清单综合单价组成明细 | | | | | | | | | | |
| 定额编号 | 定额项目名称 | 定额单位 | 数量 | 单价（元） | | | | 合价（元） | | |
| | | | | 人工费 | 材料费 | 机械费 | 管理费和利润 | 人工费 | 材料费 | 机械费 | 管理费和利润 |
| 1-2-8 | 人工挖沟槽土方槽深≤2m 坚土 | 10m³ | 0.13 | 336.55 | | | 136.64 | 43.75 | | | 17.76 |
| 1-4-4 | 基底钎探 | 10m² | 0.13 | 39.90 | 6.70 | 14.37 | 16.20 | 5.19 | 0.87 | 1.87 | 2.11 |
| 人工单价 | | | | 小计 | | | | 48.94 | 0.87 | 1.87 | 19.87 |
| | | | | 未计价材料费 | | | | | | | |
| | | | | 清单项目综合单价 | | | | 71.55 | | | |
| 材料费明细表 | 主要材料名称、规格、型号 | | 单位 | | 数量 | | 单价（元） | 合价（元） | 暂估单价(元) | 暂估合价(元) |
| | | | | | | | | | | |
| | | | | | | | | | | |
| | | | | | | | | | | |
| | 其他材料费 | | | | | | | — | | — |
| | 材料费小计 | | | | | | | — | | — |

**【例题 2-1-3】** 大开挖土方工程量计算。

图 2-1-6 尺寸单位为毫米，满堂基础为混凝土 C20，混凝土垫层为混凝土 C15，设计室外地坪下普通土层厚 500mm，其他为坚土；基础挖土机械为挖掘机，挖土全部运至 13.5km 处，回填时运回；已知混凝土垫层体积为 93.70m³，满堂基础体积为 736.95m³，设计室外地坪下柱体积为 4.26m³。

**解：**

1. 基础土方开挖

挖土深度　2.5−0.6=1.9m，其中坚土土层厚度 1.4m，普通土土层厚度 0.5m

起点深度　$(1.2×0.5+1.7×1.4)/1.9=1.57$

平均放坡系数　$K_{综合}=(0.5×0.33+1.4×0.2)/1.9=0.234$（机械在坑内）

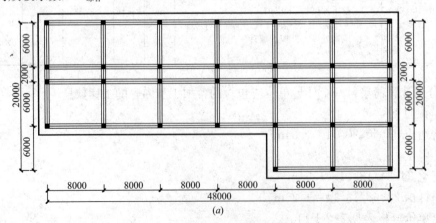

(a)

图 2-1-6 满堂基础大开挖土方（一）

(a) 基础平面图

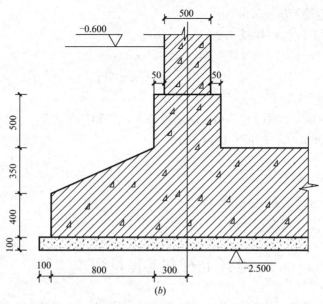

图 2-1-6　满堂基础大开挖土方（二）

（b）基础剖面图

（1）挖坚土工程量

坚土坑底长度　$48+1.2\times2+(0.4-0.1-0.234\times0.1)\times2=50.95m$

坚土坑底宽度　$20+1.2\times2+(0.4-0.1-0.234\times0.1)\times2=22.95m$

$[(50.95+0.234\times1.4)\times(22.95+0.234\times1.4)-32\times6]\times1.4+1/3\times0.234^2\times1.4^3=$
$1402.32m^3$

（2）挖普通土工程量

普通土坑底长度　$50.95+2\times0.234\times1.4=51.61m$

普通土坑底宽度　$22.95+2\times0.234\times1.4=23.61m$

$[(51.61+0.234\times0.5)\times(23.61+0.234\times0.5)-32\times6]\times0.5+1/3\times0.234^2\times0.5^3=$
$517.67m^3$

（3）套定额

| | | |
|---|---|---|
| 挖掘机挖装一般土方　坚土 | $1-2-42\times0.95$ | $1402.32m^3$ |
| 挖掘机挖装一般土方　普通土 | $1-2-41\times0.95$ | $517.67m^3$ |
| 人工挖坚土（清理修整） | $1-2-3\times0.063$ | $1402.32+517.67=1919.99m^3$ |
| 挖掘机装土 | $1-2-53$ | $1919.99\times0.063$ |

2. 挖土外运（全部外运 13.5km）

工程量 $1919.99m^3$

套定额

| | | |
|---|---|---|
| 自卸汽车运土方（运距≤1km） | $1-2-58$ | $1919.99m^3$ |
| 自卸汽车运土方（运距≤1km） | $1-2-59\times13$ | $1919.99m^3$ |

3. 基础回填工程量

挖土工程量 $1919.99m^3$

混凝土垫层体积扣减 $93.70m^3$

满堂基础体积扣减 765.57m³

设计室外地坪下柱体积扣减 4.26m³

小计：1919.99－93.7－765.57－4.26＝1056.46m³

套定额

机械夯填 1－4－13

4. 回填土方内运（运距 13.5km，挖掘机装车，自卸汽车运土）

运土工程量 1056.46×1.15＝1214.93m³

套定额

挖掘机装车 1－2－53

自卸汽车运土方（运距≤1km）1－2－58

自卸汽车运土方（每增运 1km）1－2－59×13

# 附：土石方工程量清单

（以下为本章清单部分内容，详细内容见《房屋建筑与装饰工程工程量计算规范》GB 50854—2013，其他各章情况同）

## 1　土方工程

| 项目编码 | 项目名称 | 项目特征（略） | 计量单位 | 工程量计算规则 |
|---|---|---|---|---|
| 010101001 | 平整场地 | | m² | 按设计图示尺寸以建筑物首层建筑面积计算 |
| 010101002 | 挖一般土方 | | | 按设计图示尺寸以体积计算 |
| 010101003 | 挖沟槽土方 | | m³ | 按设计图示尺寸以基础垫层底面积乘以挖土深度计算 |
| 010101004 | 挖基坑土方 | | | |
| 010101005 | 冻土开挖 | | | 按设计图示尺寸开挖面积乘以厚度以体积计算 |
| 010101006 | 挖淤泥、流砂 | | | 按设计图示位置、界限以体积计算 |
| 010101007 | 管沟土方 | | 1. m<br>2. m³ | 1. 以米计量，按设计图示以管道中心线长度计算<br>2. 以立方米计量，按设计图示管底垫层面积乘以挖土深度计算；无管底垫层按管外径的水平投影面积乘以挖土深度计算。不扣除各类井的长度，井的土方并入 |

注：1. 挖土方平均厚度应按自然地面测量标高至设计地坪标高间的平均厚度确定。基础土方开挖深度应按基础垫层底表面标高至交付施工场地标高确定，无交付施工场地标高时，应按自然地面标高确定。

2. 建筑物场地厚度≤±300mm 的挖、填、运、找平，应按本表中平整场地项目编码列项。厚度＞±300mm 的竖向布置挖土或山坡切土应按本表中挖一般土方项目编码列项。

3. 沟槽、坑、一般土方的划分为：底宽≤7m 且底长＞3 倍底宽为沟槽；底长≤3 倍底宽且底面积≤150m² 为基坑；超出上述范围则为一般土方。

4. 挖土方如需截桩头时，应按"第三章　桩基础工程"中相关清单项目列项。

5. 桩间挖土不扣除桩的体积，并在项目特征中加以描述。

6. 弃、取土运距可以不描述，但应注明由投标人根据施工现场实际情况自行考虑，决定报价。

7. 如土壤类别不能准确划分时，招标人可注明为综合，由投标人根据地勘报告决定报价。

8. 土方体积应按挖掘前的天然密实体积计算。

9. 挖沟槽、基坑、一般土方因工作面和放坡增加的工程量（管沟工作面增加的工程量）是否并入各土方工程量中，应按各省、自治区、直辖市或行业建设主管部门的规定实施，如并入各土方工程量中，办理工程结算时，按经发包人认可的施工组织设计规定计算，编制工程量清单时，可按放坡规定计算。

10. 挖方出现流砂、淤泥时，如设计未明确，在编制工程量清单时，其工程数量可为暂估量，结算时应根据实际情况由发包人与承包人双方现场签证确认工程量。

11. 管沟土方项目适用于管道（给水排水、工业、电力、通信）、光（电）缆沟［包括：人（手）孔、接口坑］及连接井（检查井）等。

## 2　石方工程

| 项目编码 | 项目名称 | 项目特征（略） | 计量单位 | 工程量计算规则 |
|---|---|---|---|---|
| 010102001 | 挖一般石方 | | | 按设计图示尺寸以体积计算 |
| 010102002 | 挖沟槽石方 | | $m^3$ | 按设计图示尺寸沟槽底面积乘以挖石深度以体积计算 |
| 010102003 | 挖基坑石方 | | | 按设计图示尺寸基坑底面积乘以挖石深度以体积计算 |
| 010102004 | 挖管沟石方 | | 1. m<br>2. $m^3$ | 1. 以米计量，按设计图示以管道中心线长度计算<br>2. 以立方米计量，按设计图示截面积乘以长度计算 |

注：1. 挖石应按自然地面测量标高至设计地坪标高的平均厚度确定。基础石方开挖深度应按基础垫层底表面标高至交付施工场地标高确定，无交付施工场地标高时，应按自然地面标高确定。

2. 厚度＞±300mm 的竖向布置挖石或山坡凿石应按本表中挖一般石方项目编码列项。

3. 沟槽、坑、一般石方的划分为：底宽≤7m且底长＞3倍底宽为沟槽；底长≤3倍底宽且底面积≤150m² 为基坑；超出上述范围则为一般石方。

4. 弃渣运距可以不描述，但应注明由投标人根据施工现场实际情况自行考虑，决定报价。

5. 岩石的分类应按规范确定。

6. 石方体积应按挖掘前的天然密实体积计算。

7. 管沟石方项目适用于管道（给水排水、工业、电力、通信）、光（电）缆沟［包括：人（手）孔、接口坑］及连接井（检查井）等。

## 3　回填

| 项目编码 | 项目名称 | 项目特征（略） | 计量单位 | 工程量计算规则 |
|---|---|---|---|---|
| 010103001 | 回填方 | | $m^3$ | 按设计图示尺寸以体积计算。<br>1. 场地回填：回填面积乘以平均回填厚度<br>2. 室内回填：主墙间面积乘以回填厚度，不扣除间隔墙<br>3. 基础回填：按挖方清单项目工程量减去自然地坪以下埋设的基础体积（包括基础垫层及其他构筑物）计算 |
| 010103002 | 余方弃置 | | | 按挖方清单项目工程量减去回填方体积（正数）计算 |

注：1. 填实密实度要求，在无特殊要求情况下，项目特征可描述为"满足设计和规范的要求"。

2. 填方材料品种可以不描述，但应注明由投标人根据设计要求验方后方可填入，并符合相关工程的质量规范要求。

3. 填方粒径要求，在无特殊要求情况下，项目特征可以不描述。

4. 如需买土回填应在项目特征填方来源中描述，并注明买土方数量。

# 第二章　地基处理与边坡支护工程

本章定额包括地基处理、基坑与边坡支护、排水与降水三节。

本章未包括大型机械进出场（如机械碾压垫层机械、强夯机械、锚喷中的钻孔机械等），实际发生时，按"第十九章　施工运输工程"的相应规定，另行计算。

## 第一节　地　基　处　理

### 一、垫层

垫层是钢筋混凝土基础与地基土的中间层，其材料可以是砂、陶粒、砂浆、混凝土等，其主要作用有：施工过程中对地基土的保护作用；平衡整体承载作用；减少地下水对钢筋混凝土的侵蚀作用；方便施工放线、绑扎钢筋的作用；隔离土层和基础，起底模的作用。

褥垫层主要是地基基础设计中的一种构造层，在天然地基中的褥垫层是在基础处在两种不同的持力层时，为了调节沉降差，在承载力较高的土层与基础之间设置一定厚度的砂卵（砾）石层。在复合地基中的褥垫层是在基础底板下设置一定厚度的砂卵（砾）石层，是为了调整基础底板下的桩与土之间的应力，使桩与桩间土能共同作用承受底板传来的上部结构的荷载。

1. 消耗量定额

| 定额项目设置 | | 定额解释 |
|---|---|---|
| 3:7灰土垫层 2-1-1～2 | 机械振动、机械碾压 | 1. 机械碾压垫层定额适用于厂区道路垫层采用压路机械的情况<br>2. 各种垫层定额均按地面垫层编制的，如为基础垫层，满堂基础、独立基础、条形基础，人工、机械分别乘以系数1.00、1.10、1.05；如为场区道路垫层，人工乘以系数0.9<br>3. 在原土上打夯（碾压）者另按本定额"第一章土石方工程"相应项目执行<br>4. 各种垫层及设计配比、强度等级与定额规定不同时，可以换算，换算时定额内的消耗量不变<br>5. 灰土垫层就地取土时，应扣除灰土配比中的黏土<br>6. 褥垫层套用本节相应项目<br>7. 混凝土及毛石混凝土垫层子目用于基础垫层如需支模板时，应按混凝土的接触面积，套用本定额"第十八章　模板工程"相应定额子目<br>8. 混凝土垫层子目定额内容只包括垫层铺贴及振捣养护，不包括搅拌，混凝土的搅拌另套用本定额"第五章钢筋及混凝土工程"相应定额子目 |
| 砂垫层 2-1-3～4 | 机械振动、机械碾压 | |
| 干铺碎石垫层（机械振动）2-1-5 | | |
| 碎石垫层（机械碾压）2-1-6 | | |
| 碎石灌浆 2-1-7 | | |
| 级配砂石 2-1-8～11 | 1. 人工级、天然级<br>2. 机械振动、机械碾压 | |
| 砂砾石 2-1-12～13 | 机械振动、机械碾压 | |
| 粉煤灰 2-1-14～15 | | |
| 碎石干铺 2-1-16 | | |
| 碎石灌浆 2-1-17 | | |
| 石灰、粉煤灰、土垫层 2-1-18～19 | 机械振动、机械碾压 | |
| 石灰、粉煤灰、碎石垫层 2-1-20～21 | | |
| 地瓜石 2-1-22～23 | 干铺、灌浆 | |
| 毛石 2-1-24～25 | | |
| 混凝土垫层 2-1-26～29 | 轻骨料、毛石、无筋、沥青 | |

### 2. 工程量计算

| 垫层类型 | 工程量计算 |
|---|---|
| 地面垫层 | 地面垫层按室内主墙间净面积乘以设计厚度,以立方米计算。计算时应扣除凸出地面的构筑物、设备基础、室内铁道、地沟以及单个面积在 $0.3m^2$ 以上的孔洞、独立柱等所占体积;不扣除间壁墙、附墙烟囱、墙垛以及单个面积在 $0.3m^2$ 以内的孔洞等所占体积,门洞、空圈、暖气壁龛等开口部分也不增加 |
| 条形基础垫层 | 1. 外墙垫层按外墙中心线长度乘以垫层平均断面面积以体积计算<br>2. 内墙垫层按实际长度乘以垫层平均断面面积以体积计算<br>3. 柱间条形基础垫层按柱基础(含垫层)之间的设计净长度乘以垫层平均断面面积以体积计算 |
| 独立基础与满堂基础垫层 | 独立基础垫层和满堂基础垫层按设计图示尺寸乘以平均厚度以体积计算 |
| 场区道路垫层 | 场区道路垫层按其设计长度乘以宽度乘以厚度以体积计算 |
| 爆破岩石增加垫层 | 按现场实测结果以体积计算 |

### 二、 填料加固

填料加固定额用于软弱地基挖土后的换填材料加固工程。通常以签证的方式计取这部分造价。

加固的换填材料与垫层,均处于建筑物与地基之间,均起传递荷载的作用。它们的不同之处在于:

(1)垫层平面尺寸比基础略大(一般≤200mm),总是伴随着基础发生,总体厚度较填料加固小(一般≤500mm),垫层与槽(坑)边有一定的间距(不呈满填状态)。

(2)填料加固用于软弱地基整体或局部大开挖后的换填,其平面尺寸由建筑物地基的整体或局部尺寸以及地基的承载能力决定,总体厚度较大(一般>500mm),一般呈满填状态。

| 定额项目设置 | | 定额解释 | 工程量计算 |
|---|---|---|---|
| 夯填灰土 2-1-30 | | 1. 填料加固定额用于软弱地基挖土后的换填材料加固工程<br>2. 填料加固夯填灰土就地取土时,应扣除灰土配比中的黏土<br>3. 回填加固材料如带配比、强度等级时,设计与定额规定不同时应予以调整,调整时定额的消耗量不变 | 以建筑物的基底平面或局部平面(如坟坑、暗井等)乘以总体厚度(一般大于0.5m)以立方米计算 |
| 人工填砂石 2-1-31~32 | 机械振动 | | |
| | 机械碾压 | | |
| 推土机填砂石 2-1-33~34 | 挤淤碾压 | | |
| 填铺砂 2-1-35 | | | |
| 填铺石屑 2-1-36 | | | |
| 填铺碎石 2-1-37 | | | |
| 抛石挤淤 2-1-38 | | | |
| 填筑毛石混凝土 2-1-39 | | | |

### 三、 土工合成材料

土工合成材料是土木工程应用的合成材料的总称,它是以人工合成材料,制作各种类型的产品，置于土体内部、表面或各种土体之间，发挥加强或保护土体的作用。

| 定额项目设置 | | 定额解释 | 工程量计算 |
|---|---|---|---|
| 土工布 2-1-40~41 | 平铺、斜铺 | 土工合成材料定额用于软弱地基加固工程 | 按设计图示尺寸以面积计算，平铺以坡度≤15%为准 |
| 土工格栅 2-1-42~43 | 平铺、斜铺 | | |

### 四、强夯

强夯系利用夯锤的夯击作用，使土壤产生竖向压密变形，减小孔隙比，提高密实度，增加干密度，在土壤深层形成一层较密实的硬壳层，从而提高地基的强度，减小土壤的压缩变形。随着现代工业的发展，大量采矿矿坑和塌陷区的填方、填海造地工程的出现，使得可以用强夯法处理的地基不断增多。

强夯工程按单独土石方工程Ⅱ类执行相应费率。强夯工程应单独编制工程预、结算，按建筑工程费用计算程序计算相应费用和税金。

#### 1. 消耗量定额

| 定额项目设置 | | 定额解释 |
|---|---|---|
| 夯击能≤1000kN·m 2-1-44~48 | 1. 夯击能、低锤满拍 2. ≤7夯点、≤4夯点 3. 4击、每增一击 | 1. 强夯定额项目区别不同"夯击能量"、"夯点密度"和"夯击数"设置，还设有每增减一击定额项目；另设低锤满拍定额项目 |
| 夯击能≤2000kN·m 2-1-49~53 | 1. 夯击能、低锤满拍 2. ≤7夯点、≤4夯点 3. 4击、每增一击 | 2. 夯点密度 夯点密度，即强夯定额中每百平方米夯点数，指设计文件规定的单位面积内的夯点数量。夯点密度对于夯击效力和人工、机械消耗，关系极大。因此，本节定额，按夯点密度分为"7夯点以内"、"4夯点以内"两种夯点密度 |
| 夯击能≤3000kN·m 2-1-54~58 | 1. 夯击能、低锤满拍 2. ≤7夯点、≤4夯点 3. 4击、每增一击 | 3. 夯击数 强夯的夯击数，系指强夯机械就位后，夯锤在同一夯点上下起落的次数（落锤高度应满足设计夯击能量的要求，否则按低锤满拍计算） |
| 夯击能≤4000kN·m 2-1-59~63 | 1. 夯击能、低锤满拍 2. ≤7夯点、≤4夯点 3. 4击、每增一击 | 4. 夯击遍数 强夯的夯点，按设计规定或按施工组织设计布置。无论夯点是不间隔排列，还是按一定顺序间隔排列（跳夯），夯击范围内的所有夯点，依次按规定的夯击能量、夯击数完成夯击，为夯击一遍 |
| 夯击能≤5000kN·m 2-1-64~68 | 1. 夯击能、低锤满拍 2. ≤7夯点、≤4夯点 3. 4击、每增一击 | 5. 低锤满拍的作用，是加固强夯产生的松土和被强夯震松的表层土 |
| 夯击能≤6000kN·m 2-1-69~73 | 1. 夯击能、低锤满拍 2. ≤7夯点、≤4夯点 3. 4击、每增一击 | |

#### 2. 工程量计算

（1）强夯按设计图示强夯处理范围以面积计算。设计无规定时，按建筑物基础外围轴线每边各加4m计算。

（2）低锤满拍工程量（m²）＝设计夯击范围（m²）。

### 五、注浆

注浆加固法是工程地基加固最常用的方法之一，该方法利用气压或液压配以填充渗透和挤密等方式,把浆液均匀地注入岩土层中,驱走岩石裂隙中或泥土颗粒间的水分和气体,并以其自身填充,待硬化后即可将岩土胶结成一个整体,可以改善持力层受力状态和荷载传递性能,从而使地基得到加固,防止或减少渗透和不均匀沉降。

1. 消耗量定额

| 定额项目设置 | | 定额解释 |
| --- | --- | --- |
| 分层注浆 | 钻孔 2-1-74<br>注浆 2-1-75 | 1. 注浆地基所用的浆体材料用量与定额不同时可以调整<br>2. 注浆定额中注浆管消耗量为摊销量,若为一次性使用,可按实际用量进行 |
| 压密注浆 | 钻孔 2-1-76<br>注浆 2-1-77 | 调整。废泥浆处理及外运套用本定额"第一章　土石方工程"中相关项目 |

2. 工程量计算

分层注浆钻孔按设计图示钻孔深度以长度计算,注浆按设计图纸注明的加固土体以体积计算。

压密注浆钻孔按设计图示钻孔深度以长度计算。注浆按下列规定以体积计算:

(1) 设计图纸明确加固土体体积的,按设计图纸注明的体积计算;

(2) 设计图纸以布点形式图示土体加固范围的,则按两孔间距的一半作为扩散半径,以布点边线各加扩散半径形成计算平面,计算注浆体积;

(3) 如果设计图纸注浆点在钻孔灌注桩之间,将两钻孔灌注桩间距的一半作为计算注浆体积的半径,按此半径和注浆深度计算圆柱体的体积。不论两钻孔灌注桩间是一个注浆点还是多个注浆点,都按上述半径的一个圆柱体的体积计算。如图 2-2-1 所示。

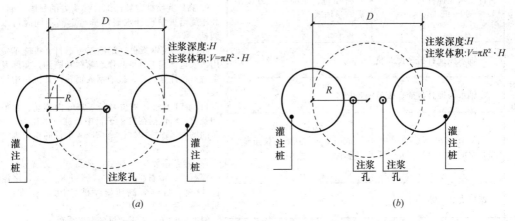

图 2-2-1　注浆点在钻孔灌注桩之间时注浆体积示意图
(a) 两钻孔灌注桩间一个注浆点;(b) 两钻孔灌注桩间两个注浆点

## 六、支护桩

支护桩是主要承受横向推力的桩。一般用于基坑支护、边坡支护以及滑坡治理,承受水平土压力或滑坡推力,经常和锚杆(索)一起使用。

## 1. 消耗量定额

| 定额项目设置 | | | 定额解释 |
|---|---|---|---|
| 填料桩 | 振冲碎石桩 2-1-78 | | 1. 桩基施工前场地平整、压实地表、地下障碍物处理等，定额均未考虑，发生时另行计算<br>2. 探桩位已综合考虑在各类桩基定额内，不另行计算<br>3. 支护桩已包括桩体充盈部分的消耗量。其中灌注砂、石桩还包括级配密实的消耗量<br>4. 深层水泥搅拌桩定额已综合了正常施工工艺需要的重复喷浆（粉）和搅拌。空搅部分按相应定额的人工及搅拌桩机台班乘以系数 0.5 计算<br>5. 水泥搅拌桩定额按不掺添加剂（如石膏粉、木质素硫酸钙、硅酸钠等）编制，如设计有要求，定额应按设计要求增加添加剂材料费，其余不变<br>6. 深层搅拌水泥桩，定额按 1 喷 2 搅施工编制。实际施工为 2 喷 4 搅时，定额人工、机械乘以系数 1.43（2 喷 2 搅、4 喷 4 搅，分别按 1 喷 2 搅、2 喷 4 搅计算）<br>7. 三轴水泥搅拌桩的水泥掺入量按加固土重（1800kg/m³）的 18% 考虑，如设计不同时按深层水泥搅拌桩每增减 1% 定额计算；三轴水泥搅拌桩定额按 2 搅 2 喷施工工艺考虑，设计不同时，每增减 1 搅 1 喷按相应定额人工和机械费增减 40% 计算。空搅部分按相应定额的人工及搅拌桩机台班乘以系数 0.50 计算<br>8. 三轴水泥搅拌桩设计要求全断面套打时，相应定额的人工及机械乘以系数 1.50，其余不变<br>9. 高压旋喷桩定额已综合接头处的复喷工料；高压旋喷桩中设计水泥用量与定额不同时可以调整<br>10. 打、拔钢板桩，定额仅考虑打、拔施工费用，未包含钢工具桩制作、除锈和刷油，实际发生时另行计算。打、拔槽钢或钢轨，其机械用量乘以系数 0.77<br>11. 钢工具桩在桩位半径≤15m 内移动、起吊和就位，已包括在打桩子目中。桩位半径>15m 时的场内运输按构件运输≤1km 子目的相应规定计算<br>12. 定额系数<br>碎石桩、砂石桩≤60m³，钢板桩≤50t，水泥搅拌桩≤100m³，高压旋喷≤100m³，人工、机械乘以系数 1.25<br>斜度≤1:6，人工及机械乘以系数 1.25<br>斜度>1:6，人工、机械乘以系数 1.43<br>桩间补桩或在地槽（坑）中或强夯地基上打桩时，人工及机械乘以系数 1.15<br>单独打试桩、锚桩，按相应定额的打桩人工及机械乘以系数 1.5<br>试验桩按相应定额人工及机械乘以系数 2.00 |
| | 钻孔压浆碎石桩 2-1-79 | | |
| | 碎石桩（桩长 m）2-1-80～82 | ≤10、≤15、>15 | |
| | 砂石桩（桩长 m）2-1-83～85 | ≤10、≤15、>15 | |
| | 水泥粉煤灰碎石桩 2-1-86～87 | 钻孔成孔，桩径≤500mm<br>沉管成孔，桩径≤400mm | |
| | 灰土挤密桩（桩长 m）2-1-88～89 | ≤6、>6 | |
| 水泥桩 | 深层水泥搅拌桩 2-1-90～92 | 粉喷桩、浆喷桩，另设水泥掺量增减 1% | |
| | 三轴水泥搅拌桩 2 搅 2 喷 2-1-93 | | |
| | 三轴水泥搅拌桩插、拔型钢 2-1-94 | | |
| | 预钻孔道高压旋喷（摆喷）水泥桩 2-1-95～98 | 成孔、单重管、双重管、三重管 | |
| | 凿桩头 2-1-99 | | |
| 钢制桩 | 打、拔钢板桩（桩长 m）2-1-100～103 | ≤6、≤10、≤15、>15 | |
| | 安拆导向夹具 2-1-104 | | |

## 2. 工程量计算

（1）填料桩、深层水泥搅拌桩按设计桩长（有桩尖时包括桩尖）乘以设计桩外截面积以体积计算。填料桩、深层水泥搅拌桩截面有重叠时，不扣除重叠面积。

（2）预钻孔道高压旋喷（摆喷）水泥桩工程量，成（钻）孔按自然地坪标高至设计桩底的长度计算，喷浆按设计加固桩截面积乘以设计桩长以体积计算。

（3）三轴水泥搅拌桩按设计桩长（有桩尖时包括桩尖）乘以设计桩外截面积以体积计算。

（4）三轴水泥搅拌桩设计要求全断面套打时，相应定额的人工及机械乘以系数1.50，其余不变。

（5）凿桩头适用于深层水泥搅拌桩、三轴水泥搅拌桩、高压旋喷水泥桩定额子目，按凿桩长度乘以桩断面面积以体积计算。

（6）打、拔钢板桩工程量按设计图示桩的尺寸以质量计算，安、拆导向夹具工程量按设计图示尺寸以长度计算。

# 第二节　基坑与边坡支护

## 1. 挡土板

| 定额项目设置 | | 定额解释 | 工程量计算 |
| --- | --- | --- | --- |
| 挡土板 2-2-1～8 | 1. 木挡土板、钢挡土板 2. 疏板、密板 3. 木撑、钢撑 | 挡土板定额分为疏板和密板。疏板是指间隔支挡土板，且板间净空≤150cm的情况；密板是指满支挡土板或板间净空≤30cm的情况 | 挡土板按设计文件（或施工组织设计）规定的支挡范围，以面积计算 |
| 袋土围堰 2-2-9 | | 定额是按草袋装黏土编制的，如为编织袋装黏土，套用定额时调整袋子价格 | 袋土围堰按设计文件（或施工组织设计）规定的支挡范围，以体积计算 |

## 2. 钢支撑

| 定额项目设置 | | 定额解释 | 工程量计算 |
| --- | --- | --- | --- |
| 钢支撑 2-2-10～13 | ≤15m安装、≤15m拆除，>15m安装、>15m拆除 | 钢支撑仅适用于基坑开挖的大型支撑安装、拆除 | 钢支撑按设计图示尺寸以质量计算。不扣除孔眼质量，焊条、铆钉、螺栓等不另增加质量 |

## 3. 土钉与锚喷联合支护

| 定额项目设置 | | 定额解释 | 工程量计算 |
| --- | --- | --- | --- |
| 砂浆土钉（钻孔灌浆）2-2-14～15 | 土层、岩石 | 1. 土钉与锚喷联合支护的工作平台套用本定额"第十七章 脚手架工程"相应项目 2. 锚杆的制作安装套用本定额"第五章 钢筋及混凝土工程"相应项目 | 1. 砂浆土钉的钻孔灌浆，按设计文件（或施工组织设计）规定的钻孔深度，以长度计算 2. 土层锚杆机械钻孔、注浆，按设计孔径尺寸，以长度计算 3. 喷射混凝土护坡，区分土层与岩层，按设计文件（或施工组织设计）规定的防护范围，以面积计算 4. 锚头制作、安装、张拉、锁定按设计图示以数量计算 |
| 土层锚杆机钻孔（孔径mm）2-2-16～18 | ≤100、≤150、≤200 | | |
| 锚杆机入岩增加 2-2-19 | | | |
| 土层锚杆锚孔注浆（孔径mm）2-2-20～22 | ≤100、≤150、≤200 | | |
| 喷射混凝土护坡 2-2-23～25 | 1. 土层、岩层 2. 初喷厚50mm，每增厚10mm | | |
| 锚头制作、安装、张拉、锁定 2-2-26 | | | |

### 4. 地下连续墙

地下连续墙是以专门的挖槽设备，沿着深基或地下构筑物周边，采用泥浆护壁，按设计的宽度、长度和深度开挖沟槽，待槽段形成后，在槽内设置钢筋笼，采用导管法浇筑混凝土，筑成一个单元槽段的混凝土墙体（见图 2-2-2）。依次继续挖槽、浇筑施工，并以某种接头方式将相邻单元槽段墙体连接起来形成一道连续的地下钢筋混凝土墙或帷幕，以作为防渗、挡土、承重的地下墙体结构。

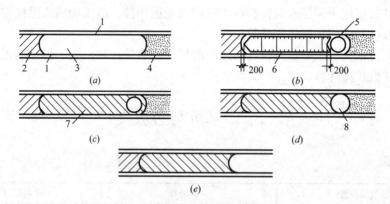

图 2-2-2 地下连续墙施工程序示意图

（a）开挖槽段；（b）吊放接头管和钢筋笼；（c）浇筑；（d）拔出接头管；（e）形成接头

1—导墙；2—已浇筑混凝土的单元槽段；3—开挖的槽段；4—未开挖的槽段；5—接头管；

6—钢筋笼；7—正浇筑混凝土的单元槽段；8—接头管拔出后的孔洞

| 定额项目设置 | | 定额解释 | 工程量计算 |
| --- | --- | --- | --- |
| 现浇导墙混凝土 2-2-27 | | 1. 地下连续墙适用于黏土、砂土及冲填土等软土层。<br>2. 导墙土方的运输、回填，废泥浆处理及外运，套用本定额"第一章 土石方工程"相应项目；本章钢筋加工套用本定额"第五章 钢筋及混凝土工程"相应项目 | 1. 现浇导墙混凝土按设计图示尺寸，以体积计算。<br>2. 现浇导墙混凝土模板按混凝土与模板接触面的面积计算。<br>3. 成槽工程量按设计长度乘以墙厚及成槽深度（设计室外地坪至连续墙底），以体积计算。<br>4. 锁扣管以"段"为单位（段指槽壁单元槽段），锁口管吊拔按连续墙段数计算，定额中已包括锁口管的摊销费用。<br>5. 清底置换以"段"为单位（段指槽壁单元槽段）。<br>6. 连续墙浇筑工程量按设计长度乘以墙厚及墙高加 0.5m，以体积计算。<br>7. 凿地下连续墙超灌混凝土，设计无规定时，其工程量按墙体断面面积乘以 0.5m，以体积计算 |
| 现浇导墙混凝土模板 2-2-28 | | | |
| 地下连续墙成槽（深度 m）2-2-29～31 | ≤15、≤25、≤35 | | |
| 锁口管吊拔（深度 m）2-2-32～34 | ≤15、≤25、≤35 | | |
| 地下连续墙 2-2-35～36 | 清底置换、浇筑混凝土 | | |
| 凿地下连续墙超灌混凝土 2-2-37 | | | |

## 第三节 排水与降水

排水与降水工程属于施工技术措施项目，施工技术措施项目与实体项目不仅取费计算不同，在工程量清单计价中的处理方式也不同。

土石方工程中采用较多的是明排水法和轻型井点降水法。

明排水法是在基坑开挖过程中，在坑底设置集水坑，并沿坑底周围或中央开挖排水沟，使水流入集水坑，然后用水泵抽走，抽出的水应予引开，以防倒流。如图 2-2-3 所示。

轻型井点降水法是沿基坑四周以一定间距埋入直径较细的井点管至地下蓄水层内，井点管的上端通过弯联管与总管相连接，利用抽水设备将地下水从井点管内不断抽出，使原有地下水位降至坑底以下。如图 2-2-4 所示。

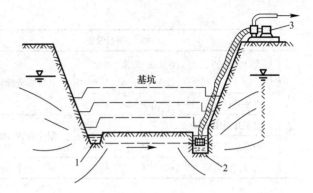

图 2-2-3 集水坑降水法（明排水法）示意图
1—排水沟；2—集水井；3—水泵

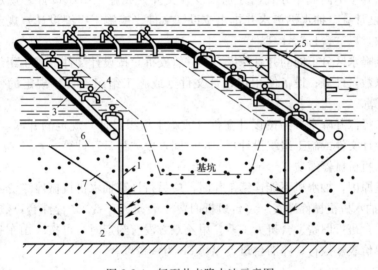

图 2-2-4 轻型井点降水法示意图
1—井点管；2—滤管；3—总管；4—弯联管；5—水泵房；6—原有地下水位线；7—降低后地下水位线

## 一、消耗量定额

| 定额项目设置 | | | 定额解释 |
|---|---|---|---|
| 抽水机基底排水 2-3-1～3 | | 降水深度≤1m、≤2m、≤3m | 1. 抽水机集水井排水，以每台抽水机工作24h为一台日 |
| 集水井排水 | 集水井井深≤2～4m 2-3-4～5 | 砖砌排水井、钢筋笼排水井 | 2. 井点降水分为轻型井点、喷射井点、大口径井点、水平井点、电渗井点和射流泵井点。井管间距，应根据地质条件和施工降水要求，依据施工组织设计确定。施工组织设计无规定时，可按轻型井点管距0.8～1.6m、喷射井点管距2～3m确定 |
| | 集水深井 2-3-6～8 | 混凝土无砂管 φ550、钢筋笼井、钢管井 | |
| | 抽水机集水井排水 2-3-9～11 | 污水泵、单级清泵、泥浆泵 | |
| 井点降水 | 轻型井点（深7m）降水 2-3-12～13 | 井管安装拆除、设备使用 | |
| | 喷射井点降水 2-3-14～21 | 1. 深10m、15m、20m、30m 2. 井管安装拆除、设备使用 | |

续表

| 定额项目设置 | | 定额解释 |
|---|---|---|
| 井点降水 | 大口径$\phi$600井点（深15m）降水 2-3-22～23 | 井管安装拆除、设备使用 | 3. 井点设备使用套的组成如下：轻型井点 50 根/套；喷射井点 30 根/套；大口径井点 45 根/套；水平井点 10 根/套；电渗井点 30 根/套，累计不足一套者按一套计算。井点设备使用，以每昼夜 24h 为一天 |
| | 水平井点（深25m）降水 2-3-24～25 | | |
| | 电渗井点阳极降水 2-3-26～27 | 制作安装拆除、设备使用 | |
| | 射流泵井点降水 2-3-28～29 | | 4. 水泵类型、管径与定额不一致时，可以调整 |
| | 大口径深井降水 2-3-30～31 | 打井、降水抽水 | |

## 二、 工程量计算

（1）抽水机基底排水分不同排水深度，按设计基底以面积计算。

（2）集水井按不同成井方式，分别以设计文件（或施工组织设计）规定的数量，以"座"或以长度计算。抽水机集水井排水按设计文件（或施工组织设计）规定的抽水机台数和工作天数，以"台日"计算。

（3）井点降水区分不同的井管深度，其井管安拆，按设计文件或施工组织设计规定的井管数量，以数量计算；设备使用按设计文件（或施工组织设计）规定的使用时间，以"每套天"计算。

（4）大口径深井降水打井按设计文件（或施工组织设计）规定的井深，以长度计算。降水抽水按设计文件或施工组织设计规定的时间，以"台日"计算。

（5）抽水机机械停滞费

由于水量原因，抽水机不能连续工作时，应另行计算抽水机机械停滞费：

抽水机机械停滞费 ＝（台班折旧费＋台班人工费）×停滞台班数

上式中，台班折旧费、台班人工费，甲乙双方没有约定时，可按《山东省建设工程施工机械台班单价表》执行；停滞台班，以每 8h 为一台班。

# 附：地基处理与边坡支护工程量清单

## 1　地基处理

| 项目编码 | 项目名称 | 项目特征（略） | 计量单位 | 工程量计算规则 |
|---|---|---|---|---|
| 010201001 | 换填垫层 | | m³ | 按设计图示尺寸以体积计算 |
| 010201002 | 铺设土工合成材料 | | m² | 按设计图示尺寸以面积计算 |
| 010201003 | 预压地基 | | | 按设计图示处理范围以面积计算 |
| 010201004 | 强夯地基 | | | |
| 010201005 | 振冲密实（不填料） | | | |
| 010201006 | 振冲桩（填料） | | 1. m 2. m³ | 1. 以米计量，按设计图示尺寸以桩长计算 2. 以立方米计量，按设计桩截面积乘以桩长以体积计算 |
| 010201007 | 砂石桩 | | | 1. 以米计量，按设计图示尺寸以桩长（包括桩尖）计算 2. 以立方米计量，按设计桩截面积乘以桩长（包括桩尖）以体积计算 |

续表

| 项目编码 | 项目名称 | 项目特征<br>（略） | 计量<br>单位 | 工程量计算规则 |
|---|---|---|---|---|
| 010201008 | 水泥粉煤灰、碎石桩 | | | 按设计图示尺寸以桩长（包括桩尖）计算 |
| 010201009 | 深层搅拌桩 | | | 按设计图示尺寸以桩长计算 |
| 010201010 | 粉喷桩 | | | |
| 010201011 | 夯实水泥土桩 | | m | 按设计图示尺寸以桩长（包括桩尖）计算 |
| 010201012 | 高压喷射注浆桩 | | | 按设计图示尺寸以桩长计算 |
| 010201013 | 石灰桩 | | | 按设计图示尺寸以桩长（包括桩尖）计算 |
| 010201014 | 灰土（土）挤密桩 | | | |
| 010201015 | 柱锤冲扩桩 | | | 按设计图示尺寸以桩长计算 |
| 010201016 | 注浆地基 | | 1. m<br>2. m³ | 1. 以米计量，按设计图示尺寸以钻孔深度计算<br>2. 以立方米计量，按设计图示尺寸以加固体积计算 |
| 010201017 | 褥垫层 | | 1. m²<br>2. m³ | 1. 以平方米计量，按设计图示尺寸以铺设面积计算<br>2. 以立方米计量，按设计图示尺寸以体积计算 |

注：1. 地层情况按规范的规定，并根据岩土工程勘察报告按单位工程各地层所占比例（包括范围值）进行描述。
　　对无法准确描述的地层情况，可注明由投标人根据岩土工程勘察报告自行决定报价。
　　2. 项目特征中的桩长应包括桩尖，空桩长度＝孔深－桩长，孔深为自然地面至设计桩底的深度。
　　3. 高压喷射注浆类型包括旋喷、摆喷、定喷，高压喷射注浆方法包括单管法、双重管法、三重管法。
　　4. 如采用泥浆护壁成孔，工作内容包括土方、废泥浆外运，如采用沉管灌注成孔，工作内容包括桩尖制作、
　　安装。

### 2　基坑与边坡支护

| 项目编码 | 项目名称 | 项目特征<br>（略） | 计量<br>单位 | 工程量计算规则 |
|---|---|---|---|---|
| 010202001 | 地下连续墙 | | m³ | 按设计图示墙中心线长乘以厚度乘以槽深以体积计算 |
| 010202002 | 咬合灌注桩 | | 1. m<br>2. 根 | 1. 以米计量，按设计图示尺寸以桩长计算<br>2. 以根计量，按设计图示数量计算 |
| 010202003 | 圆木桩 | | 1. m<br>2. 根 | 1. 以米计量，按设计图示尺寸以桩长（包括桩尖）计算<br>2. 以根计量，按设计图示数量计算 |
| 010202004 | 预制钢筋混凝土板桩 | | | |
| 010202005 | 型钢桩 | | 1. t<br>2. 根 | 1. 以吨计量，按设计图示尺寸以质量计算<br>2. 以根计量，按设计图示数量计算 |
| 010202006 | 钢板桩 | | 1. t<br>2. m² | 1. 以吨计量，按设计图示尺寸以质量计算<br>2. 以平方米计量，按设计图示墙中心线长乘以桩长以面积计算 |
| 010202007 | 锚杆（锚索） | | 1. m<br>2. 根 | 1. 以米计量，按设计图示尺寸以钻孔深度计算<br>2. 以根计量，按设计图示数量计算 |
| 010202008 | 土钉 | | | |
| 010202009 | 喷射混凝土、水泥砂浆 | | m² | 按设计图示尺寸以面积计算 |
| 010202010 | 钢筋混凝土支撑 | | m³ | 按设计图示尺寸以体积计算 |
| 010202011 | 钢支撑 | | t | 按设计图示尺寸以质量计算。不扣除孔眼质量，焊条、铆钉、螺栓等不另增加质量 |

注：1. 地层情况按规范的规定，并根据岩土工程勘察报告按单位工程各地层所占比例（包括范围值）进行描述。
　　对无法准确描述的地层情况，可注明由投标人根据岩土工程勘察报告自行决定报价。
　　2. 土钉置入方法包括钻孔置入、打入或射入等。
　　3. 混凝土种类：指清水混凝土、彩色混凝土等，如在同一地区既使用预拌（商品）混凝土，又允许现场搅拌
　　混凝土时，也应注明（下同）。
　　4. 地下连续墙和喷射混凝土（砂浆）的钢筋网、咬合灌注桩的钢筋笼及钢筋混凝土支撑的钢筋制作、安装，
　　按"第五章　钢筋及混凝土工程"中相关清单项目列项。本部分未列的基坑与边坡支护的排桩，按"第三
　　章　桩基础工程"中相关清单项目列项。砖、石挡土墙、护坡按"第四章　砌筑工程"中相关清单项目列
　　项。混凝土挡土墙按"第五章　钢筋及混凝土工程"中相关清单项目列项。

# 第三章　桩基础工程

## 一、 本章内容

本章定额包括打桩、灌注桩两节。

## 二、 桩的基本分类

桩的基本分类见表 2-3-1。

桩的基本分类                                                                              表 2-3-1

| 分类标准 | | 类别 | 特点 |
|---|---|---|---|
| 按桩体材料 | | 钢筋混凝土桩 | 可以预制也可以现浇 |
| | | 钢桩 | 钢桩的承载力较大，起吊、运输、沉桩、接桩都较方便，但消耗钢材多，造价高。我国目前只在少数重点工程中使用 |
| | | 木桩 | 目前已很少使用，只在某些加固工程或能就地取材的临时工程中使用 |
| | | 砂石桩 | 主要用于地基加固，挤密土壤 |
| | | 灰土桩 | 主要用于地基加固 |
| | | 水泥桩 | 包括粉喷桩、浆喷桩、高压旋喷（摆喷）水泥桩，止水帷幕就属于此类 |
| 按受力 | | 摩擦桩 | 是指沉入软弱土层一定深度通过桩侧土的摩擦作用，将上部荷载传递扩散于桩周围土中，桩端土也起一定的支承作用，桩尖支承的土不甚密实 |
| | | 端承桩 | 是指穿过软弱土层并将建筑物的荷载通过桩传递到桩端坚硬土层或岩层上。桩侧较软弱土对桩身的摩擦作用很小，其摩擦力可忽略不计 |
| 按制作工艺 | | 预制桩 | 钢筋混凝土预制桩是在工厂或施工现场预制，用锤击打入、振动沉入等方法，使桩沉入地下。适用范围是含水量较少的粉质黏土和砂土层，可以承载20层的高层建筑 |
| | | 灌注桩 | 又叫现浇桩，直接在设计桩位的地基上成孔，在孔内放置钢筋笼或不放钢筋，后在孔内灌注混凝土而成桩。钢筋混凝土灌注桩的适用范围是桩端、桩周持力条件比较好的各种大型、特大型工程和对单桩承载力要求特别高的特殊工程 |
| 按施工方法 | 按沉桩方式 | 锤击法 | 用锤击打桩设备，噪声大，不适合市区施工 |
| | | 振动沉桩 | 用振动沉桩设备，噪声大，不适合市区施工 |
| | | 静压力沉桩 | 静力压桩机（液压），适合市区施工 |
| | 按成孔方式 | 人工挖孔灌注桩 | 此类桩适用于地下水较少，对安全要求特高的土层，不适宜用于砂土、碎石土和较厚的淤泥质土层等，适用于大直径灌注桩 |
| | | 打孔（沉管）灌注桩 | 此类桩的适用条件基本同预制桩，现已广泛用于多层住宅中，有时采用单打工艺，有时用复打工艺，主要依据土层的松软程度和单桩承载力来决定，要用套管 |
| | | 钻孔灌注桩 | 钻孔灌注桩适用于对单桩承载力要求较高的高层建筑、大跨度工业厂房、大型桥梁等工程中，一般为水钻孔灌注桩。螺旋钻孔灌注桩适用于基本无地下水的地质条件，且桩长有一定限制，一般不能穿过卵砾石层，这种桩属非挤土型干钻孔桩，不需要泥浆护壁，因此施工周期比水钻孔灌注桩要短，现场无泥浆污染，不用套管 |

### 三、定额共性

（1）本章定额适用于陆地上的桩基工程，所列打桩机械的规格、型号是按常规施工工艺和方法综合取定的。本章定额已综合考虑了各类土层、岩石层的分类因素，对施工场地的土质、岩石级别进行了综合取定。

（2）桩基施工前场地平整、压实地表、地下障碍处理等，定额均未考虑，发生时另行计算。

（3）探桩位已综合考虑在各类桩基定额内，不另行计算。

（4）单位（群体）工程的桩基工程量少于表 2-3-2 对应数量时，相应定额人工、机械乘以系数 1.25。灌注桩单位（群体）工程的桩基工程量指灌注混凝土量。

单位工程的桩基工程量　　　　　　　　　　　　　　　　　表 2-3-2

| 项目 | 单位工程的桩基工程量 | 项目 | 单位工程的桩基工程量 |
|---|---|---|---|
| 预制钢筋混凝土方桩 | 200m³ | 钻孔、旋挖成孔灌注桩 | 150m³ |
| 预应力钢筋混凝土管桩 | 1000m³ | 沉管、冲击灌注桩 | 100m³ |
| 预制钢筋混凝土板桩 | 100m³ | 钢管桩 | 50t |

（5）桩基础工程因土壤的级别划分是按砂层连续厚度、压缩系数、孔隙比、静力触探值、动力触探系数、沉桩时间等因素确定，给实际施工和工程结算带来许多不确定因素，因此，本章定额未对土壤进行分级，而参考其他省市定额子目按相应的土壤分级权重进行了综合。

（6）本章桩基定额中各种砂浆及混凝土均按常用规格及强度等级列出，若设计与定额不同时，均可换算材料及配比，但定额中的消耗总量不变。

（7）本章定额中的灌注桩混凝土不包括桩基础混凝土外加剂，实际发生时，按设计要求另行计算。

（8）本章定额中各种灌注桩的混凝土，按商品混凝土运输罐车直接供混凝土至桩位前考虑，不包括商品混凝土 100m 的场内运输。

### 四、工程取费类别

桩基础工程按设计桩长确定自身的工程类别，执行自身的相应费率。桩基础工程应单独编制工程预、结算。桩基础工程按建筑工程费用计算程序，计算相应费用和税金。

# 第一节　打　　桩

### 一、消耗量定额

| 定额项目设置 | | 定额解释 |
|---|---|---|
| 打预制钢筋混凝土方桩（桩长 m）3-1-1~4 | ≤12、≤25、≤45、>45 | 1. 单独打试桩、锚桩，按相应定额的打桩人工及机械乘以系数 1.50 |

| 定额项目设置 | | 定额解释 |
|---|---|---|
| 压预制钢筋混凝土方桩（桩长 m）3-1-5～8 | ≤12、≤25、≤45、＞45 | 2. 打桩工程按陆地打垂直桩编制。设计要求打斜桩时，斜度≤1：6时，相应定额人工、机械乘以系数1.25；斜度＞1：6时，相应定额人工、机械乘以系数1.43。 |
| 打预应力钢筋混凝土管桩（桩径 mm）3-1-9～12 | ≤400、≤500、≤600、＞600 | |
| 静力压预应力钢筋混凝土管桩（桩径 mm）3-1-13～16 | ≤400、≤500、≤600、＞600 | 3. 打桩工程以平地（坡度≤15°）打桩为准，坡度＞15°打桩时，相应定额人工、机械乘以系数1.15。如在基坑内（基坑深度＞1.5m，基坑面积≤50m²）打桩或在地坪上打坑槽内（坑槽深度＞1m）桩时，相应定额人工、机械乘以系数1.11。 |
| 打预制钢筋混凝土板桩（单桩体积 m³）3-1-17～20 | ≤1、≤1.5、≤2.5、＞2.5 | |
| 打钢管桩（桩径 mm/桩长 m）3-1-21～26 | ≤450/≤30、≤450/＞30、≤650/≤30、≤650/＞30、≤1000/≤30、≤1000/＞30 | 4. 在桩间补桩或在强夯后的地基上打桩时，相应定额人工、机械乘以系数1.15。 |
| 钢管桩内切割（桩径 mm）3-1-27～29 | ≤450、≤650、≤1000 | 5. 打桩工程，如遇送桩时，可按打桩相应定额人工、机械乘以下表中的系数： |
| 钢管桩精割盖帽（桩径 mm）3-1-30～32 | ≤450、≤650、≤1000 | |

| 送桩深度 | 系数 |
|---|---|
| ≤2m | 1.25 |
| ≤4m | 1.43 |
| ＞4m | 1.67 |

| 定额项目设置 | | | 定额解释 |
|---|---|---|---|
| 钢管桩内取土、填芯 | | 管内钻孔取土 3-1-33 | 6. 打、压预制钢筋混凝土桩、预应力钢筋混凝土管桩，定额按购入成品构件考虑，已包括桩位半径≤15m内的移动、起吊、就位。桩位半径＞15m时的构件场内运输，按本定额"第十九章 施工运输工程"中的预制构件水平运输1km以内的相应项目执行。 |
| | | 管内填混凝土 3-1-34 | |
| | | 管内填黄砂 3-1-35 | |
| | | 管内填碎石 3-1-36 | |
| 接桩、截（凿）桩头 | 预制钢筋混凝土桩接桩 | 包角钢 3-1-37 | |
| | | 包钢板 3-1-38 | 7. 本章定额内未包括预应力钢筋混凝土管桩钢桩尖制安项目，实际发生时按本定额"第五章 钢筋及混凝土工程"中的预埋铁件定额执行。 |
| | 钢管桩电焊接桩（桩径 mm）3-1-39～41 | ≤450、≤650、≤1000 | |
| | 预制钢筋混凝土桩截桩 | 方桩 3-1-42 | |
| | | 管桩 3-1-43 | 8. 预应力钢筋混凝土管桩桩头灌芯部分按人工挖孔灌注桩桩芯定额（3-2-35）执行。 |
| | 凿桩头 | 预制钢筋混凝土桩 3-1-44 | |
| | | 灌注钢筋混凝土桩 3-1-45 | |
| | 桩头钢筋整理 3-1-46 | | |

## 二、工程量计算

（1）预制钢筋混凝土桩

打、压预制钢筋混凝土桩按设计桩长（包括桩尖）乘以桩截面积，以体积计算。

（2）预应力钢筋混凝土管桩

1）打、压预应力钢筋混凝土管桩按设计桩长（不包括桩尖），以长度计算。

2）预应力钢筋混凝土管桩钢桩尖按设计图示尺寸，以质量计算。

3）预应力钢筋混凝土管桩，如设计要求加注填充材料时，填充部分另按本章钢管桩填芯相应项目执行。

4）桩头灌芯按设计尺寸以灌注体积计算。

（3）钢管桩

1）钢管桩按设计要求的桩体质量计算。

2）钢管桩内切割、精割盖帽按设计要求的数量计算。

3）钢管桩管内钻孔取土、填芯，按设计桩长（包括桩尖）乘以填芯截面积，以体积计算。

（4）打桩工程的送桩按设计桩顶标高至打桩前的自然地坪标高另加 0.5m 计算相应项目的送桩工程量。

（5）预制钢筋混凝土桩接桩、钢管桩电焊接桩，按设计要求接桩头的数量计算。

（6）预制钢筋混凝土桩截桩按设计要求截桩的数量计算。截桩长度≤1m 时，不扣减相应桩的打桩工程量；截桩长度＞1m 时，其超过部分按实扣减打桩工程量，但桩体的价格和预制桩场内运输的工程量不扣除。

（7）预制混凝土桩凿桩头按设计图示桩截面积乘以凿桩头长度，以体积计算。凿桩头长度设计无规定时，桩头长度按桩体高 40d（d 为桩体主筋直径，主筋直径不同时取大者）计算；灌注混凝土桩凿桩头按设计超灌高度（设计有规定时按设计要求，设计无规定时按 0.5m）乘以桩截面积，以体积计算。

（8）桩头钢筋整理，按所整理的桩的数量计算。

# 第二节 灌 注 桩

## 一、 消耗量定额

| 定额项目设置 | | | 定额解释 |
|---|---|---|---|
| 回旋钻机成孔 | 回旋钻机钻孔（桩径 mm）3-2-1～3 | ≤800、≤1200、≤1500 | 1. 钻孔、旋挖成孔等灌注桩设计要求进入岩石层时执行入岩子目，入岩指钻入中风化的坚硬岩<br>2. 旋挖成孔灌注桩定额按湿作业成孔考虑，如采用干作业成孔工艺时，则扣除相应定额中的黏土、水和机械中的泥浆泵<br>3. 定额各灌注桩的材料用量中，均已包括了充盈系数和材料损耗。旋挖、冲击钻机成孔灌注混凝土桩，回旋、螺旋钻机钻孔灌注混凝土桩，沉管桩成孔灌注混凝土桩充盈系数分别为 1.25、1.20、1.15，损耗率均为 1%<br>4. 桩孔空钻部分回填应根据施工组织设计的要求套用相应定额，填土者按本定额"第一章 土石方工程"松填土方定额计算，填碎石者按本定额"第二章 地基处理与边坡支护工程"碎石垫层定额乘以系数 0.7 计算<br>5. 旋挖桩、螺旋桩、人工挖孔桩等采用干作业成孔工艺的桩的土石方场内、场外运输，执行本定额"第一章 土石方工程"相应项目及规定<br>6. 本章定额内未包括泥浆池制作，实际发生时按本定额"第四章 砌筑工程"的相应项目执行 |
| | 回旋钻机钻孔（桩径 mm）入岩增加 3-2-4～6 | ≤800、≤1200、≤1500 | |
| 旋挖钻机成孔 | 旋挖钻机钻孔（桩径 mm）3-2-7～10 | ≤1000、≤1500、≤2000、＞2000 | |
| | 旋挖钻机钻孔（桩径 mm）入岩增加 3-2-11～14 | ≤1000、≤1500、≤2000、＞2000 | |
| 冲击成孔机成孔 | 冲击成孔机成孔（桩径 mm）3-2-15～16 | ≤1200、≤1500 | |
| | 冲击成孔机成孔（桩径 mm）入岩增加 3-2-17～18 | ≤1200、≤1500 | |
| 沉管成孔 | 沉管桩成孔（桩长 m）振动式 3-2-19～21 | ≤12、≤25、＞25 | |
| | 沉管桩成孔锤击式 3-2-22 | | |
| | 沉管桩成孔夯扩式 3-2-23 | | |
| 螺旋钻机成孔（桩长 m）3-2-24～25 | | ≤12、＞12 | |
| 灌注桩混凝土 | 回旋钻孔 3-2-26 | | |
| | 旋挖成孔 3-2-27 | | |
| | 冲击钻孔 3-2-28 | | |
| | 沉管成孔 3-2-29 | | |
| | 螺旋钻孔 3-2-30 | | |

续表

| 定额项目设置 | | | 定额解释 |
|---|---|---|---|
| 人工挖孔灌注桩 | 人工挖孔灌注桩护壁 | 120mm 厚实心砖 3-2-31 | 7. 本章定额内不包括废泥浆场内（外）运输，实际发生时按本定额"第一章 土石方工程"中相关项目及规定执行 |
| | | 240mm 厚实心砖 3-2-32 | 8. 本章定额内未包括桩钢筋笼、铁件制安项目，实际发生时按本定额"第五章 钢筋及混凝土工程"的相应项目执行 |
| | | 现浇混凝土 3-2-33 | 9. 本章定额内未包括沉管灌注桩的预制桩尖制安项目，实际发生时按本定额"第五章 钢筋及混凝土工程"中的小型构件定额执行 |
| | | 安装预制混凝土 3-2-34 | 10. 灌注桩后压浆注浆管、声测管埋设，注浆管、声测管如遇材质、规格不同时，可以换算，其余不变 |
| | 人工挖孔灌注桩桩芯 | 混凝土 3-2-35 | 11. 注浆管埋设定额按桩底注浆考虑，如设计采用侧向注浆，则相应定额人工、机械乘以系数 1.2 |
| | | 毛石混凝土 3-2-36 | |
| 钻孔压浆桩（主杆直径 mm）3-2-37～39 | | ≤300、≤400、≤600 | |
| 灌注桩埋管、后压浆 | 声测管埋设 3-2-40～42 | 钢管、钢质波纹管、塑料管 | |
| | 注浆管埋设 3-2-43 | | |
| | 桩底（侧）后压浆 3-2-44 | | |

## 二、 工程量计算

（1）钻孔桩、旋挖桩成孔工程量按打桩前自然地坪标高至设计桩底标高的成孔长度乘以设计桩截面积，以体积计算。入岩增加工程量按实际入岩深度乘以设计桩截面积，以体积计算。

（2）钻孔桩、旋挖桩灌注混凝土工程量按设计桩截面积乘以设计桩长（包括桩尖）另加加灌长度，以体积计算。加灌长度设计有规定者，按设计要求计算；无规定者，按 0.5m 计算。

（3）沉管成孔工程量按打桩前自然地坪标高至设计桩底标高（不包括预制桩尖）的成孔长度乘以钢管外截面积，以体积计算。

（4）沉管桩灌注混凝土工程量按钢管外截面积乘以设计桩长（不包括预制桩尖）另加加灌长度，以体积计算。加灌长度设计有规定者，按设计要求计算；无规定者，按 0.5m 计算。

（5）人工挖孔灌注混凝土桩护壁和桩芯工程量，分别按设计图示截面积乘以设计桩长另加加灌长度，以体积计算。加灌长度设计有规定者，按设计要求计算；无规定者，按 0.25m 计算。

（6）钻孔灌注桩、人工挖孔桩设计要求扩底时，其扩底工程量按设计尺寸以体积计算，并入相应桩的工程量内。

（7）桩孔回填工程量按桩加灌长度顶面至打桩前自然地坪标高的长度乘以桩孔截面积，以体积计算。

（8）钻孔压浆桩工程量按设计桩顶标高至设计桩底标高的长度另加 0.5m，以长度计算。

（9）注浆管、声测管埋设工程量按打桩前的自然地坪标高至设计桩底标高的长度另加 0.5m，以长度计算。

（10）桩底（侧）后压浆工程量按设计注入水泥用量，以质量计算。

# 附：桩基础工程量清单

## 1　打桩

| 项目编码 | 项目名称 | 项目特征（略） | 计量单位 | 工程量计算规则 |
|---|---|---|---|---|
| 010301001 | 预制钢筋混凝土方桩 | | 1. m<br>2. m³<br>3. 根 | 1. 以米计量，按设计图示尺寸以桩长（包括桩尖）计算<br>2. 以立方米计量，按设计图示截面积乘以桩长（包括桩尖）以实体积计算<br>3. 以根计量，按设计图示数量计算 |
| 010301002 | 预制钢筋混凝土管桩 | | | |
| 010301003 | 钢管桩 | | 1. t<br>2. 根 | 1. 以吨计量，按设计图示尺寸以质量计算<br>2. 以根计量，按设计图示数量计算 |
| 010301004 | 截（凿）桩头 | | 1. m³<br>2. 根 | 1. 以立方米计量，按设计桩截面积乘以桩头长度以体积计算<br>2. 以根计量，按设计图示数量计算 |

注：1. 地层情况按规范的规定，并根据岩土工程勘察报告按单位工程各地层所占比例（包括范围值）进行描述。对无法准确描述的地层情况，可注明由投标人根据岩土工程勘察报告自行决定报价。

　　2. 项目特征中的桩截面积、混凝土强度等级、桩类型等可直接用标准图代号或设计桩型进行描述。

　　3. 预制钢筋混凝土方桩、预制钢筋混凝土管桩项目以成品桩编制，应包括成品桩购置费，如果用现场预制，应包括现场预制桩的所有费用。

　　4. 打试验桩和打斜桩应按相应项目单独列项，并应在项目特征中注明试验桩或斜桩（斜率）。

　　5. 预制钢筋混凝土管桩桩顶与承台的连接构造按"第五章　钢筋及混凝土工程"中相关清单项目列项。

## 2　灌注桩

| 项目编码 | 项目名称 | 项目特征（略） | 计量单位 | 工程量计算规则 |
|---|---|---|---|---|
| 010302001 | 泥浆护壁成孔灌注桩 | | 1. m<br>2. m³<br>3. 根 | 1. 以米计量，按设计图示尺寸以桩长（包括桩尖）计算<br>2. 以立方米计量，按不同截面在桩上范围内以体积计算<br>3. 以根计量，按设计图示数量计算 |
| 010302002 | 沉管灌注桩 | | | |
| 010302003 | 干作业成孔灌注桩 | | | |
| 010302004 | 孔桩土（石）方 | | m³ | 按设计图示截面积（含护壁）乘以挖孔深度以立方米计算 |
| 010302005 | 人工挖孔灌注桩 | | 1. m³<br>2. 根 | 1. 以立方米计量，按桩芯混凝土体积计算<br>2. 以根计量，按设计图示数量计算 |
| 010302006 | 钻孔压浆桩 | | 1. m<br>2. 根 | 1. 以米计量，按设计图示尺寸以桩长计算<br>2. 以根计量，按设计图示数量计算 |
| 010302007 | 灌注桩后压浆 | | 孔 | 按设计图示以注浆孔数计算 |

注：1. 地层情况按规范的规定，并根据岩土工程勘察报告按单位工程各地层所占比例（包括范围值）进行描述。对无法准确描述的地层情况，可注明由投标人根据岩土工程勘察报告自行决定报价。

　　2. 项目特征中的桩长应包括桩尖，空桩长度＝孔深－桩长，孔深为自然地面至设计桩底的深度。

　　3. 项目特征中的桩截面积（桩径）、混凝土强度等级、桩类型等可直接用标准图代号或设计桩型进行描述。

　　4. 泥浆护壁成孔灌注桩是指在泥浆护壁条件下成孔，采用水下灌注混凝土的桩。其成孔方法包括冲击钻成孔、冲抓锥成孔、回旋钻成孔、潜水钻成孔、泥浆护壁旋挖成孔等。

　　5. 沉管灌注桩的沉管方法包括锤击沉管法、振动沉管法、振动冲击沉管法、内夯沉管法等。

　　6. 干作业成孔灌注桩是指不用泥浆护壁和套管护壁的情况下，用钻机成孔后，下钢筋笼，灌注混凝土的桩，适用于地下水位以上的土层使用。其成孔方法包括螺旋钻成孔、螺旋钻成孔扩底、干作业旋挖成孔等。

　　7. 混凝土种类：指清水混凝土、彩色混凝土、水下混凝土等，如在同一地区既使用预拌（商品）混凝土，又允许现场搅拌混凝土时，也应注明。

　　8. 混凝土灌注桩的钢筋笼制作、安装，按"第五章　钢筋及混凝土工程"中相关清单项目编码列项。

# 第四章 砌筑工程

## 一、本章内容

本章定额包括砖砌体、砌块砌体、石砌体和轻质板墙四节。

## 二、适用范围

本章第一节砖砌体中砖基础子目适用于各种类型的砖基础，如柱基础、墙基础、管道基础等；贴砌砖墙子目适用于地下室外墙保护墙部位的贴砌砖。

本章第二节砌块砌体中装饰砌块保温复合墙体适用于多层住宅楼、办公楼等公共与民用建筑。

本章第四节轻质板墙适用于框架、框剪墙结构中的内外墙或隔墙。

## 三、定额共性

（1）本章定额中砖、砌块和石料按标准或常用规格编制，设计材料规格与定额不同时允许换算。

（2）砌筑砂浆按现场搅拌编制，定额所列砌筑砂浆的强度等级和种类，设计与定额不同时允许换算。

（3）定额中各类砖、砌块、石砌体的砌筑均按直形砌筑编制。如为圆弧形砌筑时，相应定额人工用量乘以系数1.10、材料用量乘以系数1.03。

（4）定额中的墙体砌筑层高是按3.6m编制的，如超过3.6m时，其超过部分工程量的定额人工乘以系数1.3。

（5）设计用于各种砌体中的砌体加固筋，按本定额"第五章 钢筋及混凝土工程"的规定另行计算。

（6）本章定额中用砂为符合规范要求的过筛净砂，不包括施工现场的筛砂用工，现场筛砂用工按本定额"第一章 土石方工程"的规定另行计算。

## 第一节 砖 砌 体

| 定额项目设置 | | 定额解释 |
|---|---|---|
| 砖基础 4-1-1 | | 1. 砖砌体均包括原浆勾缝用工，加浆勾缝时，按本定额"第十二章 墙、柱面装饰与隔断、幕墙工程"的规定另行计算。 2. 零星砌体系指台阶、台阶挡墙、阳台栏板、施工过人洞、梯带、蹲台、池槽、池槽腿、花台、隔热板下砖墩、炉灶、锅台，以及石墙和轻质墙中的墙角、窗台、门窗洞口立边、梁垫、楼板或梁下的零星砌砖等 |
| 砖柱 4-1-2～3 | 方形、异形 | |
| 实心砖墙墙厚（mm）4-1-4～9 | 53、115、180、240、365、490 | |
| 多孔砖墙墙厚（mm）4-1-10～15 | 90、115、190、240、290、365 | |

续表

| 定额项目设置 | | 定额解释 |
|---|---|---|
| 空心砖墙墙厚（mm）4-1-16～19 | 115、180、240、365 | 3. 砖砌挡土墙，墙厚＞2砖执行基础相应项目，墙厚≤2砖执行砖墙相应项目 |
| 空花墙 4-1-20 | | |
| 贴砌砖墙墙厚（mm）4-1-21～22 | 53、115 | |
| 砖地沟 4-1-23 | | 4. 砖柱和零星砌体等子目按实心砖列项，如用多孔砖砌筑时，按相应子目乘以系数1.15 |
| 零星砌体 4-1-24 | | |
| 砖砌屋面烟囱 4-1-25～26 | ≤三孔、＞三孔 | |

## 第二节　砌块砌体

| 定额项目设置 | | 定额解释 |
|---|---|---|
| 加气混凝土砌块墙 4-2-1 | | 1. 砌块砌体中已综合考虑墙底标准实心砖所需工料，使用时不得调整。墙顶部与楼板或梁的连接依据《蒸压加气混凝土砌块构造详图（山东省）》L10J125 按铁件连接考虑，铁件制作和安装按本定额"第五章　钢筋及混凝土工程"的规定另行计算 |
| 轻骨料混凝土小型砌块墙 4-2-2 | | |
| 承重混凝土小型空心砌块墙 4-2-3 | | |
| 装饰砌块保温复合墙体 90mm＋50mm＋190mm | 夹芯 4-2-4 | 2. 装饰砌块保温复合墙体是指由外叶墙（非承重）、保温层、内叶墙（承重）三部分组成的集装饰、保温、承重于一体的复合墙体 |
| | 夹芯发泡 4-2-5 | 3. 砌块零星砌体执行砖零星砌体子目，人工含量不变 |
| 钢筋混凝土镂空花格（厚度 mm）4-2-6～8 | ≤70、≤100、≤200 | |
| 混凝土烟风道 4-2-9 | | 4. 砌块墙中用于固定门窗或吊柜、窗帘盒、暖气片等配件所需的灌注混凝土或预埋构件，按本定额"第五章　钢筋及混凝土工程"的规定另行计算 |
| 变压式排烟气道（半周长 mm）4-2-10～12 | ≤800、≤1200、≤1500 | |
| 成品风帽安装 4-2-13 | | |

## 第三节　石砌体

| 定额项目设置 | 定额解释 |
|---|---|
| 毛石基础 4-3-1 | 1. 毛石也称乱毛石，大小不等，形状不一，是开山爆破或开采料石的边角余料，经粗略加工而形成，长边不小于墙厚的2/3，短边不小于墙厚的1/3，能够区分照面与座面 |
| 毛石墙 4-3-2 | |
| 方整石墙 4-3-3 | 2. 毛料石为质量较好的毛石或整毛石。将毛石不规则形状的照面，琢凿尽可能大的大致矩形，长边不小于墙厚的2/3，短边不小于墙厚的1/3，照面与座面基本平整 |
| 毛石挡土墙 4-3-4 | |
| 毛料石挡土墙 4-3-5 | 3. 方整石也称料石，在加工厂加工而成，其主体形状为基本规则的立方体。方整石与砂浆结合的各个面基本平整，砌筑后能形成宽度均匀的直缝 |
| 毛石背里 4-3-6 | |
| 砖背里 4-3-7 | 4. 定额中石材按其材料加工程度，分为毛石、毛料石、方整石，使用时应根据石料名称、规格分别执行 |
| 方整石柱 4-3-8 | |
| 方整石零星砌体 4-3-9 | 5. 毛石护坡高度＞4m时，定额人工乘以系数1.15 |
| 浆砌毛石护坡 4-3-10 | 6. 方整石零星砌体子目，适用于窗台、门窗洞口立边、压顶、台阶、栏杆、墙面点缀石等定额未列项目的方整石的砌筑 |
| 干砌毛石护坡 4-3-11 | |
| 毛料石地沟 4-3-12 | 7. 石砌体子目中均不包括勾缝用工，勾缝按本定额"第十二章　墙、柱面装饰与隔断、幕墙工程"的规定另行计算 |

# 第四节　轻质板墙

| 定额项目设置 | | 定额解释 |
|---|---|---|
| GRC多孔板墙（板厚mm）4-4-1～3 | 60、80、100 | |
| 轻集料混凝土多孔条板（板厚mm）4-4-4～5 | 100、120 | |
| 轻型陶粒混凝土实心条板墙（板厚mm）4-4-6～7 | 60、80 | 1. 轻质板墙适用于框架、框剪结构中的内外墙或隔墙。定额按不同材质和板型编制，设计与定额不同时，可以换算 |
| 石膏空心条板墙（板厚mm）4-4-8～9 | 60、80 | 2. 轻质板墙，不论空心板或实心板，均按厂家提供板墙半成品（包括板内预埋件，配套吊挂件、U形卡、S形钢檩条、螺栓、铆钉等），现场安装编制 |
| 双层石膏夹心条板墙 4-4-10 | | |
| 硅镁多孔板墙（板厚100mm）4-4-11 | | |
| 木纤维增强水泥多孔板墙 4-4-12 | | 3. 轻质板墙中与门窗连接的钢筋码和钢板（预埋件），定额已综合考虑 |
| 钢丝网水泥夹心板墙 4-4-13 | | |
| GRC复合外墙板 | 板厚120mm 4-4-14 | |
| | 板厚370mm 4-4-15 | |
| 彩钢压型板墙 | 单层 4-4-16 | |
| | 双层 4-4-17 | |

# 工程量计算

## 一、基础、墙体工程量计算

| 砖基础 | 1. 条形基础，外墙按设计外墙中心线长度（内墙按设计墙间净长度），乘以设计断面面积，以体积计算 2. 柱间条形基础，按柱间墙体的设计净长度乘以设计断面面积，以体积计算 3. 附墙垛基础宽出部分体积，并入基础工程量内 4. 扣除地梁（圈梁）、构造柱所占体积，不扣除基础大放脚T形接头处的重叠部分以及嵌入基础的钢筋、铁件、管道、基础防潮层、单个面积在0.3m² 以内的孔洞所占体积，但靠墙暖气沟的挑檐亦不增加 5. 独立基础，按设计图示尺寸计算 |
|---|---|

| | | | 砖混结构 | 框架结构 |
|---|---|---|---|---|
| 砖、砌块墙 | 长乘高乘厚以体积计算 | 高 底标高 | 1. 基础与墙（柱）身使用同一种材料时，以设计室内地面为界（有地下室者，以地下室设计室内地面为界），以下为基础，以上为墙（柱）身。基础与墙身使用不同材料时，设计室内地面高度≤±300mm时，以不同材料为分界线；设计室内地面高度＞±300mm时，以设计室内地面为分界线 2. 围墙以设计室外地坪为界，以下为基础，以上为墙体 3. 挡土墙以设计地坪标高低的一侧为界，以下为基础，以上为墙体 | 框架间墙高度，内外墙自框架梁顶面算至上一层框架梁底面；有地下室者，自基础底板（或基础梁）顶面算至上一层框架梁底 |
| | | 顶标高 外墙 | 钢筋混凝土斜屋面算至板底，平屋面算至钢筋混凝土板顶，山墙高度，按其平均高度计算 | |
| | | 顶标高 内墙 | 有钢筋混凝土楼板隔层者，算至楼板底。位于屋架下弦者，算至屋架底；有吊顶者，算至吊顶底，另加100mm | |
| | | | 女儿墙高度，自屋面顶坪算至混凝土压顶底 | |

续表

| | | 外墙长度 | 1. 不扣除柱的算法：按设计外墙中心线长度计算<br>2. 扣除柱的算法：砖混结构墙长度按设计构造柱间净长度计算（当构造柱与墙不同高时按扣除体积考虑）<br>提示：工作中用扣除柱的计算方法更实用 | | | | | 框架间墙长度，按设计框架柱间净长度计算 | |
|---|---|---|---|---|---|---|---|---|---|---|
| 砖、砌块墙 | 长乘高乘厚以体积计算 | 长 | 内墙长度：按设计墙间（柱间）净长度计算 | | | | | | | |
| | | | 墙厚（砖数） | 1/4 | 1/2 | 3/4 | 1 | 1.5 | 2 | 2.5 |
| | | | 设计厚度（mm） | 60 | 120 | 180 | 240 | 370 | 490 | 615 |
| | | | 计算厚度（mm） | 53 | 115 | 180 | 240 | 365 | 490 | 615 |
| | | 厚 | 1. 实心轻质砖墙的计算厚度，是以标准砖尺寸为准规定的。若设计以习惯方法标注砖墙厚度，如60mm、120mm、240mm、370mm、490mm等，计算工程量时，砖墙及与砖墙等厚且连接砌筑的砖基础，均应以本章规定的计算厚度计算<br>2. 其他轻质砖和砌块墙的厚度，按砌筑材料的相应规格计算；如果墙厚方向发生灰缝，按另加灰缝厚度10mm计算 | | | | | | | |
| | 其他规定 | | 1. 应扣除门窗洞口、过人洞、空圈、嵌入墙体的钢筋混凝土柱、梁、过梁、圈梁、挑梁、混凝土烟（风）道及凹进墙内的壁龛、管槽、暖气槽、消火栓箱所占体积。不扣除梁头、外墙板头、檩头、垫木、木楞头、沿椽木、木砖、门窗走头、墙内的加固钢筋、木筋、铁件、钢管及单个面积在0.3m²以内的孔洞等所占体积。凸出墙面的窗台虎头砖、压顶线、山墙泛水、烟囱根、门窗套及三皮砖以内的腰线和挑檐等体积，亦不增加。凸出墙面的砖垛、三皮砖以上的腰线和挑檐等体积，并入所附墙体体积内计算<br>2. 围墙，高度算至压顶上表面（如有混凝土压顶时算至压顶下表面），围墙柱并入围墙体积内<br>3. 附墙烟囱（包括附墙通风道，垃圾道，混凝土烟（风）道除外），按其外形体积并入所附墙体体积内计算<br>4. 多孔砖墙、空心砖墙和空心砌块墙，按相应规定计算墙体外形体积，不扣除砌体材料中的孔洞和空心部分的体积<br>5. 装饰砌块保温复合墙体按实砌复合墙体以面积计算<br>6. 混凝土镂空花格墙按设计空花部分外形（空花部分不予扣除）以面积计算。定额中混凝土镂空花格按半成品考虑 | | | | | | | |

## 二、 其他砌体工程量计算

| 砖柱 | 各种柱均按基础分界线以上的柱高乘以柱断面面积，以体积计算 |
|---|---|
| 砖地沟 | 1. 砌筑地沟，不分沟底、沟壁，按设计图示尺寸以体积计算<br>2. 在工程量清单计价方式中，砖地沟、明沟（010401014）项目的清单工程数量"按设计图示，以中心线长度计算"。显然，这与以上砖砌地沟的工程量计算规则是有区别的 |
| 零星砌体 | 均按设计图示尺寸以体积计算 |
| 混凝土烟风道 | 按设计混凝土砌块体积，以体积计算。计算墙体工程量时，应按混凝土烟风道工程量，扣除其所占墙体的体积 |
| 变压式排烟气道 | 区分不同断面，以长度计算工程量（楼层交接处的混凝土垫块及垫块安装灌缝已综合在子目中，不单独计算）。计算时，自设计室内地坪或安装起点计算至上一层楼板的上表面；顶端遇坡屋面时，按其高点计算至屋面板面 |
| 砌石 | 1. 计算石墙高度时，下部自设计室内地坪算起，上部按设计高度<br>2. 计算石墙工程量时扣除与不扣除以及应增加内容全同砖墙<br>3. 石砌护坡，按设计图示尺寸以体积计算<br>4. 砖背里和毛石背里，按设计图示尺寸以体积计算 |
| 轻质板墙 | 按设计图示尺寸以面积计算 |

# 重点、难点分析

## 一、 砌体定额材料消耗量的调整

消耗量与净用量的近似关系：

$$A = a \cdot (1+x)$$

式中　$A$——材料消耗量；

　　　$a$——材料净用量；

　　　$x$——材料定额损耗率，见表 2-4-1。

砌筑材料定额损耗率

表 2-4-1

| 名称 | 砌筑材料损耗率（%） | 砂浆损耗率（%） |
|---|---|---|
| 砖基础 | 1.8 | 2.5 |
| 实砌砖墙 | 1.8 | 2.5 |
| 方形砖柱 | 3 | 2.5 |
| 异形砖柱 | 7 | 2.5 |
| 多孔砖墙 | 2.5 | 2.5 |
| 空心砖墙 | 3 | 2.5 |
| 加气混凝土砌块墙 | 9 | 2.5 |
| 轻骨料混凝土空心砌块 | 7 | 2.5 |
| 外墙装饰砌块 | 11.25 | 2.5 |
| 毛石基础 | 2 | 2.5 |
| 毛石墙 | 2 | 2.5 |
| 毛料石墙 | 4 | 2.5 |
| 方整石墙 | 3.5 | 2.5 |

1. 每 $m^3$ 标准砖不同厚度砖墙材料净用量

$$\text{砖净用量（块 }/m^3) = 126.98 \times \frac{\text{墙厚（砖）}}{\text{墙厚（m）}}$$

砂浆净用量$(m^3/m^3) = 1 - \text{砖单块体积}(m^3/\text{块}) \times \text{砖净用量（块 }/m^3)$

2. 每 $m^3$ 标准砖矩形柱的材料净用量

砖净用量 $=$ 一层砖的块数 $/[\text{柱截面积} \times (\text{一层砖厚} + \text{灰缝})]$

砂浆净用量$(m^3/m^3) = 1 - \text{砖单块体积}(m^3/\text{块}) \times \text{砖净用量（块 }/m^3)$

3. 每 $m^3$ 砌块墙的材料净用量（也适用于非标砖砌体墙）

$$\text{砌块净用量（块 }/m^3) = \frac{1}{(\text{砌块长} + \text{灰缝}) \times (\text{砌块厚} + \text{灰缝})} \times \frac{1}{\text{砌块宽}}$$

砂浆净用量$(m^3/m^3) = 1 - \text{砌块数} \times \text{每块砌块体积} - \text{标准数} \times \text{每块标准体积}$

**举例**：定额 4-1-18 子目，240mm 厚空心砖墙，定额采用规格为 240mm×115mm× 115mm 的空心砖；若设计仍采用空心砖，但采用规格为 240mm×240mm×115mm 的空心砖，按设计采用空心砖规格对定额 4-1-18 进行调整。

**解**：其换算步骤如下：

$$\text{设计每 } m^3 \text{ 砌体空心砖净用量} = \frac{1}{(0.24+0.01) \times (0.115+0.01)} \times \frac{1}{0.24} = 133.3333 \text{ 块}/m^3$$

每定额单位空心砖所占体积：2.34÷1.03×1000×(0.115＋0.01)²×0.24＝8.5194m³

每定额单位中设计空心砖的消耗量：

$$133.3333 \div 1000 \times 8.5194 \times 1.03 = 1.1359 \times 1.03 = 1.1700 \text{ 千块} /10m^3$$

每定额单位设计砌体砂浆消耗量：

$$1.5862 - (1.17 \times 1000 \times 0.24 \times 0.24 \times 0.115 - 2.3475 \times 1000 \times 0.24 \times 0.115 \times 0.115)$$
$$= 1.2871m^3/10m^3$$

## 二、 基础与墙身使用不同材料时砌筑界线划分

基础与墙身使用不同材料时砌筑界线的划分：

＞300mm 时分界线为室内地坪标高，≤300mm 时分界线为不同材料的界线，如图 2-4-1 所示。

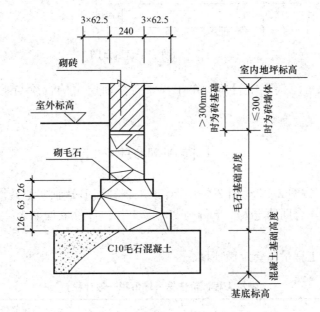

图 2-4-1 基础与墙体使用不同材料分界线问题

## 三、 内墙相关工程量计算比较

内墙相关工程量计算比较见图 2-4-2。

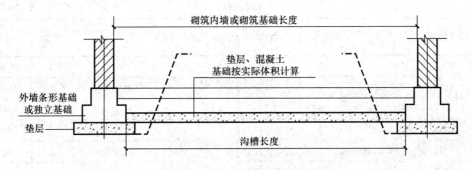

图 2-4-2 内墙相关工程量示意图

#### 四、砖台阶与平台的分界线

砖台阶与平台连接时,台阶包括台阶踏步及最上一层一个踏步宽。台阶与平台的区分见图 2-4-3。

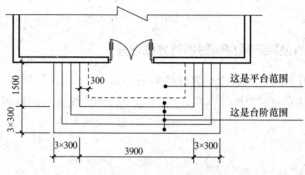

图 2-4-3 台阶、平台区分图

该分界线与第五章混凝土台阶、第十一章台阶面层中的台阶与平台的分界线是一致的。

# 工程预算实例

**【例题 2-4-1】** 按图 2-4-4~图 2-4-6 计算该工程轴线 B-B 轴实心砖墙工程量、省定额合价和直接工程费,合同约定人工单价为 98 元/工日;计价依据如表 2-4-2 所示,门窗规格见表 2-4-3。

计算墙下基础工程量并套定额项目。

**砌筑工程计价依据(增值税一般计税)**     表 2-4-2

| 定额编号 | 项目名称 | 单位 | 单价(元)(除税) | 省定额价(元) | | |
|---|---|---|---|---|---|---|
| | | | | 人工费 | 材料费(除税) | 机械费(除税) |
| 4-1-7 | M5.0 混合砂浆实心砖墙 240mm | 10m³ | 3730.41 | 1208.40 | 2476.27 | 45.74 |

注:计价依据来源《山东省建筑工程价目表》(2017),人工工日单价按 95 元计入。

**门窗明细**     表 2-4-3

| 类型 | 设计编号 | 洞口尺寸(mm)(宽×高) | 数量 | 备注 | 类型 | 设计编号 | 洞口尺寸(mm)(宽×高) | 数量 | 备注 |
|---|---|---|---|---|---|---|---|---|---|
| 门 | M1 | 700×2100 | 1 | 木门 | 窗 | C1 | 600×1500 | 3 | 塑料窗 |
| | M2 | 800×2100 | 2 | 木门 | | C2 | 1200×1500 | 4 | 塑料窗 |
| | M3 | 900×2100 | 6 | 木门 | | C3 | 1800×900 | 1 | 塑料窗 |
| | TLM1 | 1500×2100 | 1 | 玻璃推拉门 | | C4 | 1800×1800 | 2 | 塑料窗 |
| | TLM2 | 2400×2700 | 1 | 玻璃推拉门 | | C5 | 2400×1800 | 2 | 塑料窗 |
| | TLM3 | 3000×2700 | 2 | 玻璃推拉门 | | 百叶窗 | 600×500 | 2 | 塑料 |

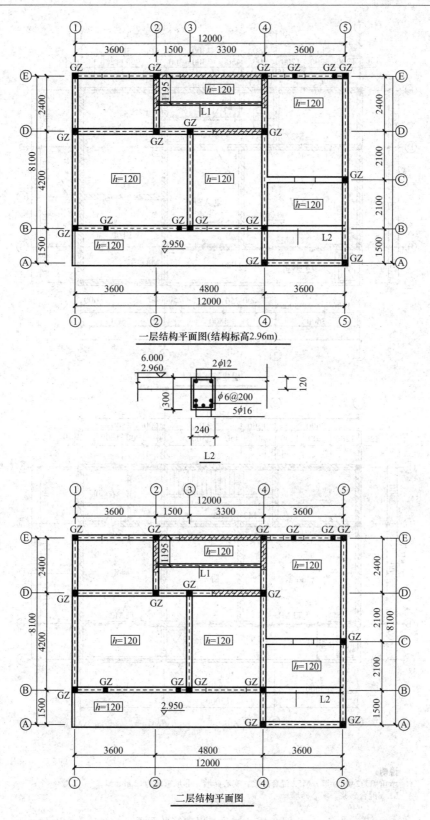

图 2-4-4  一、二层结构平面图

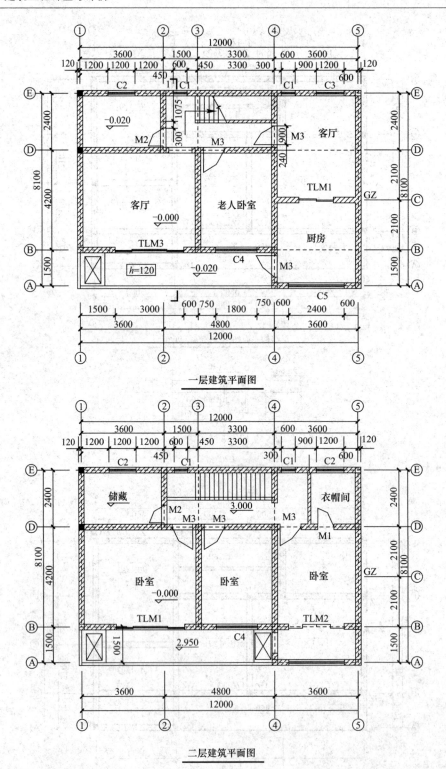

一层建筑平面图

二层建筑平面图

说明:
承重墙为240mm厚,M5.0混合砂浆,实心砖墙,非承重墙为120mm厚,
M5.0混合砂浆,实心砖墙。

图 2-4-5 一、二层建筑平面图

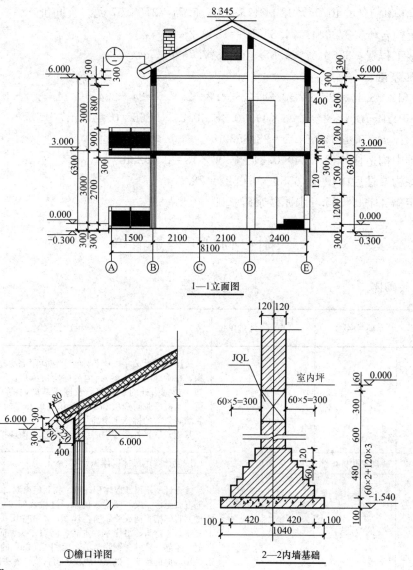

①檐口详图 2—2内墙基础

**说明**
1.墙下基础为烧结煤矸石普通砖基础，M5.0水泥砂浆。
2.基础圈梁按一层结构平面图虚线布置，构造柱与基础圈梁连接。

图 2-4-6 断面图及局部详图

**解:**

1. M5.0 混合砂浆实心砖墙

$S = (3.6 + 4.8 - 0.24 \times 4) \times (6 - 0.3 \times 2) + (3.6 - 0.24) \times (6 - 2.96 - 0.3)$
$\quad - (2.7 \times 3 + 1.8 \times 1.8) \times 2 - 2.4 \times 2.7 = 20.22 \text{m}^2$

墙厚 0.24m

$V = S \times 0.24 = 20.22 \times 0.24 = 4.85 \text{m}^3$

单价换算

4-1-7 M5.0 混合砂浆实心砖墙（墙厚 240mm）

73

合同单价 1208.40/95×98＋2476.27＋45.74＝3768.57 元（合同价）

省定额合价：3730.41×4.85/10＝1809.25 元

直接工程费：3768.57×4.85/10＝1827.76 元

2. 砖基础

$L=(12+8.1)\times2+12-0.24\times2+4.2+2.4-0.24+2.4-0.24+4.2-0.24=64.2m$

$S=(1.04-0.1\times2-0.06\times4)\times0.48+0.24\times0.66=0.4464m^2$

$V=S\times L=0.4464\times64.2=28.6589m^3$

基础中构造柱体积 0.24×0.24×0.06×18＝0.0622m³

扣除构造柱后体积 28.6589－0.0622＝28.60m³

套定额 4-1-1　M5.0 水泥砂浆砖基础

# 附：砌筑工程量清单

## 1　砖砌体

| 项目编码 | 项目名称 | 项目特征（略） | 计量单位 | 工程量计算规则 |
|---|---|---|---|---|
| 010401001 | 砖基础 | | | 按设计图示尺寸以体积计算。包括附墙垛基础宽出部分体积，扣除地梁（圈梁）、构造柱所占体积，不扣除基础大放脚 T 形接头处的重叠部分及嵌入基础内的钢筋、铁件、管道、基础砂浆防潮层和单个面积≤0.3m² 的孔洞所占体积，靠墙暖气沟的挑檐不增加<br>基础长度：外墙按中心线长度计算，内墙按净长度计算 |
| 010401002 | 砖砌挖孔桩护壁 | | | 按设计图示尺寸以体积计算 |
| 010401003 | 实心砖墙 | | m³ | 按设计图示尺寸以体积计算。扣除门窗洞口、嵌入墙内的钢筋混凝土柱、梁、圈梁、挑梁、过梁及凹进墙内的壁龛、管槽、暖气槽、消火栓箱所占体积，不扣除梁头、板头、檩头、垫木、木楞头、沿椽木、木砖、门窗走头、砖墙内的加固钢筋、木筋、铁件、钢管及单个面积≤0.3m² 的孔洞所占体积。凸出墙面的腰线、挑檐、压顶、窗台线、虎头砖、门窗套的体积亦不增加。凸出墙面的砖垛并入墙体体积内计算。<br>1. 墙长度：外墙按中心线长度计算，内墙按净长计算<br>2. 墙高度：<br>（1）外墙：斜（坡）屋面无檐口天棚者算至屋面板底；有屋架且室内外均有天棚者算至屋架下弦底另加 200mm；无天棚者算至屋架下弦底另加 300mm，出檐宽度超过 600mm 时按实砌高度计算；与钢筋混凝土楼板隔层者算至板顶。平屋顶算至钢筋混凝土板底<br>（2）内墙：位于屋架下弦者，算至屋架下弦底；无屋架者算至天棚底另加 100mm；有钢筋混凝土楼板隔层者算至楼板顶；有框架梁时算至梁底<br>（3）女儿墙：从屋面板上表面算至女儿墙顶面（如有混凝土压顶时算至压顶下表面）<br>（4）内、外山墙：按其平均高度计算<br>3. 框架间墙：不分内外墙按墙体净尺寸以体积计算<br>4. 围墙：高度算至压顶上表面（如有混凝土压顶时算至压顶下表面），围墙柱并入围墙体积内 |
| 010401004 | 多孔砖墙 | | | |
| 010401005 | 空心砖墙 | | | |

| 项目编码 | 项目名称 | 项目特征（略） | 计量单位 | 工程量计算规则 |
|---|---|---|---|---|
| 010401006 | 空斗墙 | | | 按设计图示尺寸以空斗墙外形体积计算。墙角、内外墙交接处、门窗洞口立边、窗台砖、屋檐处的实砌部分体积并入空斗墙体积内 |
| 010401007 | 空花墙 | | m³ | 按设计图示尺寸以空花部分外形体积计算，不扣除空洞部分体积 |
| 010401008 | 填充墙 | | | 按设计图示尺寸以填充墙外形体积计算 |
| 010401009 | 实心砖柱 | | | 按设计图示尺寸以体积计算。扣除混凝土及钢筋混凝土梁垫、梁头、板头所占体积 |
| 010401010 | 多孔砖柱 | | | |
| 010401011 | 砖检查井 | | 座 | 按设计图示数量计算 |
| 010401012 | 零星砌砖 | | 1. m³<br>2. m²<br>3. m<br>4. 个 | 1. 以立方米计量，按设计图示截面积乘以长度计算<br>2. 以平方米计量，按设计图示尺寸以水平投影面积计算<br>3. 以米计量，按设计图示尺寸以长度计算<br>4. 以个计量，按设计图示数量计算 |
| 010401013 | 砖散水地坪 | | m² | 按设计图示尺寸以面积计算 |
| 010401014 | 砖地沟明沟 | | m | 按设计图示尺寸以中心线长度计算 |

注：1. "砖基础"项目适用于各种类型砖基础，如柱基础、墙基础、管道基础等。
　　2. 基础与墙（柱）身使用同一种材料时，以设计室内地面为界（有地下室者，以地下室设计室内地面为界），以下为基础，以上为墙（柱）身。基础与墙身使用不同材料时，设计室内地面高度≤±300mm时，以不同材料为分界线；设计室内地面高度＞±300mm时，以设计室内地面为分界线。
　　3. 砖围墙以设计室外地坪为界，以下为基础，以上为墙身。
　　4. 框架外表面的镶贴砖部分，按零星项目编码列项。
　　5. 附墙烟囱、通风道、垃圾道应按设计图示尺寸以体积（扣除孔洞所占体积）计算并入所依附的墙体体积内。设计规定孔洞内需抹灰时，应按第十二章中零星抹灰清单项目编码列项。
　　6. 空斗墙的窗间墙、窗台下、楼板下、梁头下等的实砌部分，按零星砌砖项目编码列项。
　　7. "空花墙"项目适用于各种类型的空花墙，使用混凝土花格砌筑的空花墙，实砌墙体与混凝土花格应分别计算，混凝土花格按"第五章　钢筋及混凝土工程"中预制构件相关清单项目编码列项。
　　8. 台阶、台阶挡墙、梯带、锅台、炉灶、蹲台、池槽、池槽腿、砖胎模、花台、花池、楼梯栏板、阳台栏板、地垄墙、≤0.3m²的孔洞填塞等，应按零星砌砖项目编码列项。砖砌锅台与炉灶可按外形尺寸以个计算，砖砌台阶可按水平投影面积以平方米计算，小便槽、地垄墙可按长度计算，其他工程以体积计算。
　　9. 砖砌体内钢筋加固，应按"第五章　钢筋及混凝土工程"中相关清单项目编码列项。
　　10. 砖砌体勾缝按"第十二章　墙、柱面装饰与隔断、幕墙工程"中相关清单项目编码列项。
　　11. 检查井内的爬梯按"第五章　钢筋及混凝土工程"中相关清单项目编码列项；井内的混凝土构件按"第五章　钢筋及混凝土工程"中混凝土及钢筋混凝土预制构件清单项目编码列项。
　　12. 如施工图中标注做法见标准图集时，应在项目特征描述中注明标注图集的编码、页码及节点大样。

## 2　砌块砌体

| 项目编码 | 项目名称 | 项目特征 | 计量单位 | 工程量计算规则 |
|---|---|---|---|---|
| 010402001 | 砌块墙 | | m³ | 同"实心砖墙、多孔砖墙、空心砖墙" |
| 010402002 | 砌块柱 | | | 按设计图示尺寸以体积计算，扣除混凝土梁垫、梁头、板头所占体积 |

注：1. 砌体内加筋、墙体拉结筋的制作、安装，应按"第五章　钢筋及混凝土工程"中相关清单项目编码列项。
　　2. 砌块排列应上、下错缝搭砌，如果错缝长度满足不了规定的压搭要求，应采取压砌钢筋网片的措施，具体构造要求按设计规定。若设计无规定时，应注明由投标人根据工程实际情况自行考虑；钢筋网片按"第六章　金属结构工程"中相关清单项目编码列项。
　　3. 砌块垂直灰缝宽＞30mm时，采用C20细石混凝土灌实。灌注的混凝土应按"第五章　钢筋及混凝土工程"中相关清单项目编码列项。

### 3　石砌体

| 项目编码 | 项目名称 | 项目特征 | 计量单位 | 工程量计算规则 |
|---|---|---|---|---|
| 010403001 | 石基础 | | $m^3$ | 按设计图示尺寸以体积计算。包括附墙垛基础宽出部分体积，不扣除基础砂浆防潮层及单个≤0.3m² 的孔洞所占体积，靠墙暖气沟的挑檐不增加体积。基础长度：外墙按中心线长度计算，内墙按净长计算 |
| 010403002 | 石勒脚 | | | 同"实心砖墙、多孔砖墙、空心砖墙" |
| 010403003 | 石墙 | | | |
| 010403004 | 石挡土墙 | | $m^3$ | 按设计图示尺寸以体积计算 |
| 010403005 | 石柱 | | | |
| 010403006 | 石栏杆 | | m | 按设计图示尺寸以长度计算 |
| 010403007 | 石护坡 | | $m^3$ | 按设计图示尺寸以体积计算 |
| 010403008 | 石台阶 | | | |
| 010403009 | 石坡道 | | $m^2$ | 按设计图示尺寸以水平投影面积计算 |
| 010403010 | 石地沟、明沟 | | m | 按设计图示尺寸以中心线长度计算 |

注：1. 石基础、石勒脚、石墙的划分：基础与勒脚应以设计室外地坪为界，勒脚与墙身应以设计室内地面为界。石围墙内外地坪标高不同时，应以较低地坪标高为界，以下为基础；内外标高之差为挡土墙时，挡土墙以上为墙身。
　　2. "石基础"项目适用于各种规格（粗料石、细料石等）、各种材质（砂石、青石等）和各种类型（柱基、墙基、直形、弧形等）的基础。
　　3. "石勒脚"、"石墙"项目适用于各种规格（粗料石、细料石等）、各种材质（砂石、青石、大理石、花岗石等）和各种类型（直形、弧形等）的勒脚和墙体。
　　4. "石挡土墙"项目适用于各种规格（粗料石、细料石、块石、毛石、卵石等）、各种材质（砂石、青石、石灰石等）和各种类型（直形、弧形、台阶形等）的挡土墙。
　　5. "石柱"项目适用于各种规格、各种石质、各种类型的石柱。
　　6. "石栏杆"项目适用于无雕饰的一般石栏杆。
　　7. "石护坡"项目适用于各种石质和各种规格（粗料石、细料石、片石、块石、毛石、卵石等）的护坡。
　　8. "石台阶"项目包括石梯带（垂带），不包括石梯膀，石梯膀应按石挡土墙项目编码列项。
　　9. 如施工图中标注做法见标准图集时，应在项目特征描述中注明标注图集的编码、页码及节点大样。

### 4　垫层

| 项目编码 | 项目名称 | 项目特征 | 计量单位 | 工程量计算规则 |
|---|---|---|---|---|
| 010404001 | 垫层 | | $m^3$ | 按设计图示尺寸以体积计算 |

注：除混凝土垫层应按"第五章　钢筋及混凝土工程"中相关清单项目编码列项外，没有包括垫层要求的清单项目应按本表垫层项目编码列项。

# 第五章　钢筋及混凝土工程

本章定额包括现浇混凝土、预制混凝土、混凝土搅拌制作及泵送、钢筋工程、预制混凝土构件安装五节。

## 第一节　现浇混凝土

混凝土强度包括抗压强度、抗拉强度、抗折强度和抗剪强度等。习惯上认为混凝土的强度就是它的极限抗压强度，混凝土强度试验用的试件是 150mm×150mm×150mm 的立方体，常用混凝土的等级划分为 C15、C20、C25、C30、C35，例如 C25，指强度等级是 25 级的混凝土，即抗压强度为 25MPa。

### 一、基础、柱、梁、混凝土墙、板

#### 1. 消耗量定额

| 定额项目设置 | 定额解释 |
|---|---|
| **【基础】**<br>独立桩承台 5-1-1<br>带形桩承台 5-1-2<br>毛石混凝土带形基础 5-1-3<br>混凝土带形基础 5-1-4<br>毛石混凝土独立基础 5-1-5<br>混凝土独立基础 5-1-6<br>有梁式混凝土满堂基础 5-1-7<br>无梁式混凝土满堂基础 5-1-8<br>混凝土杯形基础 5-1-9<br>毛石混凝土设备基础 5-1-10<br>混凝土设备基础 5-1-11<br>混凝土二次灌浆 5-1-12<br>水泥砂浆二次灌浆 5-1-13<br><br>**【柱】**<br>矩形柱 5-1-14<br>圆形柱 5-1-15<br>异形柱 5-1-16<br>构造柱 5-1-17<br><br>**【梁】**<br>基础梁 5-1-18<br>框架梁、连续梁 5-1-19<br>单梁、斜梁、异形梁、拱形梁 5-1-20<br>圈梁及压顶 5-1-21<br>过梁 5-1-22<br>弧形梁 5-1-23 | 1. 定额内混凝土搅拌项目包括筛砂子、筛洗石子、搅拌、前台运输上料等内容，混凝土浇筑项目包括润湿模板、浇灌、捣固、养护等内容<br>2. 本章混凝土项目中未包括各种添加剂，若设计规定需要增加时，按设计混凝土配合比换算<br>（1）泵送剂。若使用商品泵送混凝土，泵送混凝土中的泵送剂在泵送混凝土单价中，混凝土单价按合同约定<br>施工单位自行制作泵送混凝土，其泵送剂以及由于混凝土坍落度增大和使用水泥砂浆润滑输送管道而增加的水泥用量等内容，执行 5-3-15 泵送混凝土增加材料子目。子目中的水泥强度等级、泵送剂的规格和用量，设计与定额不同时，可以换算，其他不变<br>（2）其他添加剂。若在冬季施工，混凝土需提高强度等级或掺入抗冻剂、减水剂、早强剂时，设计有规定的，按设计规定换算配合比，设计无规定的，按施工规范的要求计算，其费用在冬季施工增加费中考虑<br>（3）复合型外加剂。泵送混凝土中的外加剂，如使用复合型外加剂（同一种材料兼作泵送剂、减水剂、速凝剂、早强剂、抗冻剂等），应按材料的技术性能和泵送混凝土的技术要求计算掺量。外加剂所具有的除泵送剂以外的其他功能因素不单独计算费用，冬雨期施工增加费，仍按规定计取<br>3. 毛石混凝土，系按毛石占混凝土总体积 20% 计算的。如设计要求不同时，允许换算<br>4. 定额中已列有常用混凝土的强度等级，如与要求不同时，允许换算<br>5. 按规定需要进行温度控制的大体积混凝土，温度控制费用另计<br>6. 带形基础，不论毛石混凝土或混凝土，均按混凝土带形基础计算。不分有梁式与无梁式，分别按"毛石混凝土带形基础"、"混凝土带形基础"定额子目套用<br>7. 箱式满堂基础分别按无梁式满堂基础、柱、墙、梁、板有关规定计算，套用相应定额子目：有梁式满堂基础，肋高>0.4m 时，套用有梁式满堂基础定额项目；肋高≤0.4m 或设有暗梁、下翻梁时，套用无梁式满堂基础定额项目 |

续表

| 定额项目设置 | 定额解释 |
|---|---|
| **【混凝土墙】**<br>地下室墙 5-1-24<br>挡土墙 5-1-25<br>直、弧形混凝土墙 5-1-26<br>轻型框剪墙 5-1-27<br>大钢模板墙 5-1-28<br>建筑物滑模工程 5-1-29<br>电梯井壁 5-1-30 | 8. 独立现浇门框按构造柱项目执行<br>9. 混凝土梁<br>（1）为使房间与阳台连通，取消其间的墙，使得洞口两侧的墙垛（或构造柱、柱）单面凸出小于所附墙体厚度时，洞口上坪与圈梁连成一体的梁，按单梁计算<br>（2）基础圈梁，按圈梁计算<br>（3）砌体墙根部现浇混凝土带（例如：卫生间混凝土防水台）执行圈梁相应项目 |
| **【板】**<br>有梁板 5-1-31<br>无梁板 5-1-32<br>平板 5-1-33<br>拱板 5-1-34<br>斜板、折板 5-1-35<br>地下室顶板有梁式 5-1-36<br>地下室顶板无梁式 5-1-37<br>大型空心楼板 5-1-38 | 10. 斜梁（板）是按坡度≤30°综合考虑的。30°＜坡度≤45°的人工乘以系数 1.05，45°＜坡度≤60°的人工乘以系数 1.10<br>11. 劲性混凝土（型钢混凝土）柱（梁）中的混凝土在执行定额相应子目时，人工、机械乘以系数 1.15 |

### 2. 工程量计算

| 定额名称 | 工程量计算 |
|---|---|
|  | 混凝土工程量除另有规定者外，均按设计图示尺寸以体积计算。不扣除构件内钢筋、铁件及墙、板中≤0.3m² 的孔洞所占体积，但劲性混凝土中的金属构件、空心楼板中的预埋管道所占体积应予扣除（其他构件同） |
| 基础 | 1. 带形基础，外墙按设计外墙中心线长度、内墙按设计内墙基础净长度乘以设计断面面积以体积计算<br>2. 满堂基础，按设计图示尺寸以体积计算<br>3. 箱式基础分别按无梁式满堂基础、柱、墙、梁、板有关规定计算，套用相应定额子目<br>4. 独立基础，包括各种形式的独立基础及柱墩，其工程量按设计图示尺寸以体积计算。柱与柱基的划分以柱基的扩大顶面为分界线<br>5. 带形桩承台按带形基础的计算规则计算，独立桩承台按独立基础的计算规则计算。不扣除伸入承台基础的桩头所占体积<br>6. 设备基础，除块体基础外，分别按基础、柱、梁、板、墙等有关规定计算，套用相应定额子目。楼层上的钢筋混凝土设备基础，按有梁板计算<br>7. 在工程量清单计价中，带形基础（010501002）项目的清单工程数量"按设计图示尺寸以体积计算"，与以上带形基础定额的工程量计算规则是有区别的 |
| 柱 | 柱按设计图示断面面积乘以柱高以体积计算。柱高按下列规则确定：<br>1. 现浇混凝土柱与基础的划分，以基础扩大面的顶面为分界线，以下为基础，以上为柱<br>2. 有梁板的柱高（框架柱），按柱基上表面（或楼板上表面）至上一层楼板上表面之间的高度计算<br>3. 无梁板的柱高，按柱基上表面（或楼板上表面）至柱帽下表面之间的高度计算<br>4. 构造柱的柱高，砖混结构中自柱基上表面至板顶，框架结构中自柱基或框架梁顶至上一层框架梁的梁底。构造柱与墙嵌接部分（马牙槎）的体积，按构造柱出槎长度的一半乘以出槎宽度，再乘以构造柱柱高，并入构造柱体积内计算<br>5. 依附于柱上的牛腿，并入柱体积内计算 |

| 柱 | 与基础的关系 | 现浇混凝土柱与基础的划分，以基础扩大面的顶面为分界线，以下为基础，以上为柱身 |
|---|---|---|
|  | 与板的关系 | 柱与板相交时，柱的高度算至板上坪 |
|  | 与墙的关系 | 混凝土柱、墙连接时，柱单面凸出墙面大于墙厚或双面凸出墙面时，柱按其完整断面计算，墙长算至柱侧面；柱单面凸出墙面小于墙厚时，其凸出部分并入墙体积内计算 |

| 定额名称 | | 工程量计算 |
|---|---|---|
| 梁 | | 按图示断面面积乘以梁长以体积计算。梁长与梁高按下列规定确定： |
| | 与柱的关系 | 梁与柱连接（相交）时，梁长算至柱侧面。构造柱与圈梁连接（相交）时，圈梁长度算至构造柱侧面。构造柱有马牙槎时，圈梁长度算至构造柱主断面的侧面 |
| | 与墙的关系 | 梁与混凝土墙相交时，梁长算至混凝土墙内侧面 |
| | 梁之间的计算关系 | 1. 主梁与次梁连接（相交）时，次梁长算至主梁侧面。伸入砌体墙体内的梁头、梁垫体积并入梁体积内计算<br>2. 过梁长度按设计规定计算，设计无规定时，按门窗洞口宽度两端各加 250mm 计算<br>3. 房间与阳台连通，洞口上坪圈梁连成一体的混凝土梁，按过梁的计算规则计算工程量，执行单梁子目<br>4. 圈梁与梁连接时，圈梁长算至梁侧面<br>5. 在圈梁部位挑出外墙的混凝土梁，以外墙外边线为界线，挑出部分按图示尺寸以体积计算，执行单梁子目 |
| | 与板的关系 | 梁（单梁、框架梁、圈梁、过梁）与板整体现浇时，梁高计算至板底 |
| 混凝土墙 | | 按设计图示中心线长度乘以设计高度及墙体厚度以体积计算。扣除门窗洞口及单个面积在 $0.3m^2$ 以上孔洞的体积，墙垛凸出部分并入墙体积内计算 |
| | 与基础的关系 | 现浇混凝土墙与基础的划分，以基础扩大面的顶面为分界线，以下为基础，以上为墙身 |
| | 与柱的关系 | 混凝土墙中的暗柱，并入相应墙体积内，不单独计算。其他同柱与墙的计算关系 |
| | 与梁的关系 | 1. 混凝土墙中的暗梁，并入相应墙体积内，不单独计算<br>2. 墙、梁（上下）连接时，墙高算至梁底，梁高按规定计算 |
| | 外墙内墙关系 | 外墙按外墙中心线长度计算，内墙按墙间净长度计算 |
| | 与板的关系 | 墙与板相交时，外墙的高度算至板上坪；内墙的高度算至板底 |
| | | 1. 电梯井壁，工程量计算执行外墙的相应规定<br>2. 轻型框剪墙，由剪力墙柱、剪力墙身、剪力墙梁三类构件构成，计算工程量时按混凝土墙的计算规则合并计算。短肢剪力墙是指截面厚度不大于 300mm，各肢截面高度与厚度之比的最大值大于 4 但不大于 8 的剪力墙；各肢截面高度与厚度之比的最大值不大于 4 的剪力墙按柱列项 |
| 板 | | 按设计图示面积乘以板厚以体积计算。<br>1. 有梁板包括主、次梁及板，工程量按梁、板体积之和计算<br>2. 无梁板按板与柱帽体积之和计算<br>3. 平板按设计图示体积计算。伸入（非混凝土）墙内的板头、平板边沿的翻檐，均并入平板体积内计算<br>4. 拱形老虎窗顶板，套用拱板子目<br>5. 斜屋面板，按板断面面积乘以斜长，有梁时，梁板合并计算。屋脊处的加厚混凝土（素混凝土）已包括在消耗量内，不单独计算。若屋脊处八字脚的加厚混凝土配置钢筋作梁使用，应按设计尺寸，并入斜板工程量内计算<br>6. 预制混凝土板补现浇板缝，缝宽大于 40mm 时，按小型构件计算；缝宽大于 100mm 时，按平板计算；缝宽小于 40mm 时，套用第十章灌缝子目<br>7. 现浇挑檐与板（包括屋面板）连接时，以外墙外边线为界线，与圈梁（包括其他梁）连接时，以梁外边线为界线。外边线以外为挑檐<br>8. 叠合箱、蜂巢芯混凝土楼板扣除构件内叠合箱、蜂巢芯所占体积，按有梁板相应规则计算 |
| | 与外墙和柱的关系 | 板与（混凝土）柱、（混凝土）墙相交时，板的宽度按（混凝土）外墙间净面积（无混凝土外墙时，按板边缘之间的宽度）计算，不扣除柱、垛所占板的面积 |

## 二、其他混凝土构件消耗量定额

| 定额项目设置 | 定额解释与工程量计算 |
|---|---|
| **【楼梯】**<br>直线楼梯（板厚 100mm）5-1-39<br>无斜梁<br>直线楼梯（板厚 100mm）5-1-40<br>有斜梁<br>旋转楼梯（板厚 100mm）5-1-41<br>无梁<br>旋转楼梯（板厚 100mm）5-1-42<br>有梁<br>楼梯板厚每增减 10mm 5-1-43 | 整体楼梯，包括休息平台、平台梁、楼梯底板、斜梁及楼梯与楼板的连接梁、楼梯段，按水平投影面积计算，不扣除宽度≤500mm 的楼梯井，伸入墙内部分不另增加。踏步旋转楼梯，按其楼梯部分的水平投影面积乘以周数计算（不包括中心柱）。<br>1. 混凝土楼梯（含直形和旋转形）与楼板，以楼梯顶部与楼板的连接梁为界，连接梁以外为楼板；楼梯基础，按基础的相应规定计算<br>2. 混凝土楼梯子目，按照踏步底板和休息平台板板厚均为 100mm 编制，设计与定额不同时，按定额 5-1-43 子目调整。踏步底板、休息平台的板厚相同时，整个楼梯的全部水平投影面积一起调整，不同时，应分别调整<br>3. 弧形楼梯，按旋转楼梯计算<br>4. 独立式单跑楼梯间，楼梯踏步两端的板，均视为楼梯的休息平台板。非独立式楼梯间的单跑楼梯，楼梯踏步两端宽度（自连接梁外边沿起）1.2m 以内的板，均视为楼梯的休息平台板。单跑楼梯侧面与楼板之间的空隙，视为单跑楼梯的楼梯井 |
| **【阳台、雨篷】**<br>板式阳台（板厚 100mm）5-1-44<br>有梁式阳台（板厚 100mm）5-1-45<br>雨篷（板厚 100mm）5-1-46<br>阳台、雨篷板厚每增减 10mm 5-1-47 | 阳台指主体结构外的阳台，定额已综合考虑了阳台的各种类型因素，使用时不得分解。主体结构内的阳台，按梁、板相应规定计算。<br>1. 阳台、雨篷，按伸出外墙的水平投影面积计算。伸出墙外的牛腿，不另计算，嵌入墙内的梁，另按梁有关规定单独计算。井字梁雨篷，按有梁板计算规则计算<br>2. 混凝土阳台（含板式和有梁式）、雨篷子目，均按板厚 100mm 编制。若板厚设计与定额不同时，按补充子目 5-1-47 调整<br>3. 混凝土阳台、雨篷的上翻檐，总高度≤300mm 时，按展开面积并入相应工程量内；>300mm 时，按栏板计算。三面梁式雨篷，按有梁式阳台计算<br>4. 在工程量清单计价方式中，雨篷、悬挑板、阳台板（010505008）项目的清单工程数量"按设计图示尺寸以墙外部分体积计算。包括伸出墙外的牛腿和雨篷反挑檐的体积" |
| 栏板 5-1-48 | 1. 栏板，以体积计算，伸入墙内的栏板，合并计算<br>2. 飘窗左、右的混凝土立板，按混凝土栏板计算 |
| 挑檐、天沟 5-1-49 | 按设计图示尺寸以体积计算。<br>1. 混凝土挑檐上翻檐，总高度在 300mm 以内时，并入挑檐内；超过 300mm 时，按栏板计算<br>2. 飘窗上、下的混凝土挑板、空调室外机的混凝土搁板，按混凝土挑檐计算 |
| 地沟、电缆沟 5-1-50 | 1. 混凝土电缆沟、地沟，按设计图示尺寸以体积计算<br>2. 在工程量清单计价方式中，混凝土电缆沟、地沟（010507003）项目的清单工程数量"按设计图示尺寸以中心线长度计算"。显然，这与以上混凝土电缆沟、地沟的工程量计算规则是有区别的 |
| 小型构件 5-1-51 | 1. 单体体积在 0.05m³ 以内，定额未列子目的构件，按小型构件以体积计算<br>2. 空心砖内灌注混凝土，按实际灌注混凝土体积计算，执行小型构件项目 |
| 台阶 5-1-52 | 1. 混凝土台阶，按设计图示尺寸以体积计算<br>2. 混凝土台阶与平台连接时，台阶包括台阶踏步及最上一层一个踏步宽，即平台标高外沿内移一个踏步宽为台阶与平台的分界线 |

| 定额项目设置 | | 定额解释及工程量计算 |
|---|---|---|
| 小型池槽 5-1-53 | | 1. 体积≤1m³ 的独立池槽执行小型池槽项目，体积＞1m³ 的独立池槽执行"第十六章 构筑物及其他工程"的相应项目；与建筑物相连的梁、板、墙结构式水池分别执行梁、板、墙相应项目<br>2. 按设计图示尺寸以体积计算 |
| 后浇带 5-1-54～57 | 梁、楼板、墙、基础底板 | 1. 现浇钢筋混凝土梁、板、墙和基础底板的后浇带（定额综合了底部灌注 1：2 水泥砂浆的用量）<br>2. 后浇带墙不管实际墙厚为多少，均套用后浇带墙子目，墙厚已综合考虑<br>3. 现浇钢筋混凝土后浇带，其工程量按各构件相应规则和设计规定，以体积计算 |
| 现浇混凝土板中放置固定高强度薄壁心管（GBF）5-1-58～63 | φ120、φ150、φ180、φ200、φ300、φ400 | 按设计图示尺寸以长度计算 |
| 现浇填充料空心板中 PLM 管铺设 5-1-64 | | 按设计图示尺寸以面积计算 |
| 现浇填充料空心板 5-1-65 | | 按设计图示尺寸以体积计算 |
| 现浇混凝土板中放置固定叠合箱（高度 m）5-1-66～68 | ≤0.5、≤1.0、≤1.5 | |
| 现浇混凝土板中放置固定蜂巢芯（高度 150～700mm）A 型 900mm×900mm 5-1-69 | | 1. 以 10 套为计量单位<br>2. 叠合箱、蜂巢芯混凝土楼板浇筑时，混凝土子目中人工、机械乘以系数 1.15 |
| 现浇混凝土板中放置固定蜂巢芯（高度 150～700mm）B 型 500mm×500mm 5-1-70 | | |

# 第二节  预制混凝土

| 定额项目设置 | | 工程量计算 |
|---|---|---|
| 柱 5-2-1～2 | 矩形、异形 | |
| 混凝土支架 5-2-3～4 | 框架形、异形 | |
| 梁 5-2-5～11 | 矩形、异形、过梁、拱形、T 形、鱼腹式吊车梁、托架梁 | 1. 混凝土工程量均按尺寸以体积计算，不扣除构件内钢筋、铁件、预应力钢筋所占体积<br>2. 预制混凝土框架柱的现浇接头（包括梁接头）按设计规定断面面积乘以长度以体积计算<br>3. 混凝土与钢构件组合的构件，混凝土部分按构件实体积以体积计算，钢构件部分按理论重量以质量计算 |
| 屋架 5-2-12～17 | 拱形、梯形、组合、薄腹、三角形、锯齿形、门式 | |
| 天窗架 5-2-18 | | |
| 平板 5-2-19 | | |
| 升板 5-2-20 | | |
| 天窗侧板 5-2-21 | | |
| 天窗端壁板 5-2-22 | | |
| 天窗 5-2-23 | | |
| 零星盖板 5-2-24 | | |
| 小型构件 5-2-25 | | |

## 第三节 混凝土搅拌制作及泵送

| 定额项目设置 | | | 定额解释与工程量计算 |
|---|---|---|---|
| 现场搅拌机搅拌混凝土 | 基础 | 5-3-1 | |
| | 柱、墙、梁、板 | 5-3-2 | |
| | 其他 | 5-3-3 | |
| 场外集中搅拌混凝土 | 25m³/h | 5-3-4 | |
| | 50m³/h | 5-3-5 | |
| 运输混凝土 | 混凝土运输车（运距≤5km） | 5-3-6 | 1. 混凝土搅拌项目包括筛砂子、筛洗石子、搅拌、前台运输上料等工作内容 |
| | 每增加1km | 5-3-7 | 2. 输送高度≤100m，超过部分乘以系数1.25；输送高度≤150m，超过部分乘以系数1.60 |
| | 机动翻斗车（运距≤1km） | 5-3-8 | 3. 混凝土搅拌制作、混凝土运输及泵送子目，按各混凝土构件的混凝土消耗量之和以体积计算 |
| 泵送混凝土 | 基础 | 固定泵 5-3-9 | |
| | | 泵车 5-3-10 | |
| | 柱、墙、梁、板 | 固定泵 5-3-11 | |
| | | 泵车 5-3-12 | |
| | 其他构件 | 固定泵 5-3-13 | |
| | | 泵车 5-3-14 | |
| | 增加材料 5-3-15 | | |
| 管道输送混凝土（输送高度≤50m） | 基础 5-3-16 | | |
| | 柱、墙、梁、板 5-3-17 | | |
| | 其他 5-3-18 | | |

## 第四节 钢 筋 工 程

### 一、普通钢筋

普通钢筋系指用于钢筋混凝土结构中的钢筋和预应力混凝土结构中的非预应力钢筋。用于钢筋混凝土结构的热轧钢筋分为 HPB300、HRB335、HRB400 和 HRB500 四个级别。《混凝土结构设计规范》GB 50010—2010 规定，普通钢筋宜采用 HRB400 级和 HRB335 级钢筋，常见普通钢筋分类见表 2-5-1。

HPB300 级钢筋，光圆钢筋，实际工程中只用作板、基础和荷载不大的梁、柱的受力主筋、箍筋以及其他构造钢筋。

HRB335 级钢筋，月牙纹钢筋，实际工程中用作结构构件中的受力主筋。

HRB400 级钢筋，月牙纹钢筋，实际工程中用作结构构件中的受力主筋。

HRB500 级钢筋，月牙纹钢筋，这种钢筋强度虽高，但疲劳性能、冷弯性能以及可焊性均较差，其应用受到一定限制。

### 二、预应力钢筋

预应力钢筋采用钢绞线和钢丝，也可采用热处理钢筋。钢绞线是由多根高强钢丝绞织在一起而形成的，有 3 股和 7 股两种，多用于后张预应力大型构件；预应力钢丝主要是消除应力钢丝，其外形有光面、螺旋肋、三面刻痕三种；热处理钢筋以盘条形式供应，无需焊接、冷拉，施工方便。

**一般工业与民用建筑工程常见普通钢筋分类**　　　　表 2-5-1

<table>
<tr><th rowspan="2">生产工艺</th><th rowspan="2">钢筋级别</th><th rowspan="2">符号</th><th rowspan="2">表面形状</th><th rowspan="2">强度等级代号</th><th rowspan="2">公称直径（mm）</th><th rowspan="2">屈服点（MPa）</th><th rowspan="2">抗拉强度（MPa）</th><th rowspan="2">伸长率（%）</th><th colspan="2">冷弯</th></tr>
<tr><th>角度</th><th>弯心直径</th></tr>
<tr><td rowspan="4">热轧</td><td>Ⅰ</td><td>Φ</td><td>光圆</td><td>HPB300</td><td>8～20</td><td>300</td><td>420</td><td>25</td><td rowspan="4">180°</td><td>d</td></tr>
<tr><td>Ⅱ</td><td>Φ</td><td rowspan="3">月牙纹</td><td>HRB335</td><td>6～25<br>28～50</td><td>335</td><td>490</td><td>16</td><td>3d<br>4d</td></tr>
<tr><td>Ⅲ</td><td>Φ</td><td>HRB400</td><td>6～25<br>28～50</td><td>400</td><td>570</td><td>14</td><td>4d<br>5d</td></tr>
<tr><td>Ⅳ</td><td>Φ</td><td>HRB500</td><td>6～25<br>28～50</td><td>500</td><td>630</td><td>12</td><td>6d<br>7d</td></tr>
<tr><td>余热处理</td><td>Ⅲ</td><td>Φ R</td><td>月牙纹</td><td>HRB400</td><td>8～25<br>28～40</td><td>440</td><td>600</td><td>14</td><td>90°</td><td>3d<br>4d</td></tr>
<tr><td rowspan="3">冷轧带肋</td><td></td><td></td><td rowspan="3">月牙纹</td><td>LL550</td><td rowspan="3">4～12</td><td>⩾500</td><td>⩾550</td><td>⩾8</td><td rowspan="3">180°</td><td>3d</td></tr>
<tr><td></td><td></td><td>LL650</td><td>⩾520</td><td>⩾650</td><td>⩾4</td><td>4d</td></tr>
<tr><td></td><td></td><td>L800</td><td>⩾640</td><td>⩾800</td><td>⩾4</td><td>5d</td></tr>
<tr><td>冷轧扭</td><td></td><td></td><td>连续螺旋</td><td></td><td>6.5～14</td><td>⩾360</td><td>⩾580</td><td>⩾3</td><td>90°</td><td>d</td></tr>
</table>

## 三、消耗量定额

<table>
<tr><th colspan="3">定额项目设置</th></tr>
<tr><td rowspan="3">现浇构件钢筋</td><td>HPB300　5-4-1～4</td><td>⩽ϕ10、⩽ϕ18、⩽ϕ25、＞ϕ25</td></tr>
<tr><td>HRB335（HRB400）<br>5-4-5～8</td><td>⩽ϕ10、⩽ϕ18、⩽ϕ25、＞ϕ25</td></tr>
<tr><td>HRB500　5-4-9～12</td><td>⩽ϕ10、⩽ϕ18、⩽ϕ25、＞ϕ25</td></tr>
<tr><td rowspan="10">预制构件钢筋</td><td rowspan="2">⩽ϕ5 冷拔低碳钢丝</td><td>绑扎 5-4-13</td></tr>
<tr><td>点焊 5-4-14</td></tr>
<tr><td rowspan="6">HPB300</td><td>⩽ϕ10 绑扎 5-4-15</td></tr>
<tr><td>⩽ϕ10 点焊 5-4-16</td></tr>
<tr><td>⩽ϕ16 绑扎 5-4-17</td></tr>
<tr><td>⩽ϕ16 点焊 5-4-18</td></tr>
<tr><td>⩽ϕ25　5-4-19</td></tr>
<tr><td>＞ϕ25　5-4-20</td></tr>
<tr><td>HRB335（HRB400）<br>5-4-21～24</td><td>⩽ϕ10、⩽ϕ18、⩽ϕ25、＞ϕ25</td></tr>
<tr><td>HRB500　5-4-25～28</td><td>⩽ϕ10、⩽ϕ18、⩽ϕ25、＞ϕ25</td></tr>
</table>

**定额解释**

1. 定额按钢筋新平法规定的 HPB300、HRB335、HRB400、HRB500 综合规格编制，并按现浇构件钢筋、预制构件钢筋、预应力钢筋及箍筋分别列项
2. 预应力构件中非预应力钢筋按预制钢筋相应项目计算
3. 绑扎低碳钢丝、成型点焊和接头焊接用的电焊条已综合在定额项目内，不另行计算
4. 非预应力钢筋不包括冷加工，如设计要求冷加工时，另行计算
5. 预应力钢筋如设计要求人工时效处理时，另行计算
6. 后张法钢筋的锚固是按钢筋帮条焊、U 形插垫编制的。如采用其他方法锚固时，可另行计算
7. 下表所列构件，其钢筋可按表内系数调整人工、机械用量

预制构件钢筋

| 系数范围 | 拱形、梯形屋架 | 托架梁 |
|---|---|---|
| 人工、机械调整系数 | 1.16 | 1.05 |

现浇构件钢筋

| 系数范围 | 小型构件或小型池槽 | 构筑物 |
|---|---|---|
| 人工、机械调整系数 | 2.00 | 1.25 |

续表

| 定额项目设置 | | | 定额解释 |
|---|---|---|---|
| 现浇构件箍筋　5-4-29～31 | ≤φ5、≤φ10、＞φ10 | | |
| 先张法预应力钢筋<br>　　　　5-4-32～34 | ≤φ5、≤φ16、＞φ16 | | 8. 本章设置了马凳钢筋子目，发生时按实计算 |
| 后张法预应力钢筋<br>　　　　5-4-35～36 | ≤φ25、＞φ25 | | 9. 防护工程的钢筋锚杆，护壁钢筋、钢筋网执行现浇构件钢筋子目 |
| 后张法预应力钢丝束（钢绞线）5-4-37～43 | 12φ5s、14φ5s、16φ5s、<br>18φ5s、20φ5s、22φ5s、<br>24φ5s | | 10. 冷轧扭钢筋，执行冷轧带肋钢筋子目<br>11. 砌体加固筋，定额按焊接连接编制。实际采用非焊接方式连接时，不得调整 |
| 无粘结预应力钢丝束　5-4-44 | | | 12. 构件箍筋按钢筋规格 HPB300 编制，实际箍筋采 |
| 有粘结预应力钢绞线　5-4-45 | | | 用 HRB335 及以上规格钢筋时，执行构件箍筋 HPB300 |
| 钢筋接头 | 螺纹套筒钢筋接头<br>5-4-46～49 | ≤φ20、≤φ25、≤<br>φ32、≤φ45 | 子目，换算钢筋种类，机械乘以系数 1.38<br>13. 圆钢筋电渣压力焊接头，执行螺纹钢筋电渣压力焊接头子目，换算钢筋种类，其他不变 |
| | 带肋钢筋接头冷挤压连接 5-4-50～56 | ≤φ20、≤φ22、≤<br>φ25、≤φ28、≤φ32、<br>φ36、≤φ40 | 14. 预制混凝土构件中，不同直径的钢筋点焊成一体时，按各自的直径计算钢筋工程量，按不同直径钢筋的总工程量，执行最小直径钢筋的点焊子目。如果最大与 |
| | 电渣压力焊接头<br>5-4-57～63 | ≤φ14、≤φ16、≤<br>φ18、≤φ20、≤φ22、<br>φ25、≤φ28 | 最小钢筋的直径比大于 2 时，最小直径钢筋点焊子目的人工乘以系数 1.25<br>15. 劲性混凝土柱（梁）中的钢筋人工乘以系数 1.25 |
| 其他 | 铁件制作 5-4-64<br>铁件安装 5-4-65 | | 16. 定额中设置了钢筋间隔件子目，发生时按实计算<br>17. 对拉螺栓增加子目，主要适用于混凝土墙中设置 |
| | 砌体加筋焊接<br>5-4-66～68 | ≤φ5、≤φ6.5、≤φ8 | 不可周转使用的对拉螺栓的情况，按照混凝土墙的模板接触面积乘以系数 0.5 计算，如地下室墙体止水螺栓 |
| | 墙面钉钢板网 5-4-69 | | 18. 已执行了本章钢筋接头项目的钢筋连接，其连接 |
| | 墙面钉钢丝网 5-4-70 | | 长度不另行计算 |
| | 地面铺钉钢丝网 5-4-71 | | 19. 施工单位为了节约材料所发生的钢筋搭接，其连 |
| | 冷轧带肋钢筋<br>5-4-72～74 | ≤φ6、≤φ8、≤φ10 | 接长度或钢筋接头，不另行计算<br>20. 植筋项目不包括植入的钢筋制安，植入的钢筋制 |
| | 马凳钢筋 5-4-75 | | 安按相应钢筋制安项目执行 |
| | 钢筋间隔件 5-4-76 | | |
| | 对拉螺栓增加 5-4-77 | | |
| | 植筋 5-4-78～82 | ≤φ10、≤φ16、≤<br>φ20、≤φ25、＞φ25 | |
| | 现浇混凝土埋设螺栓 5-4-83 | | |
| | 钢筋笼制作安装 5-4-84 | | |

### 四、工程量计算

（1）钢筋工程应区别现浇、预制构件，不同钢种和规格，计算时分别按设计长度乘以单位理论重量，以质量计算。钢筋电渣压力焊接、套筒挤压等接头，按数量计算。

（2）计算钢筋工程量时，设计规定钢筋搭接的，按规定搭接长度计算；设计、规范未规定的，已包括在钢筋的损耗率之内，不另计算搭接长度。

（3）先张法预应力钢筋，按构件外形尺寸计算长度；后张法预应力钢筋，按设计规定的预应力钢筋预留孔道长度，并区别不同的锚具类型，分别按下列规定计算：

1）低合金钢筋两端采用螺杆锚具时，预应力钢筋长度按预留孔道长度减 0.35m 计算，螺杆另行计算。

2）低合金钢筋一端采用镦头插片，另一端为螺杆锚具时，预应力钢筋长度按预留孔道长度计算，螺杆另行计算。

3）低合金钢筋一端采用镦头插片，另一端采用帮条锚具时，预应力钢筋长度增加0.15m；两端均采用帮条锚具时，预应力钢筋长度共增加0.3m。

4）低合金钢筋采用后张混凝土自锚时，预应力钢筋长度增加0.35m。

5）低合金钢筋或钢绞线采用JM、XM、QM型锚具，孔道长度≤20m时，预应力钢筋长度增加1m；孔道长度＞20m时，预应力钢筋长度增加1.8m。

6）碳素钢丝采用锥形锚具，孔道长度≤20m时，预应力钢筋长度增加1m；孔道长度＞20m时，预应力钢筋长度增加1.8m。

7）碳素钢丝两端采用镦粗头时，预应力钢丝长度增加0.35m。

（4）其他

1）马凳

① 现场布置方式是通长设置时，按设计图纸规定或已审批的施工方案计算。

② 设计无规定时现场马凳布置方式是其他形式的，马凳的材料应比底板钢筋降低一个规格（若底板钢筋规格不同时，按其中规格大的钢筋降低一个规格计算），长度按底板厚度的2倍加200mm计算，按1个/$m^2$计入钢筋总量。

2）墙体拉结S钩，设计有规定的按设计规定，设计无规定的按$\phi$8钢筋，长度按墙厚加150mm计算，按3个/$m^2$计入钢筋总量。

3）砌体加固钢筋按设计用量以质量计算。

4）锚喷护壁钢筋、钢筋网按设计用量以质量计算。防护工程的钢筋锚杆及护壁钢筋、钢筋网，执行现浇构件钢筋子目。

5）螺纹套筒接头、冷挤压带肋钢筋接头、电渣压力焊接头，按设计要求或按施工组织设计规定以数量计算。

6）混凝土构件预埋铁件工程量，按设计图示尺寸以质量计算。在计算不规则或多边形钢板质量时，按矩形计算，以设计构件尺寸的外接矩形面积计算。

7）桩基工程钢筋笼制作安装，按设计图示长度乘以理论重量以质量计算。

8）钢筋间隔件子目，发生时按实际计算。编制标底时，按水泥基类间隔件1.21个/$m^2$（模板接触面积）计算编制。设计与定额不同时可以换算。

9）对拉螺栓增加子目，按照混凝土墙的模板接触面积乘以系数0.5计算。

# 第五节　预制混凝土构件安装

| 定额项目设置 | | | | 定额解释与工程量计算 |
|---|---|---|---|---|
| 柱安装 | 轮胎式起重机 | 柱 5-5-1～6 | 单根体积（$m^3$）：≤6、≤10、≤14；安装、灌缝 | 定额解释<br>1. 本节定额的安装高度≤20m<br>2. 本节定额中机械吊装是按单机作业编制的<br>3. 本节定额是按机械起吊半径≤15m编制的<br>4. 定额中包括每一项工作循环中机械必要的位移 |
| | | 柱接柱 5-5-7～12 | 单根体积（$m^3$）：≤6、≤10、≤14；第一节、第二节 | |
| | 塔式起重机 | 柱接柱 5-5-13～18 | 单根体积（$m^3$）：≤6、≤10、≤14；第一节、第二节 | |

| 定额项目设置 | | | | 定额解释与工程量计算 |
|---|---|---|---|---|
| 框架<br>安装 | 轮胎式<br>起重机<br>（高度≤<br>三层） | 框架柱 5-5-19～21 | 单个体积（m³）：≤1、≤2、<br>≤3 | 5. 各类预制混凝土构件安装就位后的灌缝，均套用相应构件的灌缝定额项目，其工程量按构件的体积计算<br>6. 本节定额不包括起重机械、运输机械行驶道路的修整、铺垫工作所消耗的人工、材料和机械。若发生时按实计算 |
| | | 框架梁 5-5-22 | 单个体积（m³）：≤2 | |
| | 塔式<br>起重机<br>（高度≤<br>六层） | 框架柱 5-5-23～25 | 单个体积（m³）：≤1、≤2、<br>≤3 | |
| | | 框架梁 5-5-26 | 单个体积（m³）：≤2 | |
| 吊车梁<br>安装、<br>灌缝 | 轮胎式<br>起重机 | 鱼腹式吊车梁<br>5-5-27～30 | 单个体积（m³）：≤1.6、<br>2.4、≤3.6、≤5.2 | 7. 本节定额安装项目是以轮胎式起重机、塔式起重机（塔式起重机台班消耗量包括在垂直运输机械项目内）分别列项编制的。如使用汽车式起重机时，按轮胎式起重机相应定额项目乘以系数1.05 |
| | | 吊车梁接头灌缝 5-5-31 | | |
| 梁安装、<br>灌缝 | 轮胎式<br>起重机 | 单梁<br>5-5-32～34 | 单个体积（m³）：≤<br>0.4、≤0.8、≤1.6 | 安装高度：≤<br>六层 |
| | | 连系梁 5-5-35 | | |
| | | 无天窗托架梁 5-5-36～41 | 1. 安装高度（m）：<br>≤10、≤15、≤20<br>2. 翻身就位、安装 | 8. 小型构件安装是指单体体积≤0.1m³（人力安装）和≤0.5m³（5t汽车吊安装），且本节定额中未单独列项的构件<br>9. 升板预制柱加固，是指柱安装后至楼板提升完成前所需要的搭设加固 |
| | | 无天窗薄腹梁单坡 5-5-42～47 | | |
| | | 无天窗薄腹梁双坡 5-5-48～53 | | |
| | | 基础梁 5-5-54～55 | 单个体积（m³）：≤0.5、≤1 | |
| | | 灌缝 5-5-56 | | |
| | 塔式起<br>重机 | 单梁<br>5-5-57～60 | 1. 安装高度：≤三层、≤六层<br>2. 单个体积（m³）：≤0.8、≤1.6 | 10. 预制混凝土构件安装子目均不包括为安装工程所搭设的临时性脚手架及临时平台，发生时按有关规定另行计算<br>11. 预制混凝土构件必须在跨外安装就位时，按相应构件安装子目中的人工、机械台班乘以系数1.18。使用塔式起重机安装时，不再乘以系数<br>12. 定额安装项目中注明安装高度三层以内、六层以内者，是指建筑物的总层数 |
| | | 过梁<br>5-5-61～64 | 1. 安装高度：≤三层、≤六层<br>2. 单个体积（m³）：≤0.4、≤0.8 | |
| | | 连系梁<br>5-5-65～66 | 1. 安装高度：≤三层、≤六层<br>2. 单个体积（m³）：≤0.8 | |
| | | 梁接头灌缝 5-5-67 | | |
| 屋架<br>安装 | 轮胎式<br>起重机 | 折线型屋架 5-5-68～73 | 1. 跨度（m）：18、24、30<br>2. 翻身就位、安装 | 工程量计算<br>1. 预制混凝土构件安装子目中的安装高度，指建筑物的总高度<br>2. 焊接成型的预制混凝土框架结构，其柱安装按框架柱计算；梁安装按框架梁计算 |
| | | 三角型组合屋架拼装（金属下弦杆）5-5-74～76 | 单个体积（m³）：≤1、≤1.5、≤2 | |
| | | 三角型组合屋架（金属下弦杆）5-5-77～79 | 单个体积（m³）：≤1、≤1.5、≤2 | 3. 预制钢筋混凝土工字形柱、矩形柱、空腹柱、双肢柱、空心柱、管道支架等的安装，均按柱安装计算<br>4. 柱加固子目，是指柱安装后至楼板提升完成前的预制混凝土柱的搭设加固。其工程量按提升混凝土板的体积计算<br>5. 组合屋架安装，以混凝土部分的实体积计算，钢杆件部分不另计算<br>6. 预制钢筋混凝土多层柱安装，首层按柱安装计算，二层及二层以上按柱接柱计算 |
| | | 屋架接头灌缝 5-5-80 | | |
| | | 锯齿型屋架构件<br>5-5-81～82 | 1. 单个体积（m³）：0.3<br>2. 翻身就位、安装 | |
| | | 门式刚架<br>5-5-83～86 | 单个体积（m³）：≤2.5、≤3.5、≤4.5<br>跨度（m）：≤15、≤24 | |
| | | 门式刚架接头灌缝 5-5-87 | | |
| 天窗架、<br>天窗端<br>壁安装 | 轮胎式<br>起重机 | 天窗架、端壁板拼装<br>5-5-88～90 | 单个体积（m³）：≤0.5、<br>≤1、≤2 | |
| | | 天窗架、端壁板<br>5-5-91～93 | 单个体积（m³）：≤0.5、<br>≤1、≤2 | |

续表

| 定额项目设置 | | | | 定额解释与工程量计算 |
|---|---|---|---|---|
| 天窗架、天窗端壁安装 | 轮胎式起重机 | 天窗架、端壁板接头灌缝 5-5-94 | | |
| | | 天窗上下档≤0.4m³ | 5-5-95 | |
| | | 支撑≤0.8m³ | 5-5-96 | |
| | | 天窗侧板≤0.2m³ | 5-5-97 | |
| | | 檩条≤0.2m³ | 5-5-98 | |
| 板及其他构件安装 | 大型屋面板 5-5-99～101 | | 1. 每个构件体积≤0.6m³ 2. 轮胎式起重机、塔式起重机、灌缝 | |
| | 挑檐屋面板 5-5-102～104 | | | |
| | 槽形板 5-5-105～107 | | 1. 每个构件体积≤1.2m³ 2. 轮胎式起重机、塔式起重机、灌缝 | |
| | 空心板 5-5-108～115 | | 1. 每个构件体积≤0.6m³、≤1.2m³ 2. 焊接、不焊接 3. 轮胎式起重机、塔式起重机 | |
| | 空心板灌缝 5-5-116 | | | |
| | 平板 5-5-117～124 | | 1. 每个构件体积≤0.2m³、≤0.3m³ 2. 焊接、不焊接 3. 轮胎式起重机、塔式起重机 | |
| | 平板灌缝 5-5-125 | | | |
| | 安装天沟、挑檐板 5-5-126～129 | | 1. 每个构件体积≤0.2m³、≤0.3m³ 2. 轮胎式起重机、塔式起重机 | |
| | 灌缝 5-5-130 | | | |
| | 楼梯段 5-5-131～132 | | 1. 轮胎式起重机，单体体积≤1.2m³ 2. 焊接、不焊接 | |
| | 楼梯平台板 5-5-133～134 | | | |
| | 塔式起重机楼梯段（单体体积≤1.2m³） | | 5-5-135 | |
| | 塔式起重机楼梯平台（单体体积≤1.2m³） | | 5-5-136 | |
| | 楼梯段、平台板灌缝 | | 5-5-137 | |
| | 其他混凝土构件 5-5-138～140 | | 1. 单体体积≤0.5m³、≤0.1m³ 2. 汽车吊安装、人力安装、灌缝 | |
| | 轮胎式起重机安装混凝墙板 5-5-141～145 | | 1. 单体体积≤2m³、>2m³ 2. ≤三层、≤六层 3. 灌缝 | |
| 升板工程提升 | 升板提升 5-5-146 | | | |
| | 柱加固 5-5-147 | | | |

## 重点、难点分析

1. 内墙带形基础相交时接头的计算

（1）内墙带形基础的断面为矩形组合时（见图 2-5-1），应根据内墙带形基础自身的断面、标高以及与其相交基础的断面、标高等具体情况计算。

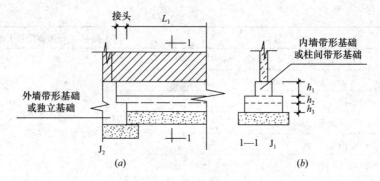

图 2-5-1 内墙带形基础相交接头

(a) 内墙带形基础；(b) 内墙带形基础断面

$$V_{J_1} = S_{J_1} \times L_1 + V_{接头} \times 2$$

（2）内墙带形基础的断面有坡面时，应单独计算两端接头体积，如图 2-5-2 所示。

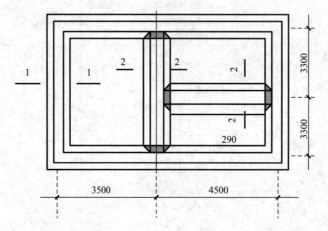

图 2-5-2 内墙带形基础（坡式）平面示意图

侧面有坡的内墙带形基础，其一端接头体积的计算，分三种情况计算：

1）基础 $J_1$ 与 $J_2$ 断面尺寸相同，如图 2-5-3 所示。

$$V_{总} = \left( \frac{1}{2}a + \frac{1}{3}b \right) \cdot b \cdot h$$

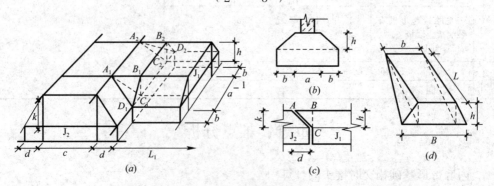

图 2-5-3 坡式带形基础断面相同时相交图示

(a) $J_1$ 与 $J_2$ 相交立体图；(b) $J_1$ 断面图；(c) $J_1$ 立面图；(d) 接头立体图

2）若 $k>h$，小截面 $J_1$ 与 $J_2$ 坡面下坪等标高正交，如图 2-5-4 所示，则：

$$V_{总} = \left(\frac{1}{2}a + \frac{1}{3}b\right) \cdot \frac{h^2}{k} \cdot d$$

3）如图 2-5-5 所示，小截面 $J_1$ 与 $J_2$ 坡面上坪等标高正交，其一端接头体积由以下三部分组成：

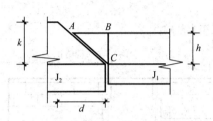
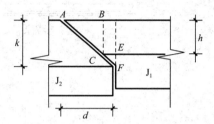

图 2-5-4　坡式带形基础相交正面图　　　　图 2-5-5　坡式带形基础相交正面图
（下坪等标高正立）　　　　　　　　　　（上坪等标高正立）

① 与 2）相同，中间三棱柱和两侧三棱锥的体积：

$$V_1 = \left(\frac{1}{2}a + \frac{1}{3}b\right) \cdot \frac{h^2}{k} \cdot d$$

② 下部三棱柱的体积：

$$V_2 = \frac{1}{2} \cdot d(a + 2b) \cdot \frac{(k-h)^2}{k}$$

③ $J_1$ 上部坡面向 $J_2$ 方向增长的梯形柱体积：

$$V_3 = dh(a + b) \cdot \frac{k-h}{k}$$

则一端接头体积为：$V_{总} = V_1 + V_2 + V_3$

**2. 满堂基础定额解释与图形对照**

（1）箱式满堂基础（见图 2-5-6），分别按无梁式满堂基础、柱、墙、梁、板有关规定计算。

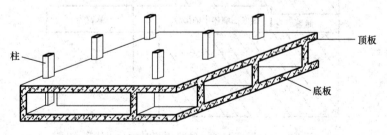

图 2-5-6　箱式满堂基础

（2）有梁式满堂基础（见图 2-5-7），肋高大于 0.4m 时，套用有梁式满堂基础定额子目；肋高小于 0.4m 或设有暗梁、下翻梁时，套用无梁式满堂基础（见图 2-5-8）定额子目。

**3. 圈梁与构造柱计算关系图**

构造柱与圈梁连接（相交）时，圈梁长度算至构造柱侧面。构造柱有马牙槎时，圈梁长度算至构造柱主断面的侧面。如图 2-5-9 所示。

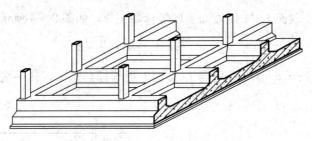

图 2-5-7　有梁式满堂基础

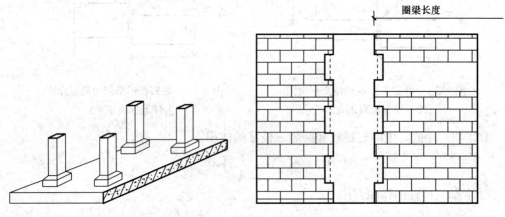

图 2-5-8　无梁式满堂基础　　　　图 2-5-9　圈梁长度计算示意图

4. 悬挑梁定额解释与图形对照

在圈梁部位挑出外墙的混凝土梁（见图 2-5-10），以外墙外边线为界线，挑出部分按图示尺寸计算，套用单梁、连续梁子目，墙内部分套用圈梁子目。

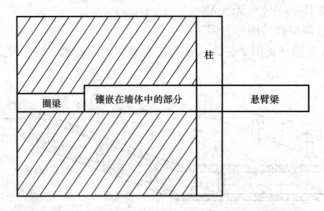

图 2-5-10　悬臂梁与柱、圈梁连接时的分界线示意图

5. 圈梁与过梁工程量计算关系与图形对照

圈梁与过梁连接时，分别套用圈梁、过梁定额。过梁长度按设计规定计算；设计无规定时，按门窗洞口宽度两端各加 250mm 计算。如图 2-5-11 的所示。

6. 板的类型

（1）有梁板与平板的划分

自 03 定额实施起，现浇混凝土梁、平板、有梁板的定额套用就经常出现争议，本定

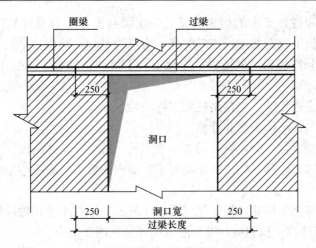

图 2-5-11　圈梁、过梁分界线示意图

额对该问题附图作出说明，说明的口径与《房屋建筑与装饰工程消耗量定额》TY01-31-2015 保持一致。

如图 2-5-12 所示，按通过柱支座的均为梁考虑，上方两轴范围内为有梁板，通过柱支

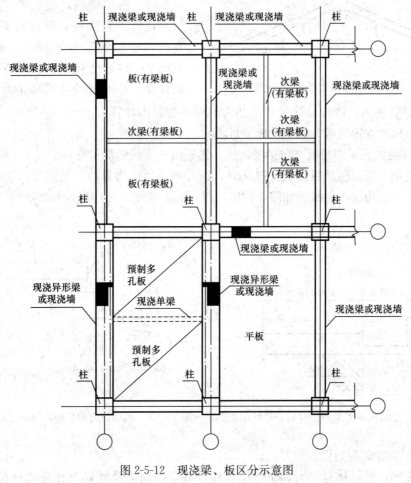

图 2-5-12　现浇梁、板区分示意图

座的梁为主梁，不通过柱支座的梁为次梁，主次梁与上方板合并计算工程量套用"有梁板"子目。右下方板下没有通过柱支座的梁，所以为平板，套用"平板"子目。通过柱支座的梁，按其截面分别套用"框架梁、连续梁"子目和"单梁、斜梁、异形梁、拱形梁"子目。

（2）无梁板，是指无梁、直接用柱帽支撑的板。

无梁板，按板与柱帽体积之和计算。

（3）平板，是指无柱、梁，直接用墙（或圈梁、过梁）支撑的板。

平板，按图示体积计算。伸入（非混凝土）墙内的板头、平板边沿的翻檐，均并入平板体积内计算。

预制混凝土板补现浇板缝，板底缝宽大于 40mm 时，按小型构件计算；板底缝宽大于 100mm 时，按平板计算。预制板补缝与灌缝的区分见图 2-5-13。

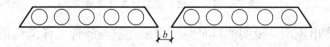

图 2-5-13 预制板补缝与灌缝的区分示意图

图 2-5-14 斜屋面加厚部位示意图

（4）斜屋面板，按板断面面积乘以斜长计算；有梁时，梁板合并计算。屋脊处八字脚的加厚混凝土（素混凝土，见图 2-5-14）已包括在消耗量内，不单独计算。若屋脊处八字脚的加厚混凝土配置钢筋作梁使用，应按设计尺寸，并入斜板工程量内计算。

（5）拱形老虎窗顶板，套用拱板子目。

**7. 现浇挑檐、天沟与板（包括屋面板）连接时的界线图形示意**

现浇挑檐与板（包括屋面板）连接时，以外墙外边线为界线；与圈梁（包括其他梁）连接时，以梁外边线为界线。如图 2-5-15、图 2-5-16 所示。外边线以外为挑檐。

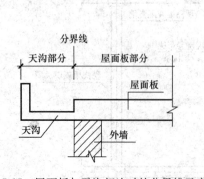

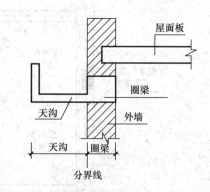

图 2-5-15 屋面板与天沟相连时的分界线示意图 　图 2-5-16 圈梁与天沟相连时的分界线示意图

**8. 楼梯定额解释与图形对照**

整体楼梯，包括休息平台、平台梁、楼梯底板、斜梁及楼梯与楼板的连接梁、楼梯段，按水平投影面积计算。不扣除宽度小于 500mm 的楼梯井，伸入墙内部分不另增加。

（1）平行式楼梯与楼板，以楼梯顶部与楼板的连接梁为分界线，连接梁以外为楼板。如图 2-5-17 所示。

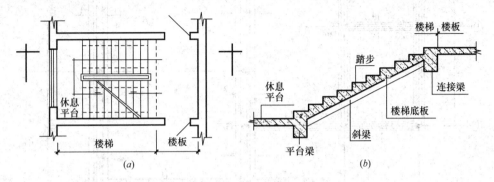

图 2-5-17　楼梯范围示意图

（a）平面图；（b）断面图

（2）独立式单跑楼梯间，楼梯踏步两端的板均视为楼梯的休息平台板。非独立式楼梯间的单跑楼梯，楼梯踏步两端宽度（自连接梁外边沿起）1.2m 以内的板，均视为楼梯的休息平台板。单跑楼梯侧面与楼板之间的空隙，视为单跑楼梯的楼梯井。

（3）踏步旋转楼梯，按其楼梯部分（不包括中心柱）的水平投影面积乘以周数计算。弧形楼梯，按旋转楼梯计算。

# 工程预算实例

【例题 2-5-1】　施工合同约定，水泵房工程的人工、材料和施工机械台班消耗量按《山东省建筑工程消耗量定额》（2016 年）计算；人工、材料和施工机械台班单价按《山东省建筑工程价目表》（2017 年）计算；水泵房工程的有关费用按《山东省建筑工程费用项目组成及计算规则》（2016 年）计算，清单执行《房屋建筑与装饰工程工程量计算规范》GB 50854—2013；工程类别按Ⅲ类（其中混凝土为商品混凝土，基础的混凝土强度等级为 C30），企业管理费 25.6%，利润 15.0%。基础混凝土工程计价依据见表 2-5-2。

基础混凝土工程计价依据（增值税一般计税）　　　　　　表 2-5-2

| 定额编号 | 项目名称 | 单位 | 单价（元）（除税） | 省定额价（元） | | |
|---|---|---|---|---|---|---|
| | | | | 人工费 | 材料费（除税） | 机械费（除税） |
| 5-1-4 | C30 带形基础　混凝土 | 10m³ | 4399.54 | 639.35 | 3755.64 | 4.55 |

注：计价依据来源《山东省建筑工程价目表》（2017 年），人工工日单价按 95 元计入。

答题要求：

（1）编制水泵房工程基础平面图（见图 2-5-18）中 1-1、2-2 剖面混凝土带形基础的分部分项工程量清单，并将结果填入表 2-5-3 中；

（2）编制水泵房工程基础平面图中 1-1、2-2 剖面混凝土带形基础的分部分项工程量清单计价表，并将结果填入表 2-5-4 中。

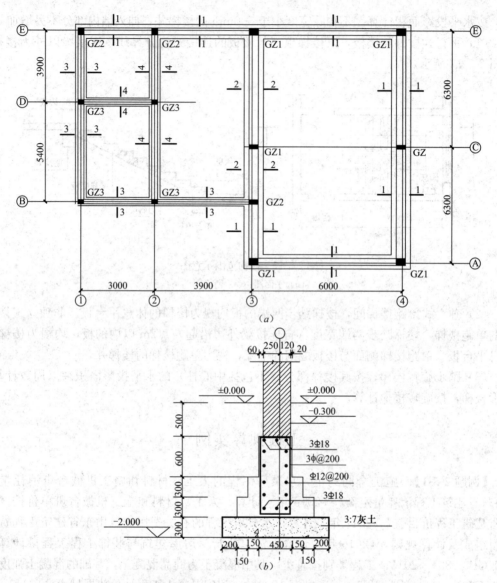

图 2-5-18 水泵房工程基础结构图

(a) 基础平面图；(b) 1-1（2-2）外墙（内墙）基础

**解：**

（1）编制水泵房工程基础平面图中 1-1、2-2 剖面混凝土带形基础的分部分项工程量清单。

分部分项工程量清单 表 2-5-3

| 序号 | 项目编码 | 项目名称 项目特征 | 计量单位 | 工程数量 | 金额（元） | | |
|---|---|---|---|---|---|---|---|
| | | | | | 综合单价 | 合价 | 其中：暂估价 |
| 1 | 010501002001 | 混凝土带形基础 1.基础形式、材料种类：带形基础，商品混凝土 2.混凝土强度等级：C30 | m³ | 34.60 | | | |

清单工程量计算：

1-1 剖面：混凝土带形基础长度＝3＋3.9＋6.0＋6.3×2＋6.3×2－5.4－3.9＋6－6×0.085＝34.29m

混凝土带形基础体积＝(1.05×0.3＋0.75×0.3＋0.45×0.6)×34.29＝27.77m³

2-2 剖面：混凝土带形基础体积＝(1.05×0.3＋0.75×0.3＋0.45×0.6)×(3.9＋5.4－0.25－0.06－0.3－0.24－0.3)＋(0.75×0.3×0.15＋0.45×0.6×0.3)×2＝6.83m³

合计混凝土带形基础体积＝27.77＋6.83＝34.60m³

分部分项工程量清单见表 2-5-3。

(2) 编制水泵房工程基础平面图中 1-1、2-2 剖面混凝土带形基础的分部分项工程量清单计价表。

分部分项工程量清单与计价表　　　　　　　　　　　　　　　　　　　　　　表 2-5-4

| 序号 | 项目编码 | 项目名称<br>项目特征 | 计量<br>单位 | 工程<br>数量 | 金额（元） | | |
| --- | --- | --- | --- | --- | --- | --- | --- |
| | | | | | 综合单价 | 合价 | 其中：暂估价 |
| 1 | 010501002001 | 混凝土带型基础<br>1. 基础形式、材料种类：带形基础，商品混凝土<br>2. 混凝土强度等级：C30 | m³ | 34.60 | 465.91 | 16120.49 | |

定额工程量计算：

C30 带形基础 1-1 剖面长＝3＋3.9＋6.0＋6.3×2＋6.3×2－5.4－3.9＋6－6×0.065＝34.41m

1-1 剖面体积＝(1.05×0.3＋0.75×0.3＋0.45×0.6)×34.41＝27.87m³

2-2 剖面体积＝2-2 剖面清单量＝6.83m³

合计：27.87＋6.83＝34.70m³

每单位清单所含定额工程量 34.70÷10÷34.6＝0.10（10m³/m³）

综合单价＝0.1×[4399.54＋639.335×(25.6％＋15.0％)]＝465.91 元/m³

分部分项工程量清单与计价表见表 2-5-4。

**【例题 2-5-2】** 参见图 2-1-6，满堂基础下为 C15 无筋混凝土垫层，满堂基础为 C30，场外搅拌（25m³/h），采用混凝土运输车运输，距施工现场 8.3km，固定泵泵送。按图计算垫层、满堂基础工程量，计算回填土需扣减工程量并套定额。

**解：**

1. 混凝土垫层

垫层工程量 [(48＋1.2×2)×(20＋1.2×2)－32×6]×0.1＝93.7m³

套定额 2-1-28 无筋混凝土垫层

2. C30 混凝土有梁式满堂基础

基础底板工程量 0.4×(50.2×22.2－32×6)＝368.98m³

斜坡部分工程量 $V=1/3(s_上＋s_下＋\sqrt{s_上×s_下})×H$

$H=0.35m$

$S_下=50.2×22.2－32×6=922.44m^2$

$$S_{\pm}=48.6\times20.6-32\times6=809.16\text{m}^2$$

$$V=0.35/3\times(922.44+809.16+\sqrt{922.44\times809.16})=302.81\text{m}^3$$

上翻梁工程量 外墙中心线 $(48+20)\times2=136$m

内墙梁净长线 $(14-0.6\times3)\times5=61$m

$(48-0.6)\times2=94.8$m

$6-0.6=5.4$m

$16-0.6=15.4$m

内墙小计 176.6m

$0.6\times0.5\times(136+176.6)=93.78\text{m}^3$

满堂基础体积小计 $368.98+302.81+93.78=765.57\text{m}^3$

套定额 5-1-7 有梁式混凝土满堂基础

3. 混凝土拌制、运输、泵送、泵送增加材料、混凝土管道输送

工程量 $76.56\times10.15+9.37\times10.1=871.72\text{m}^3$

套定额 5-3-4 场外集中搅拌混凝土（$25\text{m}^3/\text{h}$）

5-3-6 混凝土运输车（运距≤5km）

5-3-7×4 混凝土运输车（每增加 km）

5-3-9 泵送混凝土 基础 固定泵

5-3-15 泵送混凝土 增加材料

5-3-16 管道输送混凝土 基础（输送高度≤50m）

4. 回填土需扣减内容

混凝土垫层体积扣减 $93.70\text{m}^3$

满堂基础体积扣减 $765.57\text{m}^3$

设计室外地坪下柱体积扣减 $0.5\times0.5\times0.55\times31=4.26\text{m}^3$

# 附：钢筋及混凝土工程量清单

## 1 现浇混凝土基础

| 项目编码 | 项目名称 | 项目特征（略） | 计量单位 | 工程量计算规则 |
|---|---|---|---|---|
| 010501001 | 垫层 | | | |
| 010501002 | 带形基础 | | | |
| 010501003 | 独立基础 | | | 按设计图示尺寸以体积计算。不扣除伸入承台基础的桩头所占体积 |
| 010501004 | 满堂基础 | | m³ | |
| 010501005 | 桩承台基础 | | | |
| 010501006 | 设备基础 | | | |

注：1. 有肋带形基础、无肋带形基础应按本表中相关项目列项，并注明肋高。

2. 箱式满堂基础中柱、梁、墙、板按相关项目分别编码列项；箱式满堂基础底板按本表的满堂基础项目列项。

3. 框架式设备基础中柱、梁、墙、板分别按相关项目编码列项；基础部分按本表相关项目编码列项。

4. 如为毛石混凝土基础，项目特征应描述毛石所占比例。

## 2　现浇混凝土柱

| 项目编码 | 项目名称 | 项目特征（略） | 计量单位 | 工程量计算规则 |
|---|---|---|---|---|
| 010502001 | 矩形柱 | | m³ | 按设计图示尺寸以体积计算。<br>柱高：<br>　1. 有梁板的柱高，按柱基上表面（或楼板上表面）至上一层楼板上表面之间的高度计算<br>　2. 无梁板的柱高，按柱基上表面（或楼板上表面）至柱帽下表面之间的高度计算<br>　3. 框架柱的柱高：按柱基上表面至柱顶高度计算<br>　4. 构造柱按全高计算，嵌接墙体部分（马牙槎）并入柱身体积<br>　5. 依附于柱上的牛腿和升板的柱帽，并入柱身体积计算 |
| 010502002 | 构造柱 | | | |
| 010502003 | 异形柱 | | | |

注：混凝土种类：指清水混凝土、彩色混凝土等，如在同一地区既使用预拌（商品）混凝土，又允许现场搅拌混凝土时，也应注明（下同）。

## 3　现浇混凝土梁

| 项目编码 | 项目名称 | 项目特征（略） | 计量单位 | 工程量计算规则 |
|---|---|---|---|---|
| 010503001 | 基础梁 | | m³ | 按设计图示尺寸以体积计算。伸入墙内的梁头、梁垫并入梁体积内。<br>梁长：<br>　1. 梁与柱连接时，梁长算至柱侧面<br>　2. 主梁与次梁连接时，次梁长算至主梁侧面 |
| 010503002 | 矩形梁 | | | |
| 010503003 | 异形梁 | | | |
| 010503004 | 圈梁 | | | |
| 010503005 | 过梁 | | | |
| 010503006 | 弧形、拱形梁 | | | |

## 4　现浇混凝土墙

| 项目编码 | 项目名称 | 项目特征（略） | 计量单位 | 工程量计算规则 |
|---|---|---|---|---|
| 010504001 | 直形墙 | | m³ | 按设计图示尺寸以体积计算。扣除门窗洞口及单个面积>0.3m² 的孔洞所占体积，墙垛及凸出墙面部分并入墙体积内计算 |
| 010504002 | 弧形墙 | | | |
| 010504003 | 短肢剪力墙 | | | |
| 010504004 | 挡土墙 | | | |

注：短肢剪力墙是指截面厚度不大于 300mm、各肢截面高度与厚度之比的最大值大于 4 但不大于 8 的剪力墙；各肢截面高度与厚度之比的最大值不大于 4 的剪力墙按柱项目编码列项。

## 5　现浇混凝土板

| 项目编码 | 项目名称 | 项目特征（略） | 计量单位 | 工程量计算规则 |
|---|---|---|---|---|
| 010505001 | 有梁板 | | m³ | 按设计图示尺寸以体积计算。不扣除单个面积≤0.3m² 的柱、垛以及孔洞所占体积<br>压形钢板混凝土楼板扣除构件内压形钢板所占体积<br>有梁板（包括主、次梁与板）按梁、板体积之和计算，无梁板按板和柱帽体积之和计算，各类板伸入墙内的板头并入板体积内计算，薄壳板的肋、基梁并入薄壳体积内计算 |
| 010505002 | 无梁板 | | | |
| 010505003 | 平板 | | | |
| 010505004 | 拱板 | | | |
| 010505005 | 薄壳板 | | | |
| 010505006 | 栏板 | | | |

续表

| 项目编码 | 项目名称 | 项目特征（略） | 计量单位 | 工程量计算规则 |
|---|---|---|---|---|
| 010505007 | 天沟（檐沟）挑檐板 | | | 按设计图示尺寸以体积计算 |
| 010505008 | 雨篷、悬挑板、阳台板 | | m³ | 按设计图示尺寸以墙外部分体积计算。包括伸出墙外的牛腿和雨篷反挑檐的体积 |
| 010505009 | 空心板 | | | 按设计图示尺寸以体积计算。空心板（GBF高强薄壁蜂巢芯板等）应扣除空心部分体积 |
| 010505010 | 其他板 | | | 按设计图示尺寸以体积计算 |

　　注：现浇挑檐、天沟板、雨篷、阳台与板（包括屋面板、楼板）连接时，以外墙外边线为分界线；与圈梁（包括其他梁）连接时，以梁外边线为分界线。外边线以外为挑檐、天沟、雨篷或阳台。

### 6　现浇混凝土楼梯

| 项目编码 | 项目名称 | 项目特征（略） | 计量单位 | 工程量计算规则 |
|---|---|---|---|---|
| 010506001 | 直形楼梯 | | 1. m²<br>2. m³ | 1. 以平方米计量，按设计图示尺寸以水平投影面积计算。不扣除宽度≤500mm的楼梯井，伸入墙内部分不计算<br>2. 以立方米计量，按设计图示尺寸以体积计算 |
| 010506002 | 弧形楼梯 | | | |

　　注：整体楼梯（包括直形楼梯、弧形楼梯）水平投影面积包括休息平台、平台梁、斜梁和楼梯的连接梁。
　　　当整体楼梯与现浇楼板无梯梁连接时，以楼梯的最后一个踏步边缘加300mm为界线。

### 7　现浇混凝土其他构件

| 项目编码 | 项目名称 | 项目特征（略） | 计量单位 | 工程量计算规则 |
|---|---|---|---|---|
| 010507001 | 散水、坡道 | | m² | 按设计图示尺寸以水平投影面积计算。不扣除单个面积≤0.3m²的孔洞所占面积 |
| 010507002 | 室外地坪 | | | |
| 010507003 | 电缆沟、地沟 | | m | 按设计图示尺寸以中心线长度计算 |
| 010507004 | 台阶 | | 1. m²<br>2. m³ | 1. 以平方米计量，按设计图示尺寸以水平投影面积计算<br>2. 以立方米计量，按设计图示尺寸以体积计算 |
| 010507005 | 扶手、压顶 | | 1. m<br>2. m³ | 1. 以米计量，按设计图示的中心线延长米计算<br>2. 以立方米计量，按设计图示尺寸以体积计算 |
| 010507006 | 化粪池检查井 | | 1. m³<br>2. 座 | 1. 以立方米计量，按设计图示尺寸以体积计算<br>2. 以座计量，按设计图示数量计算 |
| 010507007 | 其他构件 | | m³ | 按设计图示尺寸以体积计算 |

### 8　后浇带

| 项目编码 | 项目名称 | 项目特征（略） | 计量单位 | 工程量计算规则 |
|---|---|---|---|---|
| 010508001 | 后浇带 | | m³ | 按设计图示尺寸以体积计算 |

### 9　预制混凝土柱

| 项目编码 | 项目名称 | 项目特征（略） | 计量单位 | 工程量计算规则 |
|---|---|---|---|---|
| 010509001 | 矩形柱 | | 1. m³<br>2. 根 | 1. 以立方米计量，按设计图示尺寸以体积计算<br>2. 以根计量，按设计图示数量计算 |
| 010509002 | 异形柱 | | | |

　　注：以根计量，必须描述单件体积。

### 10 预制混凝土梁

| 项目编码 | 项目名称 | 项目特征（略） | 计量单位 | 工程量计算规则 |
|---|---|---|---|---|
| 010510001 | 矩形梁 | | | |
| 010510002 | 异形梁 | | | |
| 010510003 | 过梁 | | 1. m³ | 1. 以立方米计量，按设计图示尺寸以体积计算 |
| 010510004 | 拱形梁 | | 2. 根 | 2. 以根计量，按设计图示数量计算 |
| 010510005 | 鱼腹式吊车梁 | | | |
| 010510006 | 其他梁 | | | |

注：以根计量，必须描述单件体积。

### 11 预制混凝土屋架

| 项目编码 | 项目名称 | 项目特征（略） | 计量单位 | 工程量计算规则 |
|---|---|---|---|---|
| 010511001 | 折线型 | | | |
| 010511002 | 组合 | | 1. m³ | 1. 以立方米计量，按设计图示尺寸以体积计算 |
| 010511003 | 薄腹 | | 2. 榀 | 2. 以榀计量，按设计图示数量计算 |
| 010511004 | 门式刚架 | | | |
| 010511005 | 天窗架 | | | |

注：1. 以榀计量，必须描述单件体积。
    2. 三角形屋架按本表中折线型屋架项目编码列项。

### 12 预制混凝土板

| 项目编码 | 项目名称 | 项目特征（略） | 计量单位 | 工程量计算规则 |
|---|---|---|---|---|
| 010512001 | 平板 | | | |
| 010512002 | 空心板 | | | 1. 以立方米计量，按设计图示尺寸以体积计算。不扣除 |
| 010512003 | 槽形板 | | 1. m³ | 单个面积≤300mm×300mm 的孔洞所占体积，扣除空心板 |
| 010512004 | 网架板 | | 2. 块 | 空洞体积 |
| 010512005 | 折线板 | | | 2. 以块计量，按设计图示数量计算 |
| 010512006 | 带肋板 | | | |
| 010512007 | 大型板 | | | |
| 010512008 | 沟盖板、井盖板、井圈 | | 1. m³ 2. 块（套） | 1. 以立方米计量，按设计图示尺寸以体积计算 2. 以块计量，按设计图示数量计算 |

注：1. 以块、套计量，必须描述单件体积。
    2. 不带肋的预制遮阳板、雨篷板、挑檐板、栏板等，应按本表平板项目编码列项。
    3. 预制 F 形板、双 T 形板、单肋板和带反挑檐的雨篷板、挑檐板、遮阳板等，应按本表带肋板项目编码列项。
    4. 预制大型墙板、大型楼板、大型屋面板等，按本表中大型板项目编码列项。

### 13 预制混凝土楼梯

| 项目编码 | 项目名称 | 项目特征（略） | 计量单位 | 工程量计算规则 |
|---|---|---|---|---|
| 010513001 | 楼梯 | | 1. m³ 2. 段 | 1. 以立方米计量，按设计图示尺寸以体积计算。扣除空心踏步板空洞体积 2. 以段计量，按设计图示数量计算 |

注：以段计量，必须描述单件体积。

## 14　其他预制构件

| 项目编码 | 项目名称 | 项目特征（略） | 计量单位 | 工程量计算规则 |
|---|---|---|---|---|
| 010514001 | 垃圾道、通风道、烟道 | | 1. m³<br>2. m²<br>3. 根（块、套） | 1. 以立方米计量，按设计图示尺寸以体积计算。不扣除单个面积≤300mm×300mm 的孔洞所占体积，扣除烟道、垃圾道、通风道的孔洞所占体积<br>2. 以平方米计量，按设计图示尺寸以面积计算。不扣除单个面积≤300mm×300mm 的孔洞所占面积<br>3. 以根计量，按设计图示数量计算 |
| 010514002 | 其他构件 | | m³ | 按设计图示尺寸以体积计算 |

注：1. 以块、根计量，必须描述单件体积。
　　2. 预制钢筋混凝土小型池槽、压顶扶手、垫块、隔热板、花格等，按本表中其他构件项目编码列项。

## 15　钢筋工程

| 项目编码 | 项目名称 | 项目特征（略） | 计量单位 | 工程量计算规则 |
|---|---|---|---|---|
| 010515001 | 现浇构件钢筋 | | | 按设计图示钢筋（网）长度（面积）乘以单位理论质量计算 |
| 010515002 | 预制构件钢筋 | | | |
| 010515003 | 钢筋网片 | | | |
| 010515004 | 钢筋笼 | | | |
| 010515005 | 先张法预应力钢筋 | | | 按设计图示钢筋长度乘以单位理论质量计算 |
| 010515006 | 后张法预应力钢筋 | | t | 按设计图示钢筋（钢丝束、钢绞线）长度乘以单位理论质量计算。<br>1. 低合金钢筋两端均采用螺杆锚具时，钢筋长度按孔道长度减 0.35m 计算，螺杆另行计算<br>2. 低合金钢筋一端采用镦头插片，另一端采用螺杆锚具时，钢筋长度按孔道长度计算，螺杆另行计算<br>3. 低合金钢筋一端采用镦头插片，另一端采用帮条锚具时，钢筋长度按孔道长度增加 0.15m 计算；两端均采用帮条锚具时，钢筋长度按孔道长度增加 0.3m 计算<br>4. 低合金钢筋采用后张混凝土自锚时，钢筋长度按孔道长度增加 0.35m 计算<br>5. 低合金钢筋（钢绞线）采用 JM、XM、QM 型锚具，孔道长度≤20m 时，钢筋长度按孔道长度增加 1m 计算；孔道长度＞20m 时，钢筋长度按孔道长度增加 1.8m 计算<br>6. 碳素钢丝采用锥形锚具，孔道长度≤20m 时，钢丝束长度按孔道长度增加 1m 计算；孔道长度＞20m 时，钢丝束长度按孔道长度增加 1.8m 计算<br>7. 碳素钢丝采用镦头锚具时，钢丝束长度按孔道长度增加 0.35m 计算 |
| 010515007 | 预应力钢丝 | | | |
| 010515008 | 预应力钢绞线 | | | |
| 010515009 | 支撑钢筋（铁马） | | | 按设计图示钢筋长度乘以单位理论质量计算 |
| 010515010 | 声测管 | | | 按设计图示尺寸以质量计算 |

注：1. 现浇构件中伸出构件的锚固钢筋应并入钢筋工程量内。除设计（包括规范规定）标明的搭接外，其他施工搭接不计算工程量，在综合单价中综合考虑。
　　2. 现浇构件中固定位置的支撑钢筋、双层钢筋用的"铁马"在编制工程量清单时，如果设计未明确，其工程量可为暂估量，结算时按现场签证数量计算。

### 16　螺栓、铁件

| 项目编码 | 项目名称 | 项目特征 | 计量单位 | 工程量计算规则 |
|---|---|---|---|---|
| 010516001 | 螺栓 | | t | 按设计图示尺寸以质量计算 |
| 010516002 | 预埋铁件 | | | |
| 010516003 | 机械连接 | | 个 | 按设计图示数量计算 |

注：编制工程量清单时，如果设计未明确，其工程数量可为暂估量，实际工程量按现场签证数量计算。

### 17　相关问题及说明

（1）预制混凝土构件或预制钢筋混凝土构件，如施工图中标注做法见标准图集时，应在项目特征描述中注明标准图集的编码、页码及节点大样。

（2）现浇或预制混凝土和钢筋混凝土构件，不扣除构件内钢筋、螺栓、预埋铁件、张拉孔道所占体积，但应扣除劲性骨架的型钢所占体积。

# 第六章　金属结构工程

## 一、 本章内容

本章定额包括金属结构制作、无损探伤检验、除锈、平台摊销、金属结构安装五节。

## 二、 常见钢结构示意图

常见钢结构如图 2-6-1、图 2-6-2 所示。

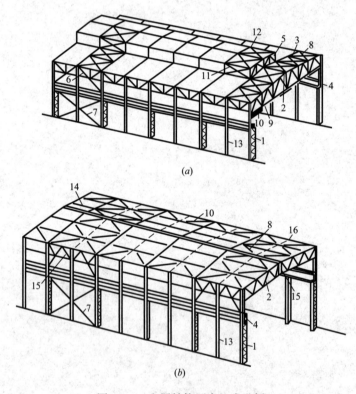

图 2-6-1　金属结构厂房组成示例

（a）示例 1；（b）示例 2

1—框架柱；2—屋架（框架横梁）；3—中间屋架；4—吊车梁；5—天窗架；

6—托架；7—柱间支撑；8—屋架上弦横向支撑；9—屋架下弦横向支撑；

10—屋架纵向支撑；11—天窗架垂直支撑；12—天窗架横向支撑；

13—墙架柱；14—檩条；15—屋架垂直支撑；16—檩条间撑杆

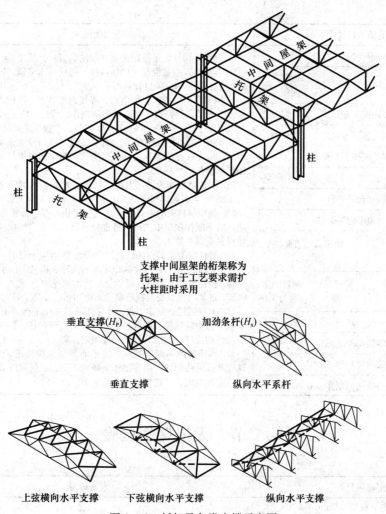

支撑中间屋架的桁架称为
托架，由于工艺要求需扩
大柱距时采用

图 2-6-2　托架及各类支撑示意图

# 第一节　金属结构制作

| 定额项目设置 | | | 定额解释 |
|---|---|---|---|
| 钢柱制作 | 实腹柱 6-1-1～2 | ≤5t、>5t | 1. 本章构件制作均包括现场内（工厂内）的材料运输、号料、加工、组装及成品堆放、装车出场等全部工序 |
| | 空腹柱 6-1-3～4 | ≤7t、>7t | 2. 本章定额金属构件制作包括各种杆件的制作、连接以及拼装成整体构件所需的人工、材料及机械台班用量（不包括为拼装钢屋架、托架、天窗架而搭设的临时钢平台）。在套用了本章金属构件制作项目后，拼装工作不再单独计算。本章 6-5-26 至 6-5-29 拼装子目只适用于半成品构件的拼装。本章安装项目中，均不包含拼装工序 |
| 钢屋架 | 轻钢屋架 6-1-5 | | |
| | 钢屋架 6-1-6～9 | ≤1.5t、≤3t、≤5t、≤10t | |
| 钢托架 6-1-10～11 | | ≤3t、>3t | 3. 金属结构的各种杆件的连接以焊接为主，焊接前连接两组相邻构件使其固定以及构件运输时为避免出现误差而使用的螺栓，已包括在制作子目内 |
| 钢吊车梁 6-1-12～13 | | ≤3t、>3t | |
| 钢制动梁 6-1-14 | | | 4. 金属构件制作子目中，钢材的规格和用量，设计与定额不同时，可以调整，其他不变（钢材的损耗率为 6%） |
| 单轨钢吊车梁 6-1-15～16 | | 直形、弯形 | |

续表

| 定额项目设置 | | 定额解释 |
|---|---|---|
| 柱间钢支撑 6-1-17 | | 5. 钢零星构件，系指定额未列项的，且单体质量≤0.2t 的金属构件 |
| 屋架钢支撑 6-1-18～19 | 十字形、平面组合型 | 6. 需预埋入钢筋混凝土中的铁件、螺栓按本定额"第五章　钢筋及混凝土工程"相应项目计算 |
| 型钢檩条 6-1-20 | | 7. 网架结构中焊接钢板节点、焊接钢管节点、杆件直接交汇节点的制作、安装，执行焊接空心球网架制作、安装相应子目 |
| 钢天窗架 6-1-21 | | 8. 实腹柱是指十字、T、L、H 形等，空腹柱是指箱形、格构式等 |
| 钢挡风架 6-1-22 | | 9. 轻钢檩条间的钢拉条的制作、安装，执行屋架钢支撑相应子目 |
| 钢墙架 6-1-23 | | 10. 成品 H 型钢制作的柱、梁构件，相应制作子目人工、机械及除钢材外的其他材料乘以系数 0.60 |
| 钢平台 6-1-24 | | 11. 本章钢材如为镀锌钢材，则将主材调整为镀锌钢材，同时扣除人工 3.08 工日/t，扣除制作定额内环氧富锌及钢丸含量 |
| 钢走道平台 6-1-25 | | 12. 制作项目中的钢管按成品钢管考虑，如实际采用钢板加工而成的，需将制作项目中主材价格进行换算，人工、机械及除钢材外的其他材料乘以系数 1.50 |
| 钢梯 6-1-26～28 | 踏步式、直爬式、螺旋式 | 13. 劲性混凝土的钢构件套用本章定额相应子目时，定额未考虑开孔费。如需开孔，钢构件制作定额的人工、机械乘以系数 1.15 |
| 钢栏杆 6-1-29～31 | 型钢为主、钢管为主、圆（方）钢为主 | 14. 轻钢屋架，是指每榀质量<1t 的钢屋架 |
| | | 15. 钢梁制作、安装执行钢吊车梁制作、安装子目 |
| 钢漏斗 6-1-32～33 | 方形、圆形 | 16. 本章钢栏杆制作，仅适用于工业厂房中平台、操作台的钢栏杆。工业厂房中的楼梯、阳台、走廊的装饰性钢栏杆，民用建筑中的各种装饰性钢栏杆，均按其他章相应规定计算 |
| 钢零星构件 6-1-34 | | 17. 本定额的钢网架制作，按平面网架结构考虑，如设计成筒壳、球壳及其他曲面状，构件制作定额的人工、机械乘以系数 1.30，构件安装定额的人工、机械乘以系数 1.20 |
| 螺栓球网架制作 6-1-35 | | |
| 焊接空心球网架制作 6-1-36 | | |

# 第二节　无损探伤检验

| 定额项目设置 | 定额解释 |
|---|---|
| X 射线探伤（板厚≤16mm）6-2-1 | |
| X 射线探伤（板厚≤30mm）6-2-2 | |
| X 射线探伤（板厚≤42mm）6-2-3 | 1. 钢结构无损检测 X 射线焊缝，按不同板厚以"10 张"（胶片）为单位 |
| X 射线探伤（板厚>42mm）6-2-4 | 2. 超声波探伤是对金属板材对接焊缝的超声波探伤，以探伤焊缝长度 10m 为计量单位 |
| 超声波探伤（板厚≤25mm）6-2-5 | |
| 超声波探伤（板厚≤46mm）6-2-6 | |
| 超声波探伤（板厚≤80mm）6-2-7 | |

# 第三节　除　锈

| 定额项目设置 | | 定额解释 |
|---|---|---|
| 金属结构除锈 | 手工 6-3-1 | 1. 本章构件制作项目中，均已包括除锈，刷一遍防锈漆。本章构件制作中要求除锈等级为 Sa2.5 级，设计文件要求除锈等级≤Sa2.5 级时，不另套项；若设计文件要求除锈等级为 Sa3 级，则每定额制作单位增加人工 0.2 工日、机械 10m³/min 电动空气压缩机 0.2 台班 |
| | 动力工具 6-3-2 | 2. 本章构件制作中防锈漆为制作、运输、安装过程中的防护性防锈漆，设计文件规定的防锈、防腐油漆另行计算，制作子目中的防锈漆工料不扣除 |

| 定额项目设置 | | 定额解释 |
|---|---|---|
| 金属结构喷砂除锈 | 石英砂 6-3-3 | 3. 在钢结构安装完成后，防锈漆或防腐漆等涂装前，需对焊缝节点处、连接板、螺栓底漆损坏处等进行除锈处理，此项工程按实际施工方法套用本章相应除锈子目，工程量按制作工程量的10％计算。在编制标底时套用电动工具除中锈 |
| | 河砂 6-3-4 | 4. 成品金属构件或（已套用了金属制作，出厂后的构件）防护性防锈漆超出有效期（构件出场后6个月）发生锈蚀的构件，如需除锈，套用本章除锈相关子目。在编制标底时不予考虑，现场发生时办理签证 |
| 金属结构除锈 | 化学 6-3-5 | 5. 设计文件规定的防锈、防腐油漆应在构件出场后≤6个月进行，否则将发生锈蚀，除锈工作按实施工方案套用 6-3-1～6-3-6 相应子目（该费用由责任方承担）<br>6. 本章除锈子目按照《涂覆涂料前钢材表面处理 表面清洁度的目视评定第 1 部分：未涂覆过的钢材表面和全面清除原有涂层后的金刚材表面的锈蚀等级和处理等级》GB/T 8923.1—2011 中锈蚀等级 C 级考虑除锈至 Sa2.5 级或 St2 级，若除锈前锈蚀等级为 B 级或 D 级，相应定额应分别乘以系数 0.75 或 1.25，相关定义参见该标准 |
| | 抛丸 6-3-6 | |

# 第四节　平台摊销

| 定额项目设置 | | 定额解释 |
|---|---|---|
| 钢屋架、托架、天窗架（平台摊销） | ≤1.5t　6-4-1 | 钢屋架、托架、天窗架制作平台摊销子目，是与钢屋架、托架、天窗架制作子目配套使用的子目，其工程量与钢屋架、托架、天窗架的制作工程量相同。其他金属构件制作不计平台摊销费用 |
| | ≤3t　6-4-2 | |
| | ≤5t　6-4-3 | |
| | ≤10t　6-4-4 | |

# 第五节　金属结构安装

| 定额项目设置 | | 定额解释 |
|---|---|---|
| 钢柱安装 6-5-1～2 | ≤5t、>5t | 1. 本章构件安装未包括堆放地至起吊点运距>15m 的现场范围内的水平运输，发生时按本定额"第十九章　施工运输工程"相应项目计算 |
| 轻钢屋架安装 6-5-3 | | 2. 钢梁制作、安装执行钢吊车梁制作、安装子目 |
| 钢屋架安装（每榀质量） | ≤3t　6-5-4 | 3. 金属构件安装，定额按单机作业编制 |
| | ≤10t 6-5-5 | 4. 本定额中的屋架、托架、钢柱等均按直线考虑，如设计为曲线、折线形构件，构件制作定额的人工、机械乘以系数 1.30，构件安装定额的人工、机械乘以系数 1.20 |
| 吊车梁安装（单根质量） | ≤3t　6-5-6 | 5. 本章单项定额内，均不包括脚手架及安全网的搭拆内容，脚手架及安全网均按相关章节有关规定计算 |
| | ≤15t 6-5-7 | |
| 球型节点钢网架安装 6-5-8 | | 6. 本节金属构件安装子目内，已包括金属构件本体的垂直运输机械。金属构件本体以外工程的垂直运输以及建筑物超高等内容，发生时按照相关章节有关规定计算 |
| 钢天窗架安装 6-5-9 | | 7. 钢柱安装在钢筋混凝土柱上，其人工、机械乘以系数 1.43 |
| 钢托架安装 6-5-10 | | |
| 钢挡风架安装 6-5-11 | | |
| 钢墙架安装 6-5-12 | | |
| 钢檩条安装 6-5-13 | | |
| 柱间钢支撑安装 6-5-14 | | |
| 屋架钢支撑 | 十字型安装 6-5-15 | |
| | 平面组合型安装 6-5-16 | |

续表

| 定额项目设置 | | 定额解释 |
|---|---|---|
| 钢平台安装 6-5-17 | | |
| 钢梯安装 6-5-18 | | |
| 钢栏杆安装 6-5-19 | | |
| 钢漏斗安装 6-5-20 | | |
| 零星钢构件安装 6-5-21 | | |
| 栓钉安装 6-5-22 | | |
| 高强螺栓安装 6-5-23 | | |
| 花篮螺栓安装 6-5-24 | | |
| 压型钢板楼面 6-5-25 | | |
| 轻钢屋架拼装 6-5-26 | | |
| 钢屋架拼装 | ≤3t 6-5-27 | |
| | ≤10t 6-5-28 | |
| 钢天窗架拼装 6-5-29 | | |

# 工程量计算

（1）金属结构制作、安装工程量，按设计图示钢材尺寸以质量计算，不扣除孔眼、切边的质量。焊条、铆钉、螺栓等质量已包括在定额内，不另计算。计算不规则或多边形钢板质量时，均以其最大对角线长度乘以最大宽度的矩形面积计算。如图 2-6-3 所示

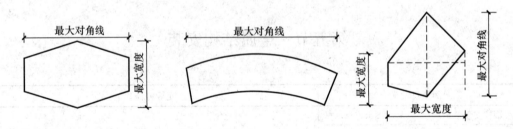

图 2-6-3　金属结构不规则形状面积计算示意图

钢板面积＝最大对角线长度×最大宽度

钢板质量＝钢板面积×板厚×单位质量

（2）实腹柱、吊车梁、H 型钢等均按设计图示尺寸计算，其腹板及翼板宽度按每边增加 25mm 计算。清单工程量按图示计算。

（3）计算钢柱、钢屋架、钢托架及天窗架工程量时，凡与主体构件连接的构件工程量，均并入主体构件工程量内计算。

（4）钢漏斗的制作工程量，矩形按图示分片，圆形按图示展开尺寸，并以钢板宽度分段计算，每段均以其上口长度（圆形以分段展开上口长度）与钢板宽度，按矩形计算，依附漏斗的型钢并入漏斗质量内计算。

（5）钢结构无损检测 X 射线焊缝，按不同板厚以"10 张"（胶片）为单位。工程量按设计规定计算的探伤焊缝总长度除以定额取定的胶片有效长度（250mm），取整计算。

（6）除锈工程量按钢结构构件的质量或面积以 10kg 或 10m² 计算。

（7）高强螺栓、花篮螺栓、剪力栓钉按设计图示以套数计算。

（8）金属板材对接焊缝超声波探伤，以焊缝长度为计量单位。

（9）楼面及平板屋面按设计图示尺寸以铺设水平投影面积计算；屋面为斜坡的，按斜坡面积计算。不扣除单个面积≤0.3m² 的柱、垛及孔洞所占面积。

# 工程预算实例

**【例题 2-6-1】**　计算柱间钢支撑的制作、安装工程量并套定额。

（1）图 2-6-4 中尺寸以 mm 计，钢板标注的是最大对角尺寸；

（2）钢支撑为角钢制作，角钢质量可以查五金手册，也可以用公式算。

**解：**

角钢每米质量＝0.00795×厚×（长边＋短边－厚）

$\qquad\qquad$＝0.00795×6×（75＋50－6）

$\qquad\qquad$＝5.68kg/m

钢板每平方米质量＝7.85×厚＝7.85×8＝62.8kg/m²

角钢重＝5.9×2×5.68＝67.02kg

钢板重＝（0.205×0.21×4）×62.8＝0.1722×62.8＝10.81kg

柱间支撑工程量＝67.02＋10.81＝77.83kg

套定额 6-1-17 柱间钢支撑

$\qquad$6-5-14 柱间钢支撑安装

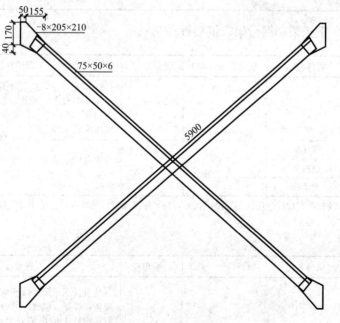

图 2-6-4　柱间钢支撑

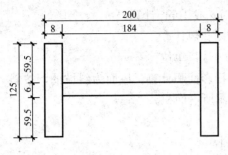

图 2-6-5　H 型钢

【例题 2-6-2】　H 型钢规格为 $200mm \times 125mm \times 6mm \times 8mm$，如图 2-6-5 所示，其长度为 8.75m，求清单及定额工程量。

**解:**

查表得 6mm 钢板的理论质量为 $47.1kg/m^2$，8mm 钢板的理论质量为 $62.8kg/m^2$。

清单工程量:

(1) 6mm 钢板的工程量: $47.1 \times 0.184 \times 8.75 = 75.83kg = 0.0758t$

(2) 8mm 钢板的工程量: $62.8 \times 0.125 \times 8.75 \times 2 = 137.38kg = 0.137t$

合计 $= 0.0758 + 0.137 = 0.213t$

定额工程量:

(1) 6mm 钢板的工程量: $47.1 \times (0.184 + 0.025 \times 2) \times 8.75 = 96.44kg = 0.096t$

(2) 8mm 钢板的工程量: $62.8 \times (0.125 + 0.025 \times 2) \times 8.75 \times 2 = 192.32kg = 0.192t$

合计 $= 0.096 + 0.192 = 0.288t$

# 附: 金属结构工程量清单

## 1　钢网架

| 项目编码 | 项目名称 | 项目特征（略） | 计量单位 | 工程量计算规则 |
|---|---|---|---|---|
| 010601001 | 钢网架 | | t | 按设计图示尺寸以质量计算。不扣除孔眼的质量，焊条、铆钉等不另增加质量 |

## 2　钢屋架、钢托架、钢桁架、钢架桥

| 项目编码 | 项目名称 | 项目特征（略） | 计量单位 | 工程量计算规则 |
|---|---|---|---|---|
| 010602001 | 钢屋架 | | 1. 榀<br>2. t | 1. 以榀计量，按设计图示数量计算<br>2. 以吨计量，按设计图示尺寸以质量计算。不扣除孔眼的质量，焊条、铆钉、螺栓等不另增加质量 |
| 010602002 | 钢托架 | | t | 按设计图示尺寸以质量计算。不扣除孔眼的质量，焊条、铆钉、螺栓等不另增加质量 |
| 010602003 | 钢桁架 | | | |
| 010602004 | 钢架桥 | | | |

注: 以榀计量，按标准图设计的应注明标准图代号，按非标准图设计的在项目特征中必须描述单榀屋架的质量。

## 3　钢柱

| 项目编码 | 项目名称 | 项目特征（略） | 计量单位 | 工程量计算规则 |
|---|---|---|---|---|
| 010603001 | 实腹钢柱 | | t | 按设计图示尺寸以质量计算。不扣除孔眼的质量，焊条、铆钉、螺栓等不另增加质量，依附在钢柱上的牛腿及悬臂梁等并入钢柱工程量内 |
| 010603002 | 空腹钢柱 | | | |

| 项目编码 | 项目名称 | 项目特征（略） | 计量单位 | 工程量计算规则 |
|---|---|---|---|---|
| 010603003 | 钢管柱 | | t | 按设计图示尺寸以质量计算。不扣除孔眼的质量，焊条、铆钉、螺栓等不另增加质量，钢管柱上的节点板、加强环、内衬管、牛腿等并入钢管柱工程量内 |

注：1. 实腹钢柱类型指十字、T、L、H 形等。
  2. 空腹钢柱类型指箱形、格构式等。
  3. 型钢混凝土柱浇筑钢筋混凝土，其混凝土和钢筋应按"第五章 钢筋及混凝土工程"中相关清单项目编码列项。

### 4 钢梁

| 项目编码 | 项目名称 | 项目特征 | 计量单位 | 工程量计算规则 |
|---|---|---|---|---|
| 010604001 | 钢梁 | | t | 按设计图示尺寸以质量计算。不扣除孔眼的质量，焊条、铆钉、螺栓等不另增加质量，制动梁、制动板、制动桁架、车挡并入钢吊车梁工程量内 |
| 010604002 | 钢吊车梁 | | | |

注：1. 梁类型指 H、L、T 形及箱形、格构式等。
  2. 型钢混凝土梁浇筑钢筋混凝土，其混凝土和钢筋应按"第五章 钢筋及混凝土工程"中相关清单项目编码列项。

### 5 钢板楼板、墙板

| 项目编码 | 项目名称 | 项目特征（略） | 计量单位 | 工程量计算规则 |
|---|---|---|---|---|
| 010605001 | 钢板楼板 | | m² | 按设计图示尺寸以铺设水平投影面积计算。不扣除单个≤0.3m² 的柱、垛及孔洞所占面积 |
| 010605002 | 钢板墙板 | | | 按设计图示尺寸以铺挂展开面积计算。不扣除单个面积≤0.3m² 的梁、孔洞所占面积，包角、包边、窗台泛水等不另加面积 |

注：1. 板上浇筑钢筋混凝土，其混凝土和钢筋应按"第五章 钢筋及混凝土工程"中相关清单项目编码列项。
  2. 压型钢楼板按本表中钢板楼板项目编码列项。

### 6 钢构件

| 项目编码 | 项目名称 | 项目特征（略） | 计量单位 | 工程量计算规则 |
|---|---|---|---|---|
| 010606001 | 钢支撑、钢拉条 | | t | 按设计图示尺寸以质量计算。不扣除孔眼的质量，焊条、铆钉、螺栓等不另增加质量 |
| 010606002 | 钢檩条 | | | |
| 010606003 | 钢天窗架 | | | |
| 010606004 | 钢挡风架 | | | |
| 010606005 | 钢墙架 | | | |
| 010606006 | 钢平台 | | | |
| 010606007 | 钢走道 | | | |
| 010606008 | 钢梯 | | | |
| 010606009 | 钢护栏 | | | |
| 010606010 | 钢漏斗 | | | 按设计图示尺寸以质量计算。不扣除孔眼的质量，焊条、铆钉、螺栓等不另增加质量，依附于漏斗或天沟的型钢并入漏斗或天沟工程量内 |
| 010606011 | 钢板天沟 | | | |

续表

| 项目编码 | 项目名称 | 项目特征（略） | 计量单位 | 工程量计算规则 |
|---|---|---|---|---|
| 010606012 | 钢支架 | | t | 按设计图示尺寸以质量计算。不扣除孔眼的质量，焊条、铆钉、螺栓等不另增加质量 |
| 010606013 | 零星钢构件 | | | |

注：1. 钢墙架项目包括墙架柱、墙架梁和连接杆件。
　　2. 钢支撑、钢拉条类型指单式、复式；钢檩条类型指型钢式、格构式；钢漏斗形式指方形、圆形；天沟形式指矩形沟或半圆形沟。
　　3. 加工铁件等小型构件，按本表中零星钢构件项目编码列项。

## 7　金属制品

| 项目编码 | 项目名称 | 项目特征（略） | 计量单位 | 工程量计算规则 |
|---|---|---|---|---|
| 010607001 | 成品空调金属百叶护栏 | | m² | 按设计图示尺寸以框外围展开面积计算 |
| 010607002 | 成品栅栏 | | | |
| 010607003 | 成品雨篷 | | 1. m<br>2. m² | 1. 以米计量，按设计图示接触边长度计算<br>2. 以平方米计量，按设计图示尺寸以展开面积计算 |
| 010607004 | 金属网栏 | | | 按设计图示尺寸以框外围展开面积计算 |
| 010607005 | 砌块墙钢丝网加固 | | m² | 按设计图示尺寸以面积计算 |
| 010607006 | 后浇带金属网 | | | |

注：抹灰钢丝网加固按本表中砌块墙钢丝网加固项目编码列项。

## 8　相关问题及说明

（1）金属构件的切边，不规则及多边形钢板发生的损耗在综合单价中考虑。

（2）防火要求指耐火极限。

# 第七章 木结构工程

（1）本章定额包括木屋架、木构件、屋面木基层三节。

（2）木材木种均以一、二类木种取定。若采用三、四类木种时，相应项目人工和机械乘以系数1.35。

（3）木材木种分类如下：

一类：红松、水桐木、樟子松；

二类：白松（方杉、冷杉）、杉木、杨木、柳木、椴木；

三类：青松、黄花松、秋子木、马尾松、东北榆木、柏木、苦木、梓木、黄菠萝、椿木、楠木、柚木、樟木；

四类：栎木（柞木）、檀木、色木、槐木、荔木、麻栗木、桦木、荷木、水曲柳、华北榆木。

（4）本章材料中的"锯成材"是指方木、一等硬木方、一等木方、一等方托木、装修材、木板材和板方材等的统称。

（5）定额中木材以自然干燥条件下的含水率编制，需人工干燥时，另行计算。

## 第一节 木 屋 架

| 定额项目设置 | | | 定额解释与工程量计算 |
|---|---|---|---|
| 人字屋架制作安装 | 圆木人字屋架制作安装（跨度 m）7-1-1～2 | ≤10、>10 | **定额解释**<br>1. 钢木屋架，系指下弦杆件为钢材，其他受压杆件为木材的屋架<br>2. 屋架跨度是指屋架两端上、下弦中心线交点之间的距离<br>3. 木屋架、钢木屋架定额项目中的钢板、型钢、圆钢，设计与定额不同时，用量可按设计数量另加6％损耗调整，其他不变<br>4. 钢木屋架中钢杆件的用量已包括在相应定额子目内，设计与定额不同时，可按设计数量另加6％损耗调整，其他不变<br>**工程量计算**<br>1. 木屋架的工程量按设计图示尺寸以体积计算，附属其上的木夹板、垫木、风撑、挑檐木、檩条、三角条均按木料体积并入屋架、檩条工程量内。单独挑檐木并入檩条工程量内。檩托木、檩垫木已包括在定额项目内，不另计算<br>2. 钢木屋架的工程量按设计图示尺寸以体积计算，只计算木杆件的体积。后备长度、配置损耗以及附属于屋架的垫木等已并入屋架子目内，不另计算<br>3. 支撑屋架的混凝土垫块，按本定额"第五章 钢筋及混凝土工程"中的有关规定计算<br>4. 带气楼屋架的气楼部分及马尾、折角和正交部分半屋架，并入相连接屋架的体积内计算 |
| | 方木人字屋架制作安装（跨度 m）7-1-3～4 | | |
| 钢木屋架制作安装 | 圆木钢屋架制作安装（跨度 m）7-1-5～7 | ≤15、≤20、≤25 | |
| | 方木钢屋架制作安装（跨度 m）7-1-8～10 | | |

# 第二节　木　构　件

| 定额项目设置 | 工程量计算 |
| --- | --- |
| 圆木柱 7-2-1 | |
| 方木柱 7-2-2 | |
| 圆木梁（直径≤240mm）　7-2-3 | 1. 木柱、木梁按设计图示尺寸以体积计算 |
| 圆木梁（直径＞240mm）　7-2-4 | 2. 木楼梯按水平投影面积计算，不扣除宽度≤300mm 的楼梯井面 |
| 方木梁（周长≤1m）　7-2-5 | 积，踢脚板、平台和伸入墙内部分不另计算 |
| 方木梁（周长＞1m）　7-2-6 | |
| 木楼梯 7-2-7 | |

# 第三节　屋面木基层

| 定额项目设置 | | | 定额解释与工程量计算 |
| --- | --- | --- | --- |
| 方木檩条 7-3-1 | | | 定额解释 |
| 圆木檩条 7-3-2 | | | 1. 屋面木基层是指屋架上弦以上至屋面瓦以下的结构部分 |
| 屋面板制作 | 15mm 厚 | 平口 7-3-3 | 2. 木屋面板，定额按板厚 15mm 编制。设计与定额不同时，锯成材 |
| | | 错口 7-3-4 | （木板材）用量可以调整，其他不变（木板材的损耗率平口为 4.4%， |
| | 15mm 厚一面刨光 | 平口 7-3-5 | 错口为 13%） |
| | | 错口 7-3-6 | 3. 封檐板、博风板，定额按板厚 25mm 编制，设计与定额不同时， |
| 檩木上钉屋面板 7-3-7 | | | 锯成材（木板材）可按设计用量另加 23% 损耗调整，其他不变 |
| 檩木上钉屋面板、油毡挂瓦条 7-3-8 | | | 工程量计算 |
| 檩木上钉椽板 7-3-9 | | | 1. 檩条工程量按设计图示尺寸以体积计算，附属于其上的木夹板、垫木、风撑、挑檐木、檩条、三角条均按木料体积并入屋架、檩条工程量内。单独挑檐木并入檩条工程量内。檩托木、檩垫木已包括在定额项目内，不另计算 |
| 封檐板、博风板 | 高≤200mm　7-3-10 | | 2. 檩木按设计图示尺寸以体积计算。檩垫木或钉在屋架上的檩托木已包括在定额内，不另计算。简支檩长度按设计规定计算，设计未规定者，按屋架或山墙中距增加 200mm 计算，如两端出山，檩条长度算至博风板；连续檩接头部分按全部连续檩的总体积增加 5% 计算 |
| | 高≤300mm　7-3-11 | | 3. 屋面板制作、檩木上钉屋面板、油毡挂瓦条、钉椽板项目按设计图示屋面的斜面积计算。天窗挑出部分面积并入屋面工程量内计算，天窗挑檐重叠部分按设计规定计算，不扣除截面积≤0.3m² 的屋面烟囱、风帽底座、风道及斜沟等部分所占面积 |
| 屋面上人孔 7-3-12 | | | 4. 封檐板按设计图示檐口外围长度计算。博风板按斜长度计算，每个大刀头增加长度 500mm |
| | | | 5. 屋面上人孔按设计图示数量以"个"为单位计算 |

# 重点、难点分析

1. 钢木屋架的工程量计算

钢木屋架的工程量计算与其下弦节数和上弦坡度有直接关系，都可以通过解直角三角形求得。

常见六节、1/4 坡钢木屋架，如图 2-7-1 所示。

其上弦和四根斜杆均为木材；其下弦和五根立杆均为钢材（圆钢或型钢），五根立杆将跨度平均分为六份，上弦对于下弦的仰角 $a$ 为 $26°33'54.18''$，即 1/4 坡。

（1）常见六节、1/4 坡钢木屋架各杆件中心线长度（未考虑其下弦起拱因素），如下：

钢杆件：下弦＝$L$；中立杆＝$0.2500 \cdot L$；立杆 1＝$0.1667 \cdot L$；立杆 2＝$0.0833 \cdot L$；

木杆件：上弦＝$0.5590 \cdot L$；斜杆 1＝$0.2357 \cdot L$；斜杆 2＝$0.1863 \cdot L$。

（2）由于钢木屋架的工程量只计算木杆件的体积量，其后备长度及配置损耗已包括在定额内，不另计算，所以：

$$钢木屋架工程量（m^3）＝\sum_{i=1}^{n}（木杆件中心线长度×相应断面面积）＋挑檐木体积$$

由于钢杆件的用量已包括在子目内，设计与定额不同时，可以调整，所以：钢杆件设

$$计消耗量（m^3）＝\sum_{i=1}^{n}（钢杆件中心线长度×相应单位长度质量）×(1＋6\%)$$

2. 马尾、正交和折角

一般坡屋面为前、后两面坡，有的屋面为四面坡。四面坡屋面两端的坡，称为马尾。带气楼屋架的气楼部分及马尾、折角和正交部分半屋架（见图 2-7-2），并入相连接屋架的体积内计算。

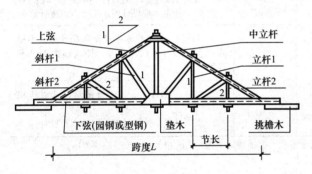

图 2-7-1 六节、1/4 坡钢木屋架

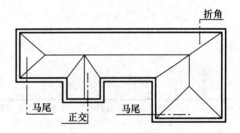

图 2-7-2 马尾、正交和拆角

3. 普通瓦屋面构造

普通瓦屋面构造如图 2-7-3 所示。

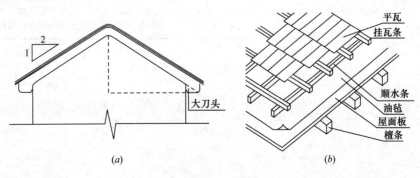

图 2-7-3 普通瓦屋面构造

（a）博风板；（b）屋面结构

# 附：木结构工程量清单

## 1　木屋架

| 项目编码 | 项目名称 | 项目特征（略） | 计量单位 | 工程量计算规则 |
|---|---|---|---|---|
| 010701001 | 木屋架 | | 1. 榀<br>2. m³ | 1. 以榀计量，按设计图示数量计算<br>2. 以立方米计量，按设计图示尺寸以体积计算 |
| 010701002 | 钢木屋架 | | 榀 | 按设计图示数量计算 |

注：1. 屋架的跨度应以上、下弦中心线两交点之间的距离计算。
　　2. 带气楼的屋架和马尾、折角以及正交部分的半屋架，按相关屋架项目编码列项。
　　3. 以榀计量，按标准图设计的应注明标准图代号，按非标准图设计的在项目特征中必须按本表要求加以描述。

## 2　木构件

| 项目编码 | 项目名称 | 项目特征（略） | 计量单位 | 工程量计算规则 |
|---|---|---|---|---|
| 010702001 | 木柱 | | m³ | 按设计图示尺寸以体积计算 |
| 010702002 | 木梁 | | | |
| 010702003 | 木檩 | | 1. m³<br>2. m | 1. 以立方米计量，按设计图示尺寸以体积计算<br>2. 以米计量，按设计图示尺寸以长度计算 |
| 010702004 | 木楼梯 | | m² | 按设计图示尺寸以水平投影面积计算。不扣除宽度≤300mm的楼梯井，伸入墙内部分不计算 |
| 010702005 | 其他木构件 | | 1. m³<br>2. m | 1. 以立方米计量，按设计图示尺寸以体积计算<br>2. 以米计量，按设计图示尺寸以长度计算 |

注：1. 木楼梯的栏杆（栏板）、扶手，应按"第十五章　其他装饰工程"中的相关清单项目编码列项。
　　2. 以米计量，项目特征必须描述构件规格尺寸。

## 3　屋面木基层

| 项目编码 | 项目名称 | 项目特征（略） | 计量单位 | 工程量计算规则 |
|---|---|---|---|---|
| 010703001 | 屋面木基层 | | m² | 按设计图示尺寸以斜面积计算。不扣除房上烟囱、风帽底座、风道、小气窗、斜沟等所占面积，小气窗的出檐部分不增加面积 |

# 第八章 门窗工程

本章定额包括木门、金属门、金属卷帘门、厂库房大门、特种门、其他门、木窗和金属窗七节。

| 定额项目设置 | | | 定额解释与工程量计算 |
|---|---|---|---|
| 一 木门 | 单独木门框制作安装 8-1-1 | | |
| | 成品木门框安装 8-1-2 | | **定额解释** |
| | 普通成品门扇安装 8-1-3 | | 1. 本章主要为成品门窗安装项目 |
| | 木质防火门安装 8-1-4 | | 2. 木门窗及金属门窗不论现场或附属加工厂制作，均执行本章定额。现场以外至施工现场的水平运输费用可计入门窗单价 |
| | 纱门扇安装 8-1-5 | | 3. 门窗安装项目中，玻璃及合页、插销等一般五金零件均按包含在成品门窗单价内考虑 |
| 二 金属门 | 铝合金 8-2-1～2 | 推拉门、平开门 | 4. 单独木门框制作安装中的门框断面按 55mm×100mm 考虑。实际断面不同时，门窗材的消耗量按设计图示用量另加 18％损耗调整 |
| | 塑钢 8-2-3～4 | | 5. 木窗中的木橱窗是指造型简单、形状规则的普通橱窗 |
| | 彩钢板门 8-2-5 | | 6. 厂库房大门及特种门门扇所用铁件均已列入定额，除成品门附件以外，墙、柱、楼地面等部位的预埋铁件按设计要求另行计算 |
| | 普通钢门 8-2-6 | | 7. 钢木大门为两面板者，定额人工和机械消耗量乘以系数 1.11 |
| | 钢质防火门 8-2-7 | | 8. 电子感应自动门传感装置、电子对讲门和电动伸缩门的安装包括调试用工 |
| | 型钢防盗门 8-2-8 | | 9. 电动伸缩门设计轨道材料和长度与定额不同时，可调整换算 |
| | 钢质防盗门 8-2-9 | | **工程量计算** |
| 三 金属卷帘门 | 卷帘门 8-3-1～2 | 铝合金、镀锌钢板 | 1. 各类门窗安装工程量，除注明者外，均按图示门窗洞口面积计算 |
| | 卷帘门安装电动装置 8-3-3 | | 2. 门连窗的门和窗安装工程量，应分别计算，窗的工程量算至门框外边线 |
| | 活动小门 8-3-4 | | 3. 木门框按设计框外围尺寸以长度计算 |
| 四 厂库房大门、特种门 | 厂库房大门 / 木板大门 | 平开 8-4-1 | 4. 金属卷帘门安装工程量按洞口高度增加 600mm 乘以门实际宽度以面积计算；若有活动小门，应扣除卷帘门中小门所占面积。电动装置安装以"套"为单位按数量计算，小门安装以"个"为单位按数量计算 |
| | | 推拉 8-4-2 | |
| | 厂库房大门 / 钢木大门 | 平开 8-4-3 | 5. 普通成品门、木质防火门、纱门扇、成品窗扇、纱窗扇、百叶窗（木）、铝合金纱窗扇和塑钢纱窗扇等安装工程量均按扇外围面积计算 |
| | | 推拉 8-4-4 | |
| | 厂库房大门 / 全钢板大门 | 平开式 8-4-5 | 6. 木橱窗安装工程量按扇外围面积计算 |
| | | 推拉式 8-4-6 | 7. 电子感应自动门传感装置、全玻转门、电子对讲门、电动伸缩门均以"套"为单位按数量计算 |
| | | 折叠式 8-4-7 | |
| | 特种门 | 冷藏库门 8-4-8 | |
| | | 冷藏冻结间门 8-4-9 | |
| | | 保温隔声门 8-4-10 | |
| | | 变电室门 8-4-11 | |
| | | 射线防护门 8-4-12 | |
| | | 钢木折叠门 8-4-13 | |
| 五 其他门 | 电子感应自动门传感装置 8-5-1 | | |
| | 不锈钢柱全玻转门（直径 3.6m、玻璃厚 12mm）8-5-2 | | |
| | 电子对讲门 8-5-3 | | |
| | 电动伸缩门 8-5-4 | | |

续表

| 定额项目设置 | | | 定额解释与工程量计算 |
|---|---|---|---|
| 六木窗 | 成品窗扇 8-6-1 | | |
| | 木橱窗 8-6-2 | | |
| | 纱窗扇 8-6-3 | | |
| | 百叶窗 8-6-4 | | |
| 七金属窗 | 铝合金 | 推拉窗 8-7-1 | |
| | | 平开窗 8-7-2 | |
| | | 固定窗 8-7-3 | |
| | | 百叶窗 8-7-4 | |
| | | 纱窗 8-7-5 | |
| | 塑钢 | 推拉窗 8-7-6 | |
| | | 平开窗 8-7-7 | |
| | | 固定窗 8-7-8 | |
| | | 百叶窗 8-7-9 | |
| | | 纱窗 8-7-10 | |
| | 彩钢板窗 8-7-11 | | |
| | 普通钢窗 8-7-12～13 | 单层、双层 | |
| | 组合钢窗 8-7-14 | | |
| | 金属防火窗 8-7-15 | | |
| | 防盗格栅窗 8-7-16～17 | 圆钢、不锈钢 | |

# 附：门窗工程量清单

## 1 木门

| 项目编码 | 项目名称 | 项目特征（略） | 计量单位 | 工程量计算规则 |
|---|---|---|---|---|
| 010801001 | 木质门 | | 1. 樘<br>2. m² | 1. 以樘计量，按设计图示数量计算<br>2. 以平方米计量，按设计图示洞口尺寸以面积计算 |
| 010801002 | 木质门带套 | | | |
| 010801003 | 木质连窗门 | | | |
| 010801004 | 木质防火门 | | | |
| 010801005 | 木门框 | | 1. 樘<br>2. m | 1. 以樘计量，按设计图示数量计算<br>2. 以米计量，按设计图示框的中心线以延长米计算 |
| 010801006 | 门锁安装 | | 个（套） | 按设计图示数量计算 |

注：1. 木质门应区分镶板木门、企口木板门、实木装饰门、胶合板门、夹板装饰门、木纱门、全玻门（带木质扇框）、木质半玻门（带木质扇框）等项目，分别编码列项。

2. 木门五金应包括：折页、插销、门碰珠、弓背拉手、搭机、木螺丝、弹簧折页（自动门）、管子拉手（自由门、地弹门）、地弹簧（地弹门）、角铁、门轧头（地弹门、自由门）等。

3. 木质门带套计量按洞口尺寸以面积计算，不包括门套的面积，但门套应计算在综合单价中。

4. 以樘计量，项目特征必须描述洞口尺寸；以平方米计量，项目特征可不描述洞口尺寸。

5. 单独制作安装木门框按木门框项目编码列项。

## 2 金属门

| 项目编码 | 项目名称 | 项目特征（略） | 计量单位 | 工程量计算规则 |
|---|---|---|---|---|
| 010802001 | 金属（塑钢）门 | | 1. 樘<br>2. m² | 1. 以樘计量，按设计图示数量计算<br>2. 以平方米计量，按设计图示洞口尺寸以面积计算 |
| 010802002 | 彩板门 | | | |
| 010802003 | 钢质防火门 | | | |
| 010802004 | 防盗门 | | | |

注：1. 金属门应区分金属平开门、金属推拉门、金属地弹门、全玻门（带金属扇框）、金属半玻门（带金属扇框）等项目，分别编码列项。

2. 铝合金门五金包括：地弹簧、门锁、拉手、门插、门铰、螺丝等。

3. 金属门五金包括：L形执手插锁（双舌）、执手锁（单舌）、门轨头、地锁、防盗门机、门眼（猫眼）、门碰珠、电子锁（磁卡锁）、闭门器、装饰拉手等。

4. 以樘计量，项目特征必须描述洞口尺寸，没有洞口尺寸必须描述门框或扇外围尺寸；以平方米计量，项目特征可不描述洞口尺寸及门框、扇的外围尺寸。

5. 以平方米计量，无设计图示洞口尺寸时，按门框、扇外围以面积计算。

## 3 金属卷帘（闸）门

| 项目编码 | 项目名称 | 项目特征（略） | 计量单位 | 工程量计算规则 |
|---|---|---|---|---|
| 010803001 | 金属卷帘（闸）门 | | 1. 樘<br>2. m² | 1. 以樘计量，按设计图示数量计算<br>2. 以平方米计量，按设计图示洞口尺寸以面积计算 |
| 010803002 | 防火卷帘（闸）门 | | | |

注：以樘计量，项目特征必须描述洞口尺寸；以平方米计量，项目特征可不描述洞口尺寸。

## 4 厂库房大门、特种门

| 项目编码 | 项目名称 | 项目特征（略） | 计量单位 | 工程量计算规则 |
|---|---|---|---|---|
| 010804001 | 木板大门 | | 1. 樘<br>2. m² | 1. 以樘计量，按设计图示数量计算<br>2. 以平方米计量，按设计图示洞口尺寸以面积计算 |
| 010804002 | 钢木大门 | | | |
| 010804003 | 全钢板大门 | | | |
| 010804004 | 防护铁丝门 | | | 1. 以樘计量，按设计图示数量计算<br>2. 以平方米计量，按设计图示门框或扇以面积计算 |
| 010804005 | 金属格栅门 | | | 1. 以樘计量，按设计图示数量计算<br>2. 以平方米计量，按设计图示洞口尺寸以面积计算 |
| 010804006 | 钢质花饰大门 | | | 1. 以樘计量，按设计图示数量计算<br>2. 以平方米计量，按设计图示门框或扇以面积计算 |
| 010804007 | 特种门 | | | 1. 以樘计量，按设计图示数量计算<br>2. 以平方米计量，按设计图示洞口尺寸以面积计算 |

注：1. 特种门应区分冷藏门、冷冻间门、保温门、变电室门、隔声门、防射线门、人防门、金库门等项目，分别编码列项。

2. 以樘计量，项目特征必须描述洞口尺寸，没有洞口尺寸必须描述门框或扇外围尺寸；以平方米计量，项目特征可不描述洞口尺寸及门框、扇的外围尺寸。

3. 以平方米计量，无设计图示洞口尺寸时，按门框、扇外围以面积计算。

## 5 其他门

| 项目编码 | 项目名称 | 项目特征（略） | 计量单位 | 工程量计算规则 |
|---|---|---|---|---|
| 010805001 | 电子感应门 | | | |
| 010805002 | 旋转门 | | | |
| 010805003 | 电子对讲门 | | 1. 樘<br>2. m² | 1. 以樘计量，按设计图示数量计算<br>2. 以平方米计量，按设计图示洞口尺寸以面积计算 |
| 010805004 | 电动伸缩门 | | | |
| 010805005 | 全玻自由门 | | | |
| 010805006 | 镜面不锈钢饰面门 | | | |
| 010805007 | 复合材料门 | | | |

注：1. 以樘计量，项目特征必须描述洞口尺寸，没有洞口尺寸必须描述门框或扇外围尺寸；以平方米计量，项目特征可不描述洞口尺寸及门框、扇的外围尺寸。

2. 以平方米计量，无设计图示洞口尺寸时，按门框、扇外围以面积计算。

## 6 木窗

| 项目编码 | 项目名称 | 项目特征（略） | 计量单位 | 工程量计算规则 |
|---|---|---|---|---|
| 010806001 | 木质窗 | | | 1. 以樘计量，按设计图示数量计算<br>2. 以平方米计量，按设计图示洞口尺寸以面积计算 |
| 010806002 | 木飘（凸）窗 | | 1. 樘<br>2. m² | 1. 以樘计量，按设计图示数量计算<br>2. 以平方米计量，按设计图示尺寸以框外围展开面积计算 |
| 010806003 | 木橱窗 | | | |
| 010806004 | 木纱窗 | | | 1. 以樘计量，按设计图示数量计算<br>2. 以平方米计量，按框的外围尺寸以面积计算 |

注：1. 木质窗应区分木百叶窗、木组合窗、木天窗、木固定窗、木装饰空花窗等项目，分别编码列项。

2. 以樘计量，项目特征必须描述洞口尺寸，没有洞口尺寸必须描述窗框外围尺寸；以平方米计量，项目特征可不描述洞口尺寸及窗框的外围尺寸。

3. 以平方米计量，无设计图示洞口尺寸时，按窗框外围尺寸以面积计算。

4. 木橱窗、木飘（凸）窗以樘计量，项目特征必须描述框截面面积及外围展开面积。

5. 木窗五金包括：折页、插销、风钩、木螺丝、滑轮滑轨（推拉窗）等。

## 7 金属窗

| 项目编码 | 项目名称 | 项目特征（略） | 计量单位 | 工程量计算规则 |
|---|---|---|---|---|
| 010807001 | 金属（塑钢、断桥）窗 | | | 1. 以樘计量，按设计图示数量计算<br>2. 以平方米计量，按设计图示洞口尺寸以面积计算 |
| 010807002 | 金属防火窗 | | | |
| 010807003 | 金属百叶窗 | | | |
| 010807004 | 金属纱窗 | | 1. 樘<br>2. m² | 1. 以樘计量，按设计图示数量计算<br>2. 以平方米计量，按框的外围尺寸以面积计算 |
| 010807005 | 金属格栅窗 | | | 1. 以樘计量，按设计图示数量计算<br>2. 以平方米计量，按设计图示洞口尺寸以面积计算 |
| 010807006 | 金属（塑钢、断桥）橱窗 | | | 1. 以樘计量，按设计图示数量计算<br>2. 以平方米计量，按框的外围尺寸以面积计算 |
| 010807007 | 金属（塑钢、断桥）飘（凸）窗 | | | |

| 项目编码 | 项目名称 | 项目特征（略） | 计量单位 | 工程量计算规则 |
|---|---|---|---|---|
| 010807008 | 彩板窗 | | | 1. 以樘计量，按设计图示数量计算 |
| 010807009 | 复合材料窗 | | | 2. 以平方米计量，按设计图示尺寸或框的外围尺寸以面积计算 |

注：1. 金属窗应区分金属组合窗、防盗窗等项目，分别编码列项。
　　2. 以樘计量，项目特征必须描述洞口尺寸，没有洞口尺寸必须描述窗框外围尺寸；以平方米计量，项目特征可不描述洞口尺寸及框的外围尺寸。
　　3. 以平方米计量，无设计图示洞口尺寸，按窗框外围尺寸以面积计算。
　　4. 金属橱窗、飘（凸）窗以樘计量，项目特征必须描述框外围尺寸以面积计算。
　　5. 金属窗五金包括：折页、螺丝、执手、卡锁、铰拉、风撑、滑轮、滑轨、拉把、拉手、角码、牛角制等。

### 8　门窗套

| 项目编码 | 项目名称 | 项目特征（略） | 计量单位 | 工程量计算规则 |
|---|---|---|---|---|
| 010808001 | 木门窗套 | | | 1. 以樘计量，按设计图示数量计算 |
| 010808002 | 木筒子板 | | | 2. 以平方米计量，按设计图示尺寸以展开面积计算 |
| 010808003 | 饰面夹板筒子板 | | | 3. 以米计量，按设计图示中心线以延长米计算 |
| 010808004 | 金属门窗套 | | 1. 樘<br>2. m²<br>3. m | |
| 010808005 | 石材门窗套 | | | |
| 010808006 | 门窗木贴脸 | | | 1. 以樘计量，按设计图示数量计算<br>2. 以米计量，按设计图示尺寸以延长米计算 |
| 010808007 | 成品木门窗套 | | | 1. 以樘计量，按设计图示数量计算<br>2. 以平方米计量，按设计图示尺寸以展开面积计算<br>3. 以米计量，按设计图示中心线以延长米计算 |

注：1. 以樘计量，项目特征必须描述洞口尺寸、门窗套展开宽度。
　　2. 以平方米计量，项目特征可不描述洞口尺寸、门窗套展开宽度。
　　3. 以米计量，项目特征必须描述门窗套展开宽度、筒子板及贴脸宽度。
　　4. 木门窗套适用于单独门窗套的制作、安装。

### 9　窗台板

| 项目编码 | 项目名称 | 项目特征（略） | 计量单位 | 工程量计算规则 |
|---|---|---|---|---|
| 010809001 | 木窗台板 | | | |
| 010809002 | 铝塑窗台板 | | m² | 按设计图示尺寸以展开面积计算 |
| 010809003 | 金属窗台板 | | | |
| 010809004 | 石材窗台板 | | | |

### 10　窗帘、窗帘盒、轨

| 项目编码 | 项目名称 | 项目特征（略） | 计量单位 | 工程量计算规则 |
|---|---|---|---|---|
| 010810001 | 窗帘 | | 1. m<br>2. m² | 1. 以米计量，按设计图示尺寸以成活后长度计算<br>2. 以平方米计量，按设计图示尺寸以成活后展开面积计算 |

续表

| 项目编码 | 项目名称 | 项目特征（略） | 计量单位 | 工程量计算规则 |
|---|---|---|---|---|
| 010810002 | 木窗帘盒 | | | |
| 010810003 | 饰面夹板、塑料窗帘盒 | | m | 按设计图示尺寸以长度计算 |
| 010810004 | 铝合金窗帘盒 | | | |
| 010810005 | 窗帘轨 | | | |

注：1. 窗帘若是双层，项目特征必须描述每层材质。

　　2. 窗帘以米计量，项目特征必须描述窗帘高度和宽度。

# 第九章　屋面及防水工程

## 一、 本章内容

本章定额包括屋面工程、防水工程、屋面排水、变形缝与止水带四节。

## 二、 工程取费类别

以单位工程为划分对象，建筑工程与装饰工程均为一个完整单项工程中相互独立的单位工程。屋面工程是建筑工程中的一个分部工程，因此，屋面工程中的找平层在执行第十一章楼地面装饰工程第一节找平层中相应子目时，应按照建筑工程进行取费。

## 三、 屋面常用材料

屋面常用材料见图 2-9-1～图 2-9-6。

图 2-9-1　黏土瓦

图 2-9-2　水泥瓦

图 2-9-3　石棉瓦

图 2-9-4　彩钢压型板

图 2-9-5　西班牙瓦

图 2-9-6　琉璃瓦筒
与瓦面

# 第一节 屋 面 工 程

| 定额项目设置 | | | 定额解释与工程量计算 |
|---|---|---|---|
| 普通黏土瓦 | 屋面板上或椽子挂瓦条上铺设 | 9-1-1 | |
| | 钢、混凝土檩条上铺钉苇箔三层铺泥挂瓦 | 9-1-2 | |
| | 混凝土板上浆贴 | 9-1-3 | |
| 小青瓦椽子上铺设 | | 9-1-4 | |
| 水泥瓦混凝土板上浆贴 | | 9-1-5 | |
| 西班牙瓦 | 屋面板上或椽子挂瓦条上铺设 | 9-1-6 | |
| | 正斜脊 | 9-1-7 | |
| 瓷质波形瓦 | 屋面板上或椽子挂瓦条上铺设 | 9-1-8 | |
| | 正斜脊 | 9-1-9 | |
| 英红瓦屋面 | | 9-1-10 | |
| 英红瓦正斜脊 | | 9-1-11 | |
| 琉璃瓦 | 平面上铺设 | 9-1-12 | |
| | 斜面上铺设 | 9-1-13 | |
| | 檐口线 | 9-1-14 | |
| | 脊瓦 | 9-1-15 | |
| 小波石棉瓦 | 木檩条（木板）上铺钉 | 9-1-16 | |
| | 混凝土檩条（混凝土板）上铺钉 | 9-1-17 | |
| | 钢檩条上铺钉 | 9-1-18 | |
| 大波石棉瓦 | 木檩条（木板）上铺钉 | 9-1-19 | |
| | 混凝土檩条（混凝土板）上铺钉 | 9-1-20 | |
| | 钢檩条上铺钉 | 9-1-21 | |
| 沥青瓦屋面 | | 9-1-22 | |
| 钢（木）檩条上铺钉镀锌瓦垄铁皮 | | 9-1-23 | |
| 檩条或基层混凝土（钢）板面上 | 单层彩钢板 | 9-1-24 | |
| | 彩钢夹心板 | 9-1-25 | |
| 单层彩钢板 W-550 压型板屋面（檩距 m） | ≤1.5 | 9-1-26 | |
| | ≤2.5 | 9-1-27 | |
| | ≤3.5 | 9-1-28 | |
| 阳光板 | 铝合金龙骨上安装 | 9-1-29 | |
| | 钢龙骨上安装 | 9-1-30 | |
| 中空玻璃 9-1-31~32 | 铝龙骨上安装 | | |
| 钢化玻璃 9-1-33 | 钢龙骨上安装 | | |
| 膜结构屋面 9-1-34 | | | |
| 屋面保温层透气管制作安装 | | 9-1-35 | |

定额解释

1. 本节考虑块瓦屋面、波形瓦屋面、沥青瓦屋面、采光板屋面和膜结构屋面五种屋面面层形式。屋架、基层、檩条等项目按其材质分别按相应项目计算，找平层按本定额"第十一章 楼地面装饰工程"的相应项目执行，屋面保温按本定额"第十章 保温、隔热、防腐工程"的相应项目执行，屋面防水层按本章第二节相应项目计算

2. 设计瓦屋面材料规格与定额规格（定额未注明具体规格的除外）不同时，可以换算，其他不变。波形瓦屋面采用纤维水泥、沥青、树脂、塑料等不同材质的波形瓦时，材料可以换算，人工、机械不变

3. 瓦屋面琉璃瓦面如实际使用盾瓦者，每 10m 的脊瓦长度，单侧增计盾瓦 50 块，其他不变。如增加勾头、博古等另行计算

4. 一般金属板屋面，执行彩钢板和彩钢夹心板子目，成品彩钢板和彩钢夹心板包含铆钉、螺栓、封檐板、封口（边）条等用量，不另计算。装配式单层金属压型板屋面区分檩距不同执行定额子目，金属屋面板材质和规格不同时，可以换算，人工、机械不变

5. 采光板屋面和玻璃采光顶，其支撑龙骨含量不同时，可以调整，其他不变。采光板屋面如设计为滑动式采光顶，可以按设计增加 U 形滑动盖帽等部件调整材料消耗量，人工乘以系数 1.05

6. 膜结构屋面的钢支柱、锚固支座混凝土基础等执行其他章节相应项目

7. 屋面以坡度≤25％为准，坡度＞25％及人字形、锯齿形、弧形等不规则屋面，人工乘以系数 1.30；坡度＞45％的，人工乘以系数 1.43

8. 屋面瓦若穿铁丝钉圆钉，每 10m² 增加 1.1 工日，增加镀锌低碳钢丝 22 号 0.35kg，圆钉 0.25kg；若用挂瓦条，每 10m² 增加 0.4 工日，增加挂瓦条（尺寸 25mm×30mm）30.03m，圆钉 0.25kg

工程量计算

1. 各种屋面和型材屋面（包括挑檐部分），均按设计图示尺寸以面积计算（斜屋面按斜面面积计算），不扣除房上烟囱、风帽底座、风道、小气窗、斜沟和脊瓦等所占面积，小气窗的出檐部分也不增加

2. 西班牙瓦、瓷质波形瓦、英红瓦屋面的正斜脊瓦、檐口线，按设计图示尺寸以长度计算

3. 琉璃瓦屋面的正斜脊瓦、檐口线，按设计图示尺寸以长度计算。设计要求安装勾头（卷尾）或博古（宝顶）等时，另按"个"计算

4. 采光板屋面和玻璃采光顶屋面按设计图示尺寸以面积计算，不扣除面积≤0.3m² 的孔洞所占面积

5. 膜结构屋面按设计图示尺寸以需要覆盖的水平投影面积计算

| 定额项目设置 | | | 定额解释与工程量计算 |
|---|---|---|---|
| 屋面保温层透气PVC管安装 | | 9-1-36 | |
| 屋面检修口盖板 | | 9-1-37 | |
| 砖砌屋面排气道口 | | 9-1-38 | |
| 混凝土屋面排气道口 | | 9-1-39 | |

# 第二节　防　水　工　程

| 定额项目设置 | | | | 定额解释与工程量计算 |
|---|---|---|---|---|
| 卷材防水 | 沥青玻璃纤维布 | 二布三油 | 平面　9-2-1 | |
| | | | 立面　9-2-2 | |
| | | 每增减一布一油 | 平面　9-2-3 | |
| | | | 立面　9-2-4 | |
| | 玛蹄脂玻璃纤维布 | 二布三油 | 平面　9-2-5 | **定额解释** |
| | | | 立面　9-2-6 | 1. 本节考虑卷材防水、涂料防水、板材防水、刚性防水四种防水形式。项目设置不分室内、室外及防水部位，使用时按设计做法套用相应项目 |
| | | 每增减一布一油 | 平面　9-2-7 | 2. 细石混凝土防水层使用钢筋网时，钢筋网执行其他章节相应项目 |
| | | | 立面　9-2-8 | |
| | 铝箔复合防水层 | | 9-2-9 | 3. 平（屋）面按坡度≤15%考虑，15%＜坡度≤25%的屋面，按相应项目的人工乘以系数1.18；坡度＞25%及人字形、锯齿形、弧形等不规则屋面或平面，人工乘以系数1.30；坡度＞45%的，人工乘以系数1.43 |
| | 改性沥青卷材热熔法 | 二布三油 | 平面　9-2-10 | |
| | | | 立面　9-2-11 | |
| | | 每增减一布一油 | 平面　9-2-12 | 4. 防水卷材、防水涂料及防水砂浆，定额以平面和立面列项，实际施工桩头、地沟、零星部位时，人工乘以系数1.82；单个房间楼地面面积≤8m² 时，人工乘以系数1.30 |
| | | | 立面　9-2-13 | |
| | 改性沥青卷材冷粘法 | 二布三油 | 平面　9-2-14 | 5. 卷材防水附加层套用卷材防水相应项目，人工乘以系数1.82 |
| | | | 立面　9-2-15 | |
| | | 每增减一布一油 | 平面　9-2-16 | 6. 立面是以直形为准编制的，弧形者，人工乘以系数1.18 |
| | | | 立面　9-2-17 | |
| | 高聚物改性沥青自粘卷材自粘法 | 一层 | 平面　9-2-18 | 7. 冷粘法按满铺考虑。点、条铺者按其相应项目的人工乘以系数0.91，胶粘剂乘以系数0.7 |
| | | | 立面　9-2-19 | |
| | | 每增一层 | 平面　9-2-20 | 8. 分隔缝主要包括细石混凝土面层分隔缝、水泥砂浆面层分隔缝两种，缝截面按照15mm×面层厚度考虑，当设计材料与定额材料不同时，材料可以换算，其他不变 |
| | | | 立面　9-2-21 | |
| | 耐根穿刺复合铜胎基改性沥青卷材厂 | | 9-2-22 | **工程量计算** |
| | 聚氯乙烯卷材冷粘法 | 一层 | 平面　9-2-23 | 1. 屋面防水，按设计图示尺寸以面积计算（斜屋面按斜面面积计算），不扣除房上烟囱、风帽底座、风道、屋面小气窗等所占面积，上翻部分也不另计算。屋面的女儿墙、伸缩缝和天窗等处的弯起部分，按设计图示尺寸计算；设计无规定时，伸缩缝、女儿墙、天窗的弯起部分按500mm计算，计入立面工程量内 |
| | | | 立面　9-2-24 | |
| | | 每增一层 | 平面　9-2-25 | |
| | | | 立面　9-2-26 | |
| | 聚氯乙烯卷材热风焊接法 | 一层 | 平面　9-2-27 | 2. 楼地面防水、防潮层按设计图示尺寸以主墙间净面积计算，扣除凸出地面的构筑物、设备基础等所占面积，不扣除间壁墙及单个面积≤0.3m² 的柱、垛、烟囱和孔洞所占面积，平面与立面交接处，上翻高度≤300mm时，按展开面积并入平面工程量内计算；上翻高度＞300mm时，按立面防水层计算 |
| | | | 立面　9-2-28 | |
| | | 每增一层 | 平面　9-2-29 | |
| | | | 立面　9-2-30 | |
| | 高分子自粘胶膜卷材自粘法 | 一层 | 平面　9-2-31 | |
| | | | 立面　9-2-32 | |
| | | 每增一层 | 平面　9-2-33 | |
| | | | 立面　9-2-34 | |

| 定额项目设置 | | | | 定额解释与工程量计算 |
|---|---|---|---|---|
| 涂料、涂膜防水 | 聚合物复合改性沥青防水涂料 | 厚 2mm | 平面 9-2-35 | |
| | | | 立面 9-2-36 | |
| | | 每增减 0.5mm | 平面 9-2-37 | |
| | | | 立面 9-2-38 | |
| | 水乳型普通乳化沥青涂料 | 二布三涂 | 平面 9-2-39 | |
| | | | 立面 9-2-40 | |
| | | 每增减一布一涂 | 平面 9-2-41 | |
| | | | 立面 9-2-42 | |
| | 溶剂型再生胶沥青涂料 | 二布三涂 | 平面 9-2-43 | |
| | | | 立面 9-2-44 | |
| | | 每增减一布一涂 | 平面 9-2-45 | |
| | | | 立面 9-2-46 | |
| | 聚氨酯防水涂膜 | 厚 2mm | 平面 9-2-47 | |
| | | | 立面 9-2-48 | |
| | | 每增减 0.5mm | 平面 9-2-49 | |
| | | | 立面 9-2-50 | |
| | 聚合物水泥防水涂料 | 厚 1mm | 平面 9-2-51 | 3. 墙基防水、防潮层，外墙按外墙中心线长度、内墙按墙体净长度乘以宽度，以面积计算 |
| | | | 立面 9-2-52 | 4. 墙的立面防水、防潮层，不论内墙、外墙，均按设计图示尺寸以面积计算 |
| | | 每增减 0.5mm | 平面 9-2-53 | 5. 基础底板的防水、防潮层按设计图示尺寸以面积计算，不扣除桩头所占面积。桩头处外包防水按桩头投影外扩300mm 以面积计算，地沟处防水按展开面积计算，均计入平面工程量，执行相应规定 |
| | | | 立面 9-2-54 | |
| | 水泥基渗透结晶型防水涂料 | 厚 1mm | 平面 9-2-55 | 6. 屋面、楼地面及墙面、基础底板等，其防水搭接、拼缝、压边、留槎用量已综合考虑，不另行计算；卷材防水附加层按实际铺贴尺寸以面积计算 |
| | | | 立面 9-2-56 | 7. 屋面分隔缝，按设计图示尺寸以长度计算 |
| | | 每增减 0.5mm | 平面 9-2-57 | |
| | | | 立面 9-2-58 | |
| | 冷底子油 | 第一遍 | 9-2-59 | |
| | | 第二遍 | 9-2-60 | |
| 防水表面撒砂粒 | | | 9-2-61 | |
| 塑料防水板 | | | 9-2-62 | |
| 金属防水板 | | | 9-2-63 | |
| 膨润土防水毯 | | | 9-2-64 | |
| 刚性防水 | 细石混凝土 | 厚 40mm | 9-2-65 | |
| | | 每增减 10mm | 9-2-66 | |
| | 水泥砂浆二次抹压 | 厚 20mm | 9-2-67 | |
| | | 每增减 10mm | 9-2-68 | |
| | 防水砂浆掺防水粉 | 厚 20mm | 9-2-69 | |
| | | 每增减 10mm | 9-2-70 | |
| | 防水砂浆掺防水剂 | 厚 20mm | 9-2-71 | |
| | | 每增减 10mm | 9-2-72 | |
| | 聚合物水泥防水砂浆 | 厚 10mm | 9-2-73 | |
| | | 每增减 5mm | 9-2-74 | |
| | 防水砂浆五层做法 | 平面 | 9-2-75 | |
| | | 立面 | 9-2-76 | |
| 分隔缝 | 细石混凝土面层厚 40mm | | 9-2-77 | |
| | 水泥砂浆面层厚 25mm | | 9-2-78 | |
| | 每增减 10mm | | 9-2-79 | |

## 第三节　屋面排水

| 定额项目设置 | | | 定额解释与工程量计算 |
|---|---|---|---|
| 镀锌铁皮排水 | 水落管 9-3-1 | | |
| | 檐沟 9-3-2 | | |
| | 天沟、泛水 9-3-3 | | |
| | 水斗 9-3-4 | | |
| | 水口 9-3-5 | | |
| 铸铁管排水 | 水落管 9-3-6 | | 定额解释 |
| | 雨水口 9-3-7 | | 1. 本节包括屋面镀锌铁皮排水、铸铁管排水、塑料管排水、玻璃钢管排水、镀锌钢管排水、虹吸式排水及种植屋面排水。水落管、水口、水斗均按成品材料现场安装考虑，选用时可以依据排水管材料不同套用相应项目换算材料，人工、机械不变 |
| | 落水斗 9-3-8 | | |
| | 弯头落水口（含箅子板）　　9-3-9 | | |
| 塑料管排水 | 水落管 $\phi \leqslant 110mm$　　9-3-10 | | |
| | 水落管 $\phi > 110mm$　　9-3-11 | | 2. 铁皮屋面及铁皮排水项目内已包括铁皮咬口和搭接的工料 |
| | 檐沟、天沟　　9-3-12 | | 3. 塑料管排水按 PVC 材质水落管、水斗、水口和弯头考虑，实际采用 UPVC、PP（聚丙烯）、ABS（丙烯腈-丁二烯-苯乙烯共聚物）、PB（聚丁烯）等塑料管材或塑料复合管材时，材料可以换算，人工、机械不变 |
| | 落水斗 9-3-13 | | |
| | 弯头落水口 9-3-14 | | |
| | 落水口 9-3-15 | | 4. 若采用不锈钢水落管排水时，执行镀锌钢管排水子目，材料据实换算，人工乘以系数 1.10 |
| | 阳台、雨篷排水短管 9-3-16 | | 5. 种植屋面排水子目仅考虑了屋面滤水层和排（蓄）水层，其找平层、保温层等执行其他章节相应项目，防水层按本章第二节相应项目计算 |
| 玻璃钢管排水 | 水落管 9-3-17 | | |
| | 檐沟、天沟 9-3-18 | | 工程量计算 |
| | 落水斗 9-3-19 | | 1. 水落管、镀锌铁皮天沟、檐沟，按设计图示尺寸以长度计算 |
| | 弯头 90° 9-3-20 | | |
| | 阳台、雨篷排水短管 9-3-21 | | 2. 水斗、水口、雨水口、弯头、短管等，均按数量以"套"计算 |
| 虹吸式排水 | 不锈钢虹吸雨水斗　　9-3-22 | | 3. 种植屋面排水按实际铺设排水层面积计算，不扣除房上烟囱、风帽底座、风道、屋面小气窗及面积 $\leqslant 0.3m^2$ 的孔洞所占面积 |
| | HDPE 水落管 $\phi110$　　9-3-23 | | |
| 镀锌钢管排水 | 水落管 $DN100$　　9-3-24 | | |
| | 阳台、雨篷短管 9-3-25 | | |
| 种植屋面排水 | 土工布过滤层 9-3-26 | | |
| | 凹凸型排水板 9-3-27 | | |
| | 网状交织排水层 9-3-28 | | |
| | 陶粒排水层 9-3-29 | | |

## 第四节　变形缝与止水带

| 定额项目设置 | | 定额解释与工程量计算 |
|---|---|---|
| 油浸麻丝 | 平面 9-4-1 | 定额解释 |
| | 立面 9-4-2 | 1. 变形缝包括建筑物的伸缩缝、沉降缝及抗震缝，适用于屋面、墙面、地基等部位。变形缝嵌填缝子目中，建筑油膏、聚氯乙烯胶泥设计断面取定为 30mm×20mm；油浸木丝板取定为150mm×25mm；其他填料取定为 150mm×30mm。若实际设计断面不同时，用料可以换算，人工不变。调整用量可按下式计算： |
| 沥青玛蹄脂嵌缝 9-4-3 | | |

续表

| 定额项目设置 | | 定额解释与工程量计算 |
|---|---|---|
| 建筑油膏 | 平面 9-4-4 | |
| | 立面 9-4-5 | |
| 沥青砂浆 | 平面 9-4-6 | |
| | 立面 9-4-7 | |
| 油浸木丝板 9-4-8 | | |
| 泡沫塑料填塞 | 平面 9-4-9 | |
| | 立面 9-4-10 | 调整用量＝(设计缝口断面积/定额缝口断面积)×定额用量 |
| 木板盖板 | 平面 9-4-11 | 2. 沥青砂浆填缝设计砂浆不同时，材料可以换算，其他不变 |
| | 立面 9-4-12 | 3. 变形缝盖缝，木板盖板断面取为 200mm×25mm；铝合金盖板厚度取定为 1mm；不锈钢盖板厚度取定为 1mm。如设计不同时，材料可以换算，人工不变 |
| 镀锌铁皮盖板 | 平面 9-4-13 | 4. 紫铜板止水带：厚 2mm，展开宽度 400mm；钢板止水带：厚 3mm，展开宽度 400mm。氯丁橡胶片止水带宽 300mm，涂刷式氯丁胶粘玻璃纤维布止水片宽 350mm，如设计断面不同时，用料可以换算，人工不变 |
| | 立面 9-4-14 | 工程量计算 |
| 铝合金盖板 | 平面 9-4-15 | 变形缝与止水带按设计图示尺寸以长度计算 |
| | 立面 9-4-16 | |
| 不锈钢盖板 | 平面 9-4-17 | |
| | 立面 9-4-18 | |
| 橡胶止水带 9-4-19 | | |
| 塑料止水带 9-4-20 | | |
| 钢板止水带 9-4-21 | | |
| 紫铜板止水带 9-4-22 | | |
| 氯丁胶粘玻璃纤维布止水片（一布二涂） | 湿基层 9-4-23 | |
| | 干基层 9-4-24 | |
| 氯丁橡胶片止水带 9-4-25 | | |

# 重点、难点分析

## 一、屋面定额换算

设计屋面材料规格与定额规格（定额未注明具体规格的除外）不同时，可以换算，其他不变。屋面瓦材的换算公式如下：

设计用量＝[设计实铺面积/(单页有效瓦长×单页有效瓦宽)]×(1＋损耗率)

其中，单页有效瓦长、单页有效瓦宽＝瓦的规格－规范的搭接尺寸。瓦的搭接尺寸见表 2-9-1。

瓦的搭接尺寸（m）    表 2-9-1

| 瓦名称 | 长向搭接 | 短向搭接 | 脊瓦规格 | 搭接 | 损耗率 |
|---|---|---|---|---|---|
| 黏土瓦 0.387×0.218 | 0.080 | 0.033 | 0.455×0.195 | 0.055 | |
| 水泥瓦 0.42×0.33 | 0.085 | 0.033 | 每 10m² 含脊长 1.1m | | |
| 小波石棉瓦 1.82×0.72 | 0.2 | 0.0625×1.5 | 0.85×0.36（含量同上） | 0.07 | 2.5% |
| 大波石棉瓦 2.8×0.994 | 0.2 | 0.1657×1.5 | 0.85×0.46（含量同上） | 0.07 | |
| 西班牙瓦 0.31×0.31 | | | 0.285×0.18 | 0 | |
| 英红瓦 0.42×0.332 | | | 0.42 | 0.075 | |

## 二、屋面工程量计算

（1）各种瓦屋面（包括挑檐部分），均按设计图示尺寸的水平投影面积乘以屋面坡度系数（见表2-9-6），以平方米计算，不扣除房上烟囱、风帽底座、风道、屋面小气窗、斜沟和脊瓦等所占面积，屋面小气窗的出檐部分也不增加。常用计算公式如下：

1）等坡屋面斜铺面积＝屋面水平投影面积×延尺系数；

2）非等坡屋面工程量＝$\sum\limits_{i=1}^{n}$（每一坡度的水平投影面积$S_i$×相应延尺系数$C_i$）；

3）等两坡屋面山墙泛水斜长＝$A$×延尺系数；

4）等四坡屋面斜脊长度＝$A$×隔延尺系数。

上式中：$A$含义如图2-9-7所示，常用延尺系数与隔延尺系数查表2-9-2。

屋面坡度系数表　　　　　　　　　　　　　　　　　表2-9-2

| 坡度 | | | 延尺系数 | 隔延尺系数 |
|---|---|---|---|---|
| $B/A$（$A=1$） | $B/2A$ | 角度$a$ | | |
| 1 | 1/2 | 45° | 1.4142 | 1.7321 |
| 0.75 | | 36°52′ | 1.2500 | 1.6008 |
| 0.70 | | 35° | 1.2207 | 1.5779 |
| 0.666 | 1/3 | 33°40′ | 1.2015 | 1.5620 |
| 0.65 | | 33°01′ | 1.1926 | 1.5564 |
| 0.60 | | 30°58′ | 1.1662 | 1.5362 |
| 0.577 | | 30° | 1.1547 | 1.5270 |
| 0.55 | | 28°49′ | 1.1413 | 1.5170 |
| 0.50 | 1/4 | 26°34′ | 1.1180 | 1.5000 |
| 0.45 | | 24°14′ | 1.0966 | 1.4839 |
| 0.40 | 1/5 | 21°48′ | 1.0770 | 1.4697 |
| 0.35 | | 19°17′ | 1.0594 | 1.4569 |
| 0.30 | | 16°42′ | 1.0440 | 1.4457 |
| 0.25 | | 14°02′ | 1.0308 | 1.4362 |
| 0.20 | 1/10 | 11°19′ | 1.0198 | 1.4283 |
| 0.15 | | 8°32′ | 1.0112 | 1.4221 |
| 0.125 | | 7°8′ | 1.0078 | 1.4191 |
| 0.100 | 1/20 | 5°42′ | 1.0050 | 1.4177 |
| 0.083 | | 4°45′ | 1.0035 | 1.4166 |
| 0.066 | 1/30 | 3°49′ | 1.0022 | 1.4157 |

（2）常见屋面的形式

如图2-9-7所示：

1）$A=A'$且$S=0$时，为等两坡屋面；

2）$A=A'=S$时，为等四坡屋面。

（3）延尺系数等于坡屋面斜长$C$与其在水平面上的投影长$A$之比。

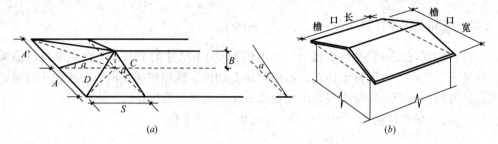

图 2-9-7 等坡屋面示意图

（a）四等坡屋面；（b）两等坡屋面

若坡屋面对水平面的仰角（即坡度角）为 $a$，则：

$$延尺系数 = \frac{C}{A} = \frac{1}{\frac{A}{C}} = \frac{1}{\cos a}$$

（4）斜脊长度系数

隅延尺系数等于等四坡屋面斜脊长度 $D$ 与坡屋面斜长 $C$ 在水平面上的投影长 $A$ 之比。

$$隅延尺系数 = \frac{D}{A} = \left(\frac{A^2+C^2}{A^2}\right)^{1/2} = \left(1+\frac{C^2}{A^2}\right)^{1/2} = \frac{(1+\cos^2 a)^{1/2}}{\cos a}$$

# 工程预算实例

【例题 2-9-1】 某建筑物如图 2-9-8 所示，轴线尺寸 50m×16m，四周女儿墙厚 200mm，女儿墙内立面保温层厚度 60mm。屋面做法：水泥珍珠岩找坡层，最薄 60mm 厚，屋面坡度 $i = 1.5\%$，20mm 厚 1:2.5 水泥砂浆找平层，100mm 厚挤塑保温板，50mm 厚细石混凝土保护层随打随抹平，刷基底处理剂一道，改性沥青卷材热熔法粘贴一层。

答题要求：保温及附属层项目均不计算，只计算防水项目。

解：

（1）由于坡度 $i = 1.5\%$，小于屋面坡度系数表中的最小坡度 0.066，因此，按平屋面计算。

防水面积 =（50-0.2-0.06×2）×（16-0.2-0.06×2）= 778.9824m²

上翻高度≤300mm 时，按展开面积并入平面工程量内计算。

上卷面积 =［（50-0.2-0.06×2）+（16-0.2-0.06×2）］×2×0.3 = 39.216m²

防水层总面积 = 778.9824+39.216 = 818.1984m²

套定额 9-2-10 改性沥青卷材热熔法一层平面

（2）附加层不包含在定额内容中，单独计算，基层处理剂已包含在定额内容中，不另计算。

附加层面积 =［（50-0.2-0.06×2）+（16-0.2-0.06×2）］×2×0.25×2 = 65.36m²

套定额 9-2-10 改性沥青卷材热熔法一层平面，人工乘以系数 1.82

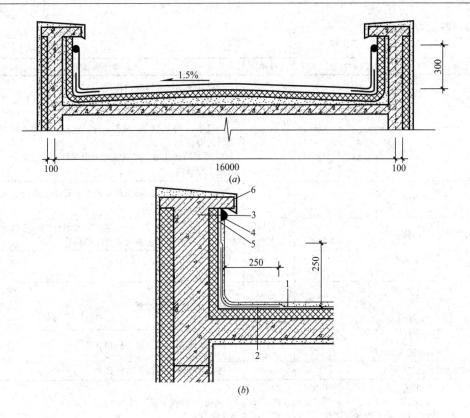

图 2-9-8 女儿墙防水处理详图

(a) 断面图；(b) 详图

1—防水层；2—附加层；3—密封材料；4—金属压条；5—水泥钉；6—压顶

# 附：屋面及防水工程量清单

## 1 瓦、型材及其他屋面

| 项目编码 | 项目名称 | 项目特征（略） | 计量单位 | 工程量计算规则 |
|---|---|---|---|---|
| 010901001 | 瓦屋面 | | | 按设计图示尺寸以斜面积计算。不扣除房上烟囱、风帽底座、风道、小气窗、斜沟等所占面积，小气窗的出檐部分不增加面积 |
| 010901002 | 型材屋面 | | m² | |
| 010901003 | 阳光板屋面 | | | 按设计图示尺寸以斜面积计算。不扣除面积≤0.3m²的孔洞所占面积 |
| 010901004 | 玻璃钢屋面 | | | |
| 010901005 | 膜结构屋面 | | m² | 按设计图示尺寸以需要覆盖的水平投影面积计算 |

注：1. 瓦屋面若是在木基层上铺瓦，项目特征不必描述黏结层砂浆的配合比。

2. 型材屋面、阳光板屋面、玻璃钢屋面的柱、梁、屋架，按"第六章 金属结构工程"和"第七章 木结构工程"中相关清单项目编码列项。

## 2 屋面防水及其他

| 项目编码 | 项目名称 | 项目特征（略） | 计量单位 | 工程量计算规则 |
|---|---|---|---|---|
| 010902001 | 屋面卷材防水 | | m² | 按设计图示尺寸以面积计算。<br>1. 斜屋顶（不包括平屋顶找坡）按斜面积计算，平屋顶按水平投影面积计算<br>2. 不扣除房上烟囱、风帽底座、风道、屋面小气窗和斜沟所占面积<br>3. 屋面的女儿墙、伸缩缝和天窗等处的弯起部分，并入屋面工程量内 |
| 010902002 | 屋面涂膜防水 | | | |
| 010902003 | 屋面刚性层 | | | 按设计图示尺寸以面积计算。不扣除房上烟囱、风帽底座、风道等所占面积 |
| 010902004 | 屋面排水管 | | | 按设计图示尺寸以长度计算。如果设计未标注尺寸，以檐口设计室外散水上表面垂直距离计算 |
| 010902005 | 屋面排（透）气管 | | | 按设计图示尺寸以长度计算 |
| 010902006 | 屋面（廊、阳台）泄（吐）水管 | | 根（个） | 按设计图示数量计算 |
| 010902007 | 屋面天沟、檐沟 | | m² | 按设计图示尺寸以展开面积计算 |
| 010902008 | 屋面变形缝 | | m | 按设计图示尺寸以长度计算 |

注：1. 屋面刚性层无钢筋，其钢筋项目特征不必描述。
2. 屋面找平层按"第十一章 楼地面装饰工程"中"平面砂浆找平层"清单项目编码列项。
3. 屋面防水搭接及附加层用量不另行计算，在综合单价中考虑。
4. 屋面保温找坡层按"第十章 保温、隔热、防腐工程"中"保温隔热屋面"清单项目编码列项。

## 3 墙面防水、防潮

| 项目编码 | 项目名称 | 项目特征（略） | 计量单位 | 工程量计算规则 |
|---|---|---|---|---|
| 010903001 | 墙面卷材防水 | | m² | 按设计图示尺寸以面积计算 |
| 010903002 | 墙面涂膜防水 | | | |
| 010903003 | 墙面砂浆防水（防潮） | | | |
| 010903004 | 墙面变形缝 | | m | 按设计图示尺寸以长度计算 |

注：1. 墙面防水搭接及附加层用量不另行计算，在综合单价中考虑。
2. 墙面变形缝，若做双面，工程量乘以系数2。
3. 墙面找平层按"第十二章 墙、柱面装饰与隔断、幕墙工程"中"立面砂浆找平层"清单项目编码列项。

## 4 楼（地）面防水、防潮

| 项目编码 | 项目名称 | 项目特征（略） | 计量单位 | 工程量计算规则 |
|---|---|---|---|---|
| 010904001 | 楼（地）面卷材防水 | | m² | 按设计图示尺寸以面积计算。<br>1. 楼（地）面防水：按主墙间净空面积计算，扣除凸出地面的构筑物、设备基础等所占面积，不扣除间壁墙及单个面积≤0.3m²的柱、垛、烟囱和孔洞所占面积<br>2. 楼（地）面防水反边高度≤300mm算作地面防水，反边高度>300mm按墙面防水计算 |
| 010904002 | 楼（地）面涂膜防水 | | | |
| 010904003 | 楼（地）面砂浆防水（防潮） | | | |
| 010904004 | 楼（地）面变形缝 | | m | 按设计图示尺寸以长度计算 |

注：1. 楼（地）面防水找平层按"第十一章 楼地面装饰工程"中"平面砂浆找平层"清单项目编码列项。
2. 楼（地）面防水搭接及附加层用量不另行计算，在综合单价中考虑。

# 第十章 保温、隔热、防腐工程

## 第一节 保温、隔热

| 定额项目设置 | | | 定额解释与工程量计算 |
|---|---|---|---|
| | 沥青珍珠岩块 10-1-1 | | 定额解释 |
| | 憎水珍珠岩块 10-1-2 | | 1. 本节定额适用于中温、低温、恒温的工业厂（库）房保温工程，以及一般保温工程 |
| | 加气混凝土块 10-1-3 | | 2. 保温层的保温材料配合比、材质、厚度设计与定额不同时，可以换算，消耗量及其他均不变。定额中板材保温材料子目，设计板材厚度与定额不同时的换算，实际上是板材单价的换算，换算时，板材消耗量及其他均不变 |
| | 泡沫混凝土块 10-1-4 | | 3. 混凝土板上保温和架空隔热，适用于楼板、屋面板、地面的保温和架空隔热 |
| | 沥青矿渣棉毡 10-1-5 | | 4. 天棚保温，适用于楼板下和屋面板下的保温 |
| | 珍珠岩粉 10-1-6 | | 5. 立面保温，适用于墙面和柱（与墙相连的柱）面的保温。独立柱保温层铺贴，按墙面保温定额项目人工乘以系数1.19、材料乘以系数1.04 |
| 混凝土板上保温 | 聚氨酯发泡保温 | 厚度 30mm 10-1-7 | 6. 弧形墙面保温隔热层，按相应项目的人工乘以系数1.10 |
| | | 厚度每增减 10mm 10-1-8 | 7. 池槽保温，池壁套用立面保温项目，池底按地面套用混凝土板上保温项目 |
| | 水泥发泡保温 | 厚度 60mm 10-1-9 | 8. 本节定额不包括衬墙等内容，发生时按相应章节套用 |
| | | 厚度每增减 5mm 10-1-10 | 9. 松散材料的包装材料及包装用工已包括在定额中 |
| | 现浇水泥珍珠岩 10-1-11 | | 10. 保温外墙面在保温层外镶贴面砖时需要铺钉的热镀锌电焊网，发生时按本定额"第五章 钢筋及混凝土工程"相应项目执行 |
| | 现浇陶粒混凝土 10-1-12 | | 11. 本章定额混凝土板上、立面聚氨酯发泡保温子目，均包括界面砂浆和防潮底漆，保温层厚度按30mm编制。设计保温层厚度与定额不同时，按厚度每增减10mm子目调整 |
| | 干铺炉渣 10-1-13 | | 12. 本章定额立面胶粉聚苯颗粒粘贴保温子目，包括界面砂浆和胶粉聚苯颗粒粘结层，粘结层厚度按厚15mm编制。设计粘结层厚度与定额不同时，按厚度每增减5mm子目调整 |
| | 石灰炉（矿）渣 10-1-14 | | |
| | 炉（矿）渣混凝土 10-1-15 | | 13. 本章定额立面胶粉聚苯颗粒保温子目，适用于《山东省建筑标准设计图集居住建筑保温构造详图》（L06J113）F体系胶粉聚苯颗粒作主保温层的情况。使用定额时，应注意与保护层中的胶粉聚苯颗粒保温找平层的区别 |
| | 干铺聚苯保温板 10-1-16 | | |
| | 胶粘剂粘贴聚苯保温板 | 满粘 10-1-17 | 14. 本章定额相应子目中的砂浆按现场拌制考虑，若实际采用预拌砂浆时，按总说明规定调整 |
| | | 点粘 10-1-18 | |
| | 聚合物砂浆粘贴聚苯保温板 | 满粘 10-1-19 | |
| | | 点粘 10-1-20 | |
| | 无机轻集料保温砂浆 | 厚度 30mm 10-1-21 | |
| | | 厚度每增减 5mm 10-1-22 | |
| | 地面胶粉聚苯颗粒找平层 | 厚度 10mm 10-1-23 | |
| | | 厚度每增减 5mm 10-1-24 | |
| | 地面抗裂砂浆 | 厚度≤5mm 10-1-25 | |
| | | 厚度≤10mm 10-1-26 | |
| | 地面耐碱纤维网格布 10-1-27 | | |
| 混凝土板上架空隔热层 | 方形砖 | 带式支撑 10-1-28 | |
| | | 点式支撑 10-1-29 | |
| | 预制混凝土板 10-1-30 | | |

续表

| 定额项目设置 | | | | 定额解释与工程量计算 |
|---|---|---|---|---|
| 天棚保温 | 天棚上铺装矿渣棉 10-1-31 | | | |
| | 干挂聚苯保温板 10-1-32 | | | |
| | 胶粘剂满粘聚苯保温板 10-1-33 | | | |
| | 聚合物砂浆满粘聚苯保温板 10-1-34 | | | |
| | 超细无机纤维 | 厚度 50mm | 10-1-35 | |
| | | 厚度每增减 10mm | 10-1-36 | |
| | 无机轻集料保温砂浆 | 厚度 20mm | 10-1-37 | |
| | | 厚度每增减 5mm | 10-1-38 | |
| | 天棚胶粉聚苯颗粒找平层 | 厚度 10mm | 10-1-39 | |
| | | 厚度每增减 5mm | 10-1-40 | |
| | 天棚抗裂砂浆 | 厚度≤5mm | 10-1-41 | |
| | | 厚度≤10mm | 10-1-42 | |
| | 天棚耐碱纤维网格布 10-1-43 | | | |

工程量计算

1. 保温隔热层工程量除按设计图示尺寸和不同厚度以面积计算外,其他按设计图示尺寸以定额项目规定的计量单位计算

本章定额除地板采暖、块状、松散状及现场调制等保温材料按所处部位设计图示尺寸以体积计算外,其他都以面积计算

2. 屋面保温隔热层工程量按设计图示尺寸以面积计算,扣除面积>0.3m²的孔洞及占位面积

3. 地面保温隔热层工程量按设计图示尺寸以面积计算,扣除面积>0.3m²的柱、垛、孔洞等所占面积,门洞、空圈、暖气包槽、壁龛的开口部分不增加面积

4. 天棚保温隔热层工程量按设计图示尺寸以面积计算,扣除面积>0.3m²的柱、垛、孔洞所占面积,与天棚相连的梁按展开面积计算,并入天棚工程量内。柱帽保温隔热层工程量,并入天棚保温隔热层工程量内

5. 墙面保温隔热层工程量按设计图示尺寸以面积计算,其中外墙按保温隔热层中心线长度、内墙按保温隔热层净长度乘以设计高度以面积计算。扣除门窗洞口及面积>0.3m²的梁、孔洞所占面积;门窗洞口侧壁以及与墙相连的柱,并入保温墙体工程量内

外墙外保温设计注明了粘结层厚度的,按保温层与粘结层总厚度的中心线长度乘以设计高度以面积计算

6. 柱、梁保温隔热层工程量按设计图示尺寸以面积计算。柱按设计图示柱断面保温层中心线展开长度乘以高度以面积计算,扣除面积>0.3m²的梁所占面积。梁按设计图示梁断面保温层中心线展开长度乘以保温层长度以面积计算

柱、梁保温设计注明了粘结层厚度的,按保温层与粘结层总厚度的中心线长度乘以设计高度以面积计算

7. 池槽保温层按设计图示尺寸以展开面积计算,扣除面积>0.3m²的孔洞及占位面积

8. 聚氨酯、水泥发泡保温,区分不同的发泡厚度,按设计图示保温尺寸以面积计算

9. 混凝土板上架空隔热,不论架空高度如何,均按设计图示尺寸以面积计算

10. 地板采暖、块状、松散状及现场调制保温材料,以所处部位按设计图示保温面积乘以保温材料的净厚度(不含胶结材料)以体积计算。按所处部位扣除相应凸出地面的构筑物、设备基础、门窗洞口以及面积>0.3m²的梁、孔洞等所占体积

11. 保温外墙面面砖防水缝子目,按保温外墙面面砖面积计算

| 立面保温 | 沥青矿渣棉 10-1-44 | | | |
|---|---|---|---|---|
| | 矿棉渣 10-1-45 | | | |
| | 干挂聚苯保温板 10-1-46 | | | |
| | 胶粘剂粘贴聚苯保温板 | 满粘 | 10-1-47 | |
| | | 点粘 | 10-1-48 | |
| | 聚合物砂浆粘贴聚苯保温板 | 满粘 | 10-1-49 | |
| | | 点粘 | 10-1-50 | |
| | 胶粉聚苯颗粒粘贴聚苯保温板 10-1-51 | | | |
| | SB 保温板 10-1-52 | | | |
| | 聚氨酯发泡 | 厚度 30mm | 10-1-53 | |
| | | 厚度每增减 10mm | 10-1-54 | |
| | 胶粉聚苯颗粒保温 | 厚度 30mm | 10-1-55 | |
| | | 厚度每增减 5mm | 10-1-56 | |
| | 无机轻集料保温砂浆 | 厚度 25mm | 10-1-57 | |
| | | 厚度每增减 5mm | 10-1-58 | |
| | 现浇混凝土外墙 | 外模无网裁口聚苯板 10-1-59 | | |
| | | 外模 SD 有网聚苯板 10-1-60 | | |
| | | 居中 CL 两面网聚苯板 10-1-61 | | |
| | 硬基层胶粉聚苯颗粒找平层(厚度 10mm) | 墙面 | 10-1-62 | |
| | | 零星项目 | 10-1-63 | |
| | | 装饰线条 | 10-1-64 | |
| | 胶粉聚苯颗粒找平层 | 墙面保温层上厚 15mm 10-1-65 | | |
| | | 墙面(硬基层、保温层)厚度每增减 5mm 10-1-66 | | |
| | 抗裂砂浆 | 墙面 | 厚≤5mm | 10-1-67 |
| | | | 厚≤10mm | 10-1-68 |
| | | 零星项目 | 厚≤5mm | 10-1-69 |
| | | | 厚≤10mm | 10-1-70 |
| | | 装饰线条 | 厚≤5mm | 10-1-71 |
| | | | 厚≤10mm | 10-1-72 |

| 定额项目设置 | | | 定额解释与工程量计算 |
|---|---|---|---|
| 立面保温 | 墙面耐碱纤维网格布 | 一层布 10-1-73 | |
| | | 二层布 10-1-74 | |
| | 混凝土墙面 FH 微泡保温砂浆厚 30mm 10-1-75 | | |
| | 保温外墙面面砖防水缝 10-1-76 | | |
| 其他 | 地板采暖泡沫混凝土垫层 10-1-77 | | |
| | 垫层（或楼板）地暖埋管增加 10-1-78 | | |

# 第二节 防 腐

| 定额项目设置 | | | 定额解释与工程量计算 |
|---|---|---|---|
| 整体面层 | 耐酸沥青砂浆 | 厚度 30mm 10-2-1 | |
| | | 厚度每增减 5mm 10-2-2 | **定额解释** |
| | 耐酸沥青混凝土 | 厚度 60mm 10-2-3 | 1. 整体面层定额项目，适用于平面、立面、沟槽的防腐工程 |
| | | 厚度每增减 10mm 10-2-4 | 2. 块料面层定额项目按平面铺砌编制。铺砌立面时，相应定额人工乘以系数 1.30，块料乘以系数 1.02，其他不变 |
| | 沥青胶泥（厚度 8mm） 10-2-5 | | 3. 整体面层踢脚板按整体面层相应项目执行，块料面层踢脚板按立面砌块相应项目人工乘以系数 1.20 |
| | 碎石灌沥青（厚度 100mm） 10-2-6 | | 4. 花岗岩面层以六面剁斧的块料为准，结合层厚度为 15mm。如板底为毛面时，其结合层胶结料用量可按设计厚度进行调整 |
| | 环氧砂浆 | 厚度 5mm 10-2-7 | 5. 各种砂浆、混凝土、胶泥的种类、配合比、各种整体面层的厚度及各种块料面层规格，设计与定额不同时可以换算。各种块料面层的结合层砂浆、胶泥用量不变 |
| | | 厚度每增减 1mm 10-2-8 | 6. 卷材防腐接缝、附加层、收头工料已包括在定额内，不再另行计算 |
| | 环氧稀胶泥（厚度 2mm） 10-2-9 | | 7. 本章定额耐酸防腐整体面层、块料面层中相应做法的垫层、找平层，执行本定额其他章节相应项目 |
| | 钢屑砂浆 | 厚度 20mm 10-2-10 | 8. 整体面层的厚度，设计与定额不同时，可按设计厚度换算用量。其换算公式如下： |
| | | 零星抹灰 10-2-11 | 换算用量＝铺筑厚度×10m²×（1＋损耗率） |
| | 酸化处理 10-2-12 | | 损耗率如下： |
| | 环氧玻璃钢 | 底漆每层 10-2-13 | 耐酸沥青砂浆 2.5%；沥青胶泥 5%；耐酸沥青混凝土 1%； |
| | | 刮腻子每层 10-2-14 | 环氧砂浆 2.5%；环氧稀胶泥 5%；钢屑砂浆 2.5% |
| | | 贴布每层 10-2-15 | 9. 块料面层中的结合层，按规范取定，不另调整。块料面层中耐酸瓷砖和耐酸瓷板等的规格，设计与定额不同时，可以换算。其换算公式如下： |
| | | 面漆每层 10-2-16 | 换算用量＝10m²/［（块料长＋灰缝）×（块料宽＋灰缝）］×一块块料面积×（1＋损耗率） |
| | 沥青胶泥油毡 | 二毡三油 10-2-17 | 损耗率如下： |
| | | 每增减一毡一油 10-2-18 | 耐酸瓷砖 3%；耐酸瓷板 3%；花岗岩板 1.5% |
| | 沥青胶泥玻璃布 | 二毡三油 10-2-19 | 10. 其他混凝土表面的清洗，可借用"清洗钢筋混凝土天棚"子目 |
| | | 每增减一毡一油 10-2-20 | |
| | 软聚氯乙烯板地面 10-2-21 | | |
| 块料面层 | 耐酸沥青胶泥平面铺砌 | 瓷砖厚度 65mm 10-2-22 | |
| | | 瓷板厚度 20mm 10-2-23 | |
| | | 铸石板厚度 30mm 10-2-24 | |
| | | 花岗岩板厚度 60mm 10-2-25 | |
| | | 沥青浸渍砖 | 厚度 115mm 10-2-26 |
| | | | 厚度 53mm 20-2-27 |

续表

| 定额项目设置 | | | 定额解释与工程量计算 |
|---|---|---|---|
| 块料面层 | 树脂胶泥勾缝、耐酸沥青胶泥 | 瓷砖厚度 65mm　10-2-28 | |
| | | 瓷板厚度 20mm　10-2-29 | |
| | | 铸石板厚度 30mm　10-2-30 | |
| | | 花岗岩板厚度 60mm　10-2-31 | |
| | 耐酸沥青胶泥池槽铺砌 | 瓷砖厚度 65mm　10-2-32 | **工程量计算** |
| | | 瓷板厚度 20mm　10-2-33 | 1. 耐酸防腐工程区分不同材料及厚度，按设计图示尺寸以面积计算。平面防腐工程量应扣除凸出地面的构筑物、设备基础等以及面积＞0.3m² 的孔洞、柱、垛等所占面积，门洞、空圈、暖气包槽、壁龛的开口部分不增加面积。立面防腐工程量应扣除门窗洞口以及面积＞0.3m² 的孔洞、梁所占面积，门窗洞口侧壁、垛凸出部分按展开面积并入墙内 |
| | | 铸石板厚度 30mm　10-2-34 | |
| | | 花岗岩板厚度 60mm　10-2-35 | |
| 耐酸防腐涂料 | 过氯乙烯漆三遍 | 混凝土面　10-2-36 | |
| | | 抹灰面　10-2-37 | |
| | 聚氨酯漆四遍 | 混凝土面　10-2-38 | 2. 平面铺砌双层防腐块料时，按单层工程量乘以系数 2 计算 |
| | | 抹灰面　10-2-39 | 3. 池、槽块料防腐面层工程量按设计图示尺寸以展开面积计算 |
| | 酚醛树脂漆三遍 | 混凝土面　10-2-40 | 4. 踢脚板防腐工程量按设计图示长度乘以高度以面积计算，扣除门洞所占面积，并相应增加侧壁展开面积 |
| | | 抹灰面　10-2-41 | |
| | 沥青漆（混凝土面、抹灰面） | 面漆一遍　10-2-42 | |
| | | 面漆每增一遍　10-2-43 | |
| | 氯磺化聚乙烯漆 | 混凝土面四遍　10-2-44 | |
| | | 抹灰面三遍　10-2-45 | |
| | 冷固环氧树脂漆两遍 | 混凝土面　10-2-46 | |
| | | 抹灰面　10-2-47 | |
| | 清洗钢筋混凝土天棚 10-2-48 | | |

# 工程预算实例

**【例题 2-10-1】**　某工程建筑示意图如图 2-10-1 所示，该工程外墙保温做法：①清理基层；②刷界面砂浆5mm；③刷 30mm 厚胶粉聚苯颗粒；④门窗边做保温，宽度为 120mm。计算工程量并套定额。

**解：**

（1）墙面保温面积

$[(10.74+0.24+0.03)+(7.44+0.24+0.03)]×2×3.9-(1.2×2.4+1.8×1.8+1.2×1.8×2)=135.58m^2$

门窗侧边保温面积

$[(1.8+1.8)×2+(1.2+1.8)×4+(2.4×2+1.2)]×0.12=3.02m^2$

外墙保温总面积$=135.58+3.02=138.60m^2$

（2）套定额 10-1-55 胶粉聚苯颗料保温厚度 30mm 子目，其中清理基层、刷界面砂浆已包含在定额工作内容中，不另计算。

**【例题 2-10-2】**　如图 2-10-2 所示，某库房做 1.3∶2.6∶7.4 耐酸沥青砂浆防腐面层，踢脚线抹 1∶0.3∶1.5 钢屑砂浆，厚度均为 20mm，踢脚线高度为 200mm。墙厚均为 240mm，门洞地面做防腐面层，侧边不做踢脚线。计算工程量并套定额。

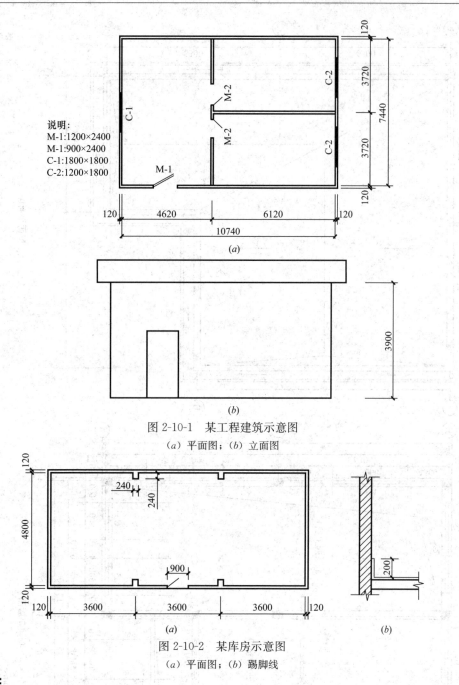

说明：
M-1:1200×2400
M-1:900×2400
C-1:1800×1800
C-2:1200×1800

图 2-10-1 某工程建筑示意图

（*a*）平面图；（*b*）立面图

图 2-10-2 某库房示意图

（*a*）平面图；（*b*）踢脚线

**解：**

（1）砂浆防腐面层面积＝(10.8－0.24)×(4.8－0.24)＝48.15m²

套定额10-2-1 耐酸沥青砂浆厚度 30mm 子目

    10-2-2 耐酸沥青砂浆厚度每增减 5mm 子目调减 10mm

（2）砂浆踢脚线＝[(10.8－0.24＋0.24×4＋4.8－0.24)×2－0.90]×0.20＝6.25m²

套定额 10-2-10 钢屑砂浆厚度 20mm 子目

**【例题 2-10-3】** 某水泵房屋面做法如图 2-10-3 所示，计算水泵房屋面找坡层、保温层和防水层（均不含找平层）的工程量，套定额。

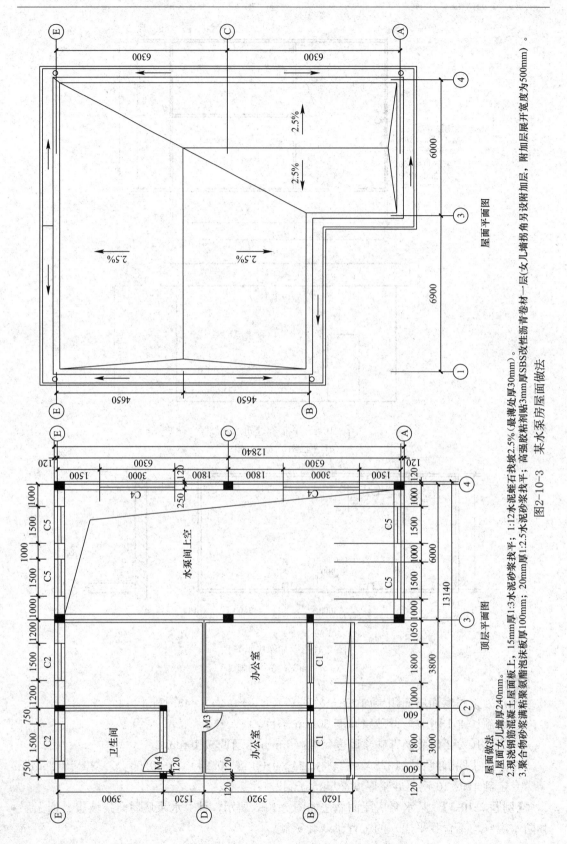

屋面平面图

顶层平面图

屋面做法
1.屋面女儿墙厚240mm。
2.现浇钢筋混凝土屋面板上，15mm厚1:3水泥砂浆找平，
3.聚合物砂浆满粘聚氨酯泡沫板厚100mm；

屋面做法：1:12水泥蛭石找坡2.5%（最薄处厚30mm）。
20mm厚1:2.5水泥砂浆找平；高强胶粘剂贴3mm厚SBS改性沥青卷材一层(女儿墙拐角另设附加层，附加层展开宽度为500mm）。

图2-10-3　某水泵房屋面做法

**解:**

(1) 找坡层体积

屋面找坡层面积及平均厚度

屋面面积 1＝(13.14－0.24×2＋6.9)×(4.65×2－0.24)÷2＝88.61m²

平均厚度 1＝(4.65－0.12)×2.5％÷2＋0.03＝0.087m

屋面面积 2＝(12.84－0.24×2＋6.3×2－4.65×2)×(6.0－0.24)÷2＝45.10m²

平均厚度 2＝(6÷2－0.12)×2.5％÷2＋0.03＝0.066m

屋面找坡层体积

88.61×0.087＋45.10×0.066＝10.69m³

(2) 保温层面积＝88.61＋45.10＝133.71m²

(3) 防水层面积＝133.71＋(13.14－0.24×2＋12.84－0.24×2)×2×0.5＝158.73m²

(4) 附加层不包含在定额内容中，单独计算。

附加层面积＝(13.14－0.24×2＋12.84－0.24×2)×2×0.5＝25.02m²

(5) 套定额

10-1-11 现浇水泥珍珠岩子目（换算材料为1∶12水泥蛭石）

10-1-19 聚合物砂浆粘贴聚苯保温板子目（换算材料为聚氨酯泡沫板厚100mm）

9-2-14 改性沥青卷材冷粘法一层平面

9-2-14 改性沥青卷材冷粘法一层平面，人工乘以系数1.82

# 附：保温、隔热、防腐工程量清单

## 1 保温、隔热

| 项目编码 | 项目名称 | 项目特征（略） | 计量单位 | 工程量计算规则 |
|---|---|---|---|---|
| 011001001 | 保温隔热屋面 | | | 按设计图示尺寸以面积计算。扣除面积＞0.3m²的孔洞及占位面积 |
| 011001002 | 保温隔热天棚 | | | 按设计图示尺寸以面积计算。扣除面积＞0.3²的上柱、垛、孔洞所占面积，与天棚相连的梁按展开面积计算，并入天棚工程量内 |
| 011001003 | 保温隔热墙面 | | m² | 按设计图示尺寸以面积计算。扣除门窗洞口以及面积＞0.3m²梁、孔洞所占面积；门窗洞口侧壁以及与墙相连的柱，并入保温墙体工程量内 |
| 011001004 | 保温柱、梁 | | | 按设计图示尺寸以面积计算。<br>1. 柱按设计图示柱断面保温层中心线展开长度乘以保温层高度以面积计算，扣除面积＞0.3m²的梁所占面积<br>2. 梁按设计图示梁断面保温层中心线展开长度乘以保温层长度以面积计算 |
| 011001005 | 保温隔热楼地面 | | | 按设计图示尺寸以面积计算。扣除面积＞0.3m²的柱、垛、孔洞等所占面积。门洞、空圈、暖气包槽、壁龛的开口部分不增加面积 |

| 项目编码 | 项目名称 | 项目特征（略） | 计量单位 | 工程量计算规则 |
|---|---|---|---|---|
| 011001006 | 其他保温隔热 | | | 按设计图示尺寸以展开面积计算。扣除面积 $>0.3m^2$ 的孔洞及占位面积 |

注：1. 保温隔热装饰面层，按装饰项目编码列项。
　　2. 柱帽保温隔热应并入天棚保温隔热工程量内。
　　3. 池槽保温隔热应按其他保温隔热项目编码列项。
　　4. 保温隔热方式：指内保温、外保温、夹心保温。
　　5. 保温柱、梁适用于不与墙、天棚相连的独立柱、梁。

## 2　防腐面层

| 项目编码 | 项目名称 | 项目特征（略） | 计量单位 | 工程量计算规则 |
|---|---|---|---|---|
| 011002001 | 防腐混凝土面层 | | | 按设计图示尺寸以面积计算。 |
| 011002002 | 防腐砂浆面层 | | | 1. 平面防腐：扣除凸出地面的构筑物、设备基础等以及面积 $>0.3m^2$ 的孔洞、柱、垛等所占面积，门洞、空圈、暖气包槽、壁龛的开口部分不增加面积 |
| 011002003 | 防腐胶泥面层 | | | |
| 011002004 | 玻璃钢防腐面层 | | $m^2$ | 2. 立面防腐：扣除门窗洞口以及面积 $>0.3m^2$ 的孔洞、梁所占面积，门窗洞口侧壁、垛凸出部分按展开面积并入墙面积内 |
| 011002005 | 聚氯乙烯板面层 | | | |
| 011002006 | 块料防腐面层 | | | |
| 011002007 | 池、槽块料防腐面层 | | | 按设计图示尺寸以展开面积计算 |

注：防腐踢脚线，应按楼地面装饰工程"踢脚线"项目编码列项。

## 3　其他防腐

| 项目编码 | 项目名称 | 项目特征（略） | 计量单位 | 工程量计算规则 |
|---|---|---|---|---|
| 011003001 | 隔离层 | | $m^2$ | 按设计图示尺寸以面积计算。<br>1. 平面防腐：扣除凸出地面的构筑物、设备基础等以及面积 $>0.3m^2$ 的孔洞、柱、垛等所占面积，门洞、空圈、暖气包槽、壁龛的开口部分不增加面积<br>2. 立面防腐：扣除门窗洞口以及面积 $>0.3m^2$ 的孔洞、梁所占面积，门窗洞口侧壁、垛凸出部分按展开面积并入墙面积内 |
| 011003002 | 砌筑沥青浸渍砖 | | $m^3$ | 按设计图示尺寸以体积计算 |
| 011003003 | 防腐涂料 | | $m^2$ | 按设计图示尺寸以面积计算。<br>1. 平面防腐：扣除凸出地面的构筑物、设备基础等以及面积 $>0.3m^2$ 的孔洞、柱、垛等所占面积，门洞、空圈、暖气包槽、壁龛的开口部分不增加面积<br>2. 立面防腐：扣除门窗洞口以及面积 $>0.3m^2$ 的孔洞、梁所占面积，门窗洞口侧壁、垛凸出部分按展开面积并入墙面积内 |

注：浸渍砖砌法指平砌、立砌。

# 第十一章　楼地面装饰工程

## 一、本章内容

本章定额包括找平层、整体面层、块料面层、其他面层及其他项目五节。

## 二、定额共性

（1）本章中的水泥砂浆、混凝土等配合比，设计规定与定额不同时，可以换算，其他不变。

（2）本章与砂浆相关的定额项目均按现拌砂浆考虑。

（3）本章细石混凝土按商品混凝土考虑，其相应定额子目不包含混凝土搅拌用工。

（4）整体面层、块料面层中的楼地项目、楼梯项目，均不包括踢脚板、楼梯侧面、牵边；台阶不包括侧面、牵边，设计有要求时，按本章及本定额"第十二章　墙、柱面装饰与隔断、幕墙工程"装饰线或零星项目计算。

（5）楼地面工程中常用的垫层，本章未单独编列子目，实际需要时，应套用本定额第二章地基处理垫层工程中的相应子目。

（6）本章各子目内容均不包含钢筋及铁件制安等工作内容，如找平层或整体面层中需设置铁件或钢筋网片，执行"第五章　钢筋及混凝土工程"中的相关子目。

（7）本章中自流平、环氧自流平、耐磨地坪、塑胶地面材料可随设计施工要求或所选材料生产厂家要求的配比及用量进行调整。

# 第一节　找　平　层

| 定额项目设置 | | 定额解释 | 工程量计算 |
|---|---|---|---|
| 水泥砂浆 | 区分不同的基层上 20mm厚　11-1-1～2 | 1. 轻骨料混凝土填充层执行"第二章　地基处理与边坡支护工程"相应子目（2-1-26）<br>2. 水泥砂浆在填充材料上找平按20mm取定。在计算砂浆时综合考虑了水泥砂浆压入填充材料内5mm<br>3. 水泥自流平找平层平均厚度取定4mm，彩色水泥自流平面层厚度考虑填坑填缝取定6.5mm，自流水泥用量按1.78kg/m²/mm取定，如选用的施工厚度及材料用量与定额取定不符，可调整定额内自流平水泥材料含量，其他不变 | 按主墙间净面积，以平方米计算。计算时应扣除凸出地面的构筑物、设备基础、室内铁道、室内地沟等所占面积，不扣除间壁墙及≤0.3m² 的柱、垛、附墙烟囱及孔洞所占面积，门洞、空圈、暖气包槽、壁龛的开口部分亦不增加（间壁墙指墙厚≤120mm的墙） |
| | 每增减5mm　11-1-3 | | |
| 细石混凝土 | 40mm厚　11-1-4 | | |
| | 每增减5mm　11-1-5 | | |
| 自流平水泥找平层3～5mm 11-1-6 | | | |
| 刷素水泥浆一遍 11-1-7 | | | |

# 第二节　整 体 面 层

| 定额项目设置 | | 定额解释 | 工程量计算 |
|---|---|---|---|
| 水泥砂浆 | 楼地面 20mm　11-2-1 | 1. 水泥砂浆踢脚线本次编制高度按 150mm 取定,厚度按《建筑工程做法 L13J1》踢 1A、B 分列 12mm 厚及 18mm 厚两项。设计施工选用踢脚线高度及砂浆强度等级与定额取定不同时,不予调整<br>　2. 水泥砂浆楼梯每 10m² 投影面积取定展开面积 13.3m²,包括踏步、休息平台,不包括靠墙踢脚线、侧面(堵头)、牵边、底面抹灰、找平层。其踢脚线执行本章水泥砂浆踢脚线定额,乘以系数 1.15,侧面、底面抹灰执行"第十三章　天棚工程"相应计算规则及定额项目,找平层按楼地面找平层相应定额乘以系数 1.15 执行<br>　3. 环氧自流平涂料分为"底涂一道、中涂砂浆、腻子层及面涂一道"四项定额子目,因设计施工厚度不同及环氧涂料各生产厂家规定的配比用量不同,致使材料用量与定额取定不同时,可调整材料含量<br>　4. "金刚砂耐磨地坪"定额子目中包含的细石混凝土厚度为 50mm,实际与定额不同时需进行调整。选用其他金属或非金属耐磨骨料施工的耐磨地坪,可根据实际使用材质及用量与该项定额中的刚砂进行换算 | 1. 楼地面整体面层计算规则同"找平层"<br>　2. 楼梯面层(包括踏步、休息平台、≤500mm 宽的楼梯井),按水平投影面积计算。楼梯与楼地面相连时,算至梯口梁内侧边沿,无梯口梁者,算至最上一层踏步边沿加 300mm<br>　3. 旋转、弧形楼梯的装饰,其踏步按水平投影面积计算,执行楼梯的相应子目,人工乘以系数 1.20<br>　4. 台阶面层(包括最上层踏步边沿加 300mm)按设计水平投影面积计算<br>　5. 水泥砂浆踢脚线以延长米计算,不扣除门洞口的长度,洞口的侧壁也不增加<br>　工程量清单计算规则,水泥砂浆踢脚线(011105001)项目"以平方米计量,按设计图示长度乘以高度以面积计算"或"以米计量,按延长米计算" |
| | 楼梯 20mm　11-2-2 | | |
| | 台阶 20mm　11-2-3 | | |
| | 加浆抹光随捣随抹 5mm 11-2-4 | | |
| | 踢脚线 12mm/18mm 11-2-5~6 | | |
| 细石混凝土 40mm　11-2-7 | | | |
| 环氧地坪涂料 | 底涂一道 11-2-8 | | |
| | 中涂腻子一遍 11-2-9 | | |
| | 中涂腻子增一遍 11-2-10 | | |
| | 面涂一道 11-2-11 | | |
| 环氧自流平涂料 | 底涂一道 11-2-12 | | |
| | 中涂砂浆 11-2-13 | | |
| | 腻子层 11-2-14 | | |
| | 面涂一道 11-2-15 | | |
| 彩色水泥自流平 11-2-16 | | | |
| 金刚砂耐磨地坪 11-2-17 | | | |

# 第三节　块 料 面 层

| 定额项目设置 | | 定额解释 | 工程量计算 |
|---|---|---|---|
| 石材块料 11-3-1~26 | 1. 区分结合层设置不分色、分色、点缀、拼图案、图案周边异形块料加工、碎拼项目<br>　2. 另外还设有串边、过门石、楼梯、台阶、踢脚板、零星项目、石材楼梯现场加工项目 | 1. 预制块料及仿石块料铺贴,套用石材块料定额项目<br>　2. 石材块料各项目的工作内容均不包括开槽、开孔、倒角、磨异形边等特殊加工内容<br>　3. 石材块料楼地面面层分色子目,按不同颜色、不同规格的规则块料拼简单图案编制。其工程量应分别计算,均执行相应分色项目 | 1. 楼地面块料面层,按设计图示尺寸以面积计算。门洞、空圈、暖气包槽和壁龛的开口部分并入相应的工程量内<br>　2. 楼梯面层,旋转弧形楼梯的装饰,台阶面层的计算规则同"整体面层"相应计算规则<br>　3. 串边(砖)、过门石(砖)按设计图示尺寸以面积计算 |

| 定额项目设置 | | 定额解释 | 工程量计算 |
|---|---|---|---|
| 地板砖<br>11-3-27～51 | 区分结合层按周长不同设置楼地、串边砖、过门砖、楼梯、台阶、踢脚板和零星项目 | 4. 部分楼地面镶贴块料面层子目，已包括了结合层之下的刷素水泥浆一遍，未包括刷素水泥浆一遍的子目，另行单独计算刷素水泥浆一遍<br>5. 镶贴石材按单块面积≤0.64m² 编制。石材单块面积＞0.64m² 的，砂浆贴项目每 10m² 增加用工 0.09 工日，胶粘剂贴项目每 10m² 增加用工 0.104 工日<br>6. 定额中的"石材串边"、"串边砖"指块料楼地面中镶贴颜色或材质与大面积楼地面不同且≤200mm 的石材或地板砖线条，定额中的"过门石"、"过门砖"指门洞口处镶贴颜色或材质与大面积楼地面不同的单独石材或地板砖块料<br>7. 楼地面铺缸砖（勾缝）子目，定额按缸砖尺寸 150mm×150mm、缝宽 6mm 编制，若选用缸砖尺寸及设计缝宽与定额不同时，其块料和勾缝砂浆的用量可以调整，其他不变<br>8. 除铺缸砖（勾缝）项目外，其他块料楼地面项目定额均按密缝编制。若设计缝宽与定额不同时，其块料和勾缝砂浆的用量可以调整，其他不变<br>9. 定额中的"零星项目"适用于楼梯和台阶的牵边、侧面、池槽、蹲台等项目，以及面积≤0.5m² 且定额未列项的工程<br>10. 镶贴块料面层的结合层厚度与定额取定不符时，水泥砂浆结合层按"11-1-3 水泥砂浆每增减 5mm"进行调整，干硬性水泥砂浆按"11-3-73 干硬性水泥砂浆每增减 5mm"进行调整 | 4. 块料零星项目按设计图示尺寸以面积计算<br>5. 踢脚板按设计图示尺寸以面积计算<br>6. 地面点缀按点缀数量计算。计算地面铺贴面积时，不扣除点缀所占面积<br>7. 块料面层拼图案（成品）项目，图案按实际尺寸以面积计算。图案周边异形块料铺贴另加工料项目，按图案外边线以内周边异形块料实贴面积计算。图案外边线是指成品图案所影响的周围规格块料的最大范围<br>8. 楼梯石材现场加工，按实际切割长度计算 |
| 缸砖<br>11-3-52～58 | 区分结合层分为楼地面（勾缝/不勾缝）、踢脚板项目，另设零星项目 | | |
| 陶瓷锦砖（马赛克）<br>11-3-59～66 | 区分结合层分为不拼花、拼花项目，另设零星项目 | | |
| 楼地面玻璃板 11-3-67 | | | |
| 钛合金不锈钢覆面 | 地砖 11-3-68 | | |
| | 踢脚板 11-3-69 | | |
| 方整石板<br>11-3-70～72 | 区分结合层设楼地、台阶项目 | | |
| 结合层调整（干硬性水泥砂浆）每增减 5mm 11-3-73 | | | |

## 第四节 其 他 面 层

| 定额项目设置 | | 定额解释 |
|---|---|---|
| 木楼地面<br>11-4-1～10 | 1. 设龙骨单向铺设，区分铺设基层设不同材质木楼地项目<br>2. 分设现场制作安装踢脚线、成品踢脚线 | 1. 木楼地面中，无论实木还是复合地板面层，均按人工净面编制，如采用机械净面，人工乘以系数 0.87<br>2. 实木踢脚板项目，定额按踢脚板固定在垫块上编制。若设计要求做基层板，另按本定额"第十二章 墙、柱面装饰与隔断、幕墙工程"中的相应基层板项目计算<br>3. "木龙骨单向铺间距 400mm（带横撑）"项目，如龙骨不铺设垫块时，每 10m² 调减人工 0.2149 工日，调减板方材 0.0029m³，调减射钉 88 个。该项定额子目按《建筑工程做法》L13J1 地 301、楼 301 编制，如设计龙骨规格及间距与其不符，可调整定额龙骨材料含量，其余不变 |
| 地毯及配件<br>11-4-11～17 | 1. 地毯分为楼地、楼梯项目，其中楼地项目又分不固定、固定（不带垫、带垫）<br>2. 地毯配件分为压辊、压板 | |

续表

| 定额项目设置 | | 定额解释 |
|---|---|---|
| 活动地板 11-4-18 | | 4. 楼地面铺地毯,定额按矩形房间编制。若遇异形房间,设计允许接缝时,人工乘以系数 1.10,其他不变;设计不允许接缝时,人工乘以系数 1.20,地毯损耗率根据现场裁剪情况据实测定<br>5. 本章定额中塑胶地面材料可随设计施工要求或所选材料生产厂家要求的配比及用量进行调整 |
| 不锈钢板成品踢脚(固定卡件安装)11-4-19 | | |
| 橡塑面层 11-4-20~28 | 楼地项目设有聚氯乙烯板、颗粒型塑胶地面、硅 PU 塑胶地面;踢脚项目设有聚氯乙烯踢脚板、塑胶踢脚板 | |

注:1. 其他面层的工程量计算规则同"块料面层"。
2. "条形实木地板(成品)"子目也适用于相同铺设方式的条形实木集成地板、竹地板及复合地板等。
3. "成品木踢脚线(胶贴)"子目适用于胶贴施工的各种成品踢脚,使用时用实际材料置换成品木踢脚即可。
4. "不锈钢板成品踢脚(固定卡件安装)"子目适用于用固定卡件连接安装的各种材质的成品踢脚,使用时用实际材料置换不锈钢成品踢脚即可。
5. "塑胶板踢脚板粘贴"子目踢脚板高度按 120mm 取定,如实际高度不同,可调整定额内塑胶板的材料含量。

# 第五节 其 他 项 目

| 定额项目设置 | | 工程量计算 |
|---|---|---|
| 块料地面嵌金属分隔条 11-5-1 | | 1. 防滑条、地面分隔嵌条按尺寸以长度计算<br>2. 楼地面面层割缝按实际割缝长度计算<br>3. 石材底面刷养护液按石材底面及四个侧面面积之和计算<br>4. 楼地面酸洗打蜡等基(面)层处理项目,按实际处理基(面)层面积计算,楼梯台阶酸洗打蜡项目,按楼梯台阶的计算规则计算<br>5. 自流平基层处理用于自流平底涂施工前,因基层达不到施工要求而必须进行的铲除、打磨及清理。基层及面层为同一单位施工的,不得套用此项定额 |
| 楼梯、台阶踏步防滑条 11-5-2~5 | 区分截面尺寸设嵌铜条、铜板(直角)、铸造铜条板,另设金刚砂防滑条 | |
| 楼地面面层割缝 11-5-6 | | |
| 自流平基层处理 11-5-7 | | |
| 石材底面刷养护液 | 光面 11-5-8 | |
| | 麻面 11-5-9 | |
| 石材表面刷保护液 11-5-10 | | |
| 块料酸洗打蜡 | 楼地面 11-5-11 | |
| | 楼梯台阶 11-5-12 | |
| 自流平面层打蜡 11-5-13 | | |

# 重点、难点分析

## 一、石材块料面层定额项目分析

大理石、花岗岩楼地面面层,定额按不同的施工做法:不分色、分色、点缀、拼图案(成品)分别设置项目。

(1)"块料面层拼图案(成品)项目,图案按实际尺寸以面积计算。图案周边异形块料铺贴另加工料项目,按图案外边线以内周边异形块料实贴面积计算。"本规则中的实际尺寸是指图案成品的工厂加工尺寸,如该图案本身即为矩形或工厂将非矩形图案周边的部分一起加工（见图 2-11-1），按矩形成品供至施工现场，则该矩形成品的尺寸即为实际尺寸；如工厂仅加工非矩形图案部分（见图 2-11-2），则非矩形图案成品尺寸即为实际尺寸。本规则中图案外边线，指图案成品为非矩形时，成品图案所影响的周围规格块料的最大范围，即周围规格块料出现配合图案切割的最大范围。

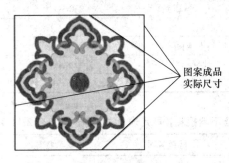

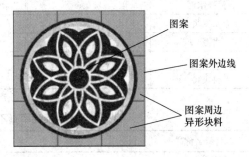

图 2-11-1 工厂加工图案及周边部分　　　图 2-11-2 工厂仅加工图案部分

（2）石材块料楼地面面层分色子目，按不同颜色、不同规格的规则块料拼简单图案编制。其工程量应分别计算，均执行相应分色项目。如图 2-11-3 所示。

（3）石材块料楼地面面层点缀项目（见图 2-11-4），其点缀块料按规格块料现场加工考虑。单块镶拼面积 0.015m² 的块料适用于此定额。如点缀块料为加工成品，需扣除定额内的"石料切割锯片"及"石料切割机"，人工乘以系数 0.40。被点缀的主体块料如为现场加工，应按其加工边线长度加套"石材楼梯现场加工"项目。

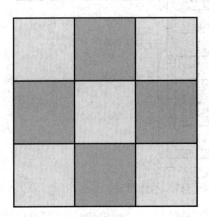

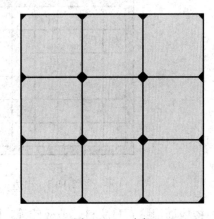

图 2-11-3 分色　　　　　　　　图 2-11-4 点缀

（4）块料面层拼图案（成品）项目，其图案材料定额按成品考虑。图案外边线以内周边异形块料如为现场加工，则该部分异形块料除按实贴面积套用相应块料面层铺贴项目外，还需套用图案周边异形块料铺贴另加工料项目。

（5）楼地面石材块料按加工半成品石材编制，定额损耗里已包含零星切割下料损耗，地板砖、陶瓷锦砖、缸砖、成品木地板等面层材料的损耗量也已包括一定的切割下料损耗。本章主要材料损耗率（含一定的下料损耗）的取定见表 2-11-1。

（6）周边异形铺贴块料的损耗率，应根据现场实际情况计算，按需调整的下料损耗率与表 2-11-2 中的材料损耗率合并调整定额中的材料损耗。遇异形房间，块料面层需现场切割的，被切割的异形块料的定额套项及材料损耗计算同上。

楼地面装饰工程主要材料损耗率取定表　　　　表 2-11-1

| 材料名称 | 损耗率 | 材料名称 | 损耗率 |
|---|---|---|---|
| 细石混凝土 | 1.0% | 地板砖 | 2.0~10.0% |
| 水泥砂浆 | 2.5% | 缸砖 | 3.0% |
| 自流平水泥 | 2.0% | 陶瓷锦砖（马赛克） | 2.0~4.0% |
| 素水泥浆 | 1.0% | 木龙骨 | 6.0% |
| 水泥 | 2.0% | 成品木地板 | 4.0% |
| 白水泥 | 3.0% | 地毯 | 3.0% |
| 石材块料 | 2.0% | 活动地板 | 5.0% |

部分面层材料损耗率（不含下料损耗）取定表　　　　表 2-11-2

| 材料名称 | 损耗率 | 材料名称 | 损耗率 |
|---|---|---|---|
| 石材块料 | 1.5% | 地板砖 | 1.5% |
| 缸砖 | 2.0% | 陶瓷锦砖（马赛克） | 1.5% |
| 成品木地板 | 2.0% | | |

（7）定额中的"石材串边"、"串边砖"指块料楼地面中镶贴颜色或材质与大面积楼地面不同且≤200mm 的石材或地板砖线条，定额中的"过门石"、"过门砖"指门洞口处镶贴颜色或材质与大面积楼地面不同的单独石材或地板砖块料。如图 2-11-5 所示。

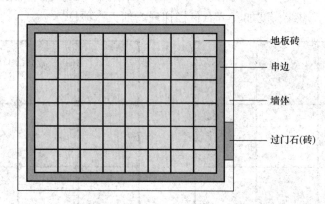

图 2-11-5　串边、过门石（砖）示意图

（8）楼地面铺贴石材块料、地板砖等，因施工验收规范、材料纹饰等限制导致裁板方向、宽度有特定要求（按经过批准的排版方案），致使其块料损耗超出定额损耗的，应根据现场实际情况计算损耗率，超出部分并入相应块料面层铺贴项目内。

（9）石材楼梯板、石材踢脚板及地板砖踢脚板均按半成品考虑，定额内的石料切割机仅为下料尺寸与施工现场存在小偏差时做调整时使用。如为现场加工楼梯板、踢脚板，可加套"石材楼梯现场加工"定额。

二、楼地面项目块料规格、勾缝砂浆定额含量调整分析

楼地面铺缸砖（勾缝）子目 11-3-52、11-3-54，定额按缝宽 6mm 编制；其他块料面层项目，定额按密缝编制。

（一）有缝楼地定额项目块料和砂浆的调整方法

以楼地面铺缸砖子目 11-3-52～55 为例。

（1）设计为密缝时，执行定额 11-3-53、11-3-55 不勾缝子目。

（2）0＜设计缝宽≤6mm 时，定额 11-3-52、11-3-54 勾缝子目，不调整。

（3）设计缝宽＞6mm 时，应调整定额的块料及勾缝砂浆用量。调整方法如下：

1）设计缸砖消耗量（m²/10m²）

＝设计缸砖定额净含量×1.03

＝10÷[（设计块长＋设计缝宽）×（设计块宽＋设计缝宽）]×单块面积×1.03

2）设计勾缝砂浆消耗量（m³/10m²）

① 已知设计块料规格为长×宽×厚时

设计灰缝消耗量＝（10－设计缸砖定额净含量×缸砖单块面积)×块料厚×1.025

② 已知设计块料规格为长×宽时

设计灰缝消耗量

＝设计灰缝面积÷定额灰缝面积×定额勾缝砂浆消耗量

＝（10－设计缸砖净面积)÷(10－定额缸砖面积)×定额勾缝砂浆消耗量

**举例 1：**某工程楼地面 130m²，设计缸砖规格 108mm×108mm，设计缝宽 10mm，1∶1 水泥砂浆勾缝，调整定额含量。

**解：**缸砖消耗量

＝10÷(0.108＋设计缝宽)²×0.108²×1.03

＝8.3769×1.03

＝8.6282（m²/10m²）

勾缝砂浆消耗量

＝（10－8.3769)/(10－9.5172/1.03)×0.0078＝0.0167（m³/10m²）

套定额 11-3-52 缸砖水泥砂浆勾缝（调整定额内缸砖及勾缝砂浆消耗量）

**举例 2：**某工程楼地面 130m²，设计缸砖规格 150mm×150mm×10mm，设计缝宽 10mm，1∶1 水泥砂浆勾缝，调整定额含量。

**解：**缸砖消耗量

＝10÷(0.15＋0.01)²×0.15²×1.03

＝8.7891×1.03

＝9.0527（m²/10m²）

勾缝砂浆消耗量

＝（10－8.7891)×0.01×1.025＝0.0124（m³/10m²）

套定额 11-3-52 缸砖水泥砂浆勾缝（调整定额内缸砖及勾缝砂浆消耗量）

（二）密缝楼地定额项目块料和砂浆的调整方法

（1）设计块料消耗量（m²/10m²）

＝设计块料定额净含量×1.03

＝10÷[（设计块长＋设计缝宽）×（设计块宽＋设计缝宽)]×单块面积×1.03

（2）设计勾缝砂浆消耗量（m³/10m²）

当设计块料规格长、宽、厚均明确时：

设计灰缝消耗量＝(10－设计块料定额净含量×块料单块面积)×块料厚×1.025

# 工程预算实例

**【例题 2-11-1】** 某装饰工程二楼小会客厅的楼面装修设计如图 2-11-6 所示，地面主体面层为规格 1000mm×1000mm 的灰白色抛釉地板砖；地板砖外圈用黑色大理石串边，串边宽度 200mm；灰白色抛釉地板砖交界处用深色抛釉砖点缀，点缀尺寸为 100mm×100mm 的方形及等腰边长为 100mm 的三角形；房间中部铺贴圆形图案成品石材拼图，图案半径 1250mm。房间墙体为加气混凝土砌块墙，墙厚 200mm，墙面抹混合砂浆 15mm，北侧墙体设两扇 900mm 宽的门，门下贴深色石材过门石。

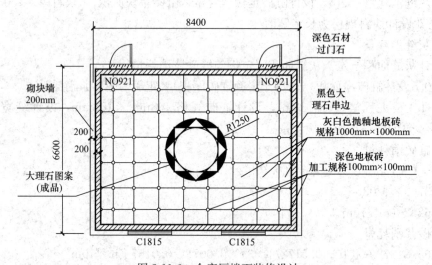

图 2-11-6　会客厅楼面装修设计

为确保地面铺贴的对称和美观，且满足当地验收规范中地砖宽度不得小于半砖的要求，甲乙双方共同对该会客厅楼面进行了排版设计，具体尺寸如图 2-11-7 所示。根据工程实际情况，施工时保留地板砖缝宽 1mm；点缀块料为工厂切割加工成设计规格，点缀周边主体地板砖边线为现场切割，图案周边异形地板砖为现场切割加工。因选用的灰白色抛釉地板砖纹饰无明显走向特征，施工方承诺排版图中小于半砖尺寸的砖采用半砖切割（图中标注为块料尺寸，不含缝宽）。

该工程圆形石材图案、黑色大理石串边及深色石材过门石的石材厚度均为 20mm，设计铺贴做法选用图集《建筑工程做法》L13J1 中楼 204。

(1) 20mm 厚大理石（花岗石）板，稀水泥浆或彩色水泥浆擦缝；

(2) 30mm 厚 1：3 干硬性水泥砂浆；

(3) 素水泥浆一道；

(4) 现浇钢筋混凝土楼板。

主体面层地板砖及点缀地板砖厚度均为 12mm，设计铺贴做法选用图集《建筑工程做法》L13J1 中楼 201。

（1）8～10mm 厚地砖铺实拍平，稀水泥浆擦缝；

（2）20mm 厚 1∶3 干硬性水泥砂浆；

（3）素水泥浆一道；

（4）现浇钢筋混凝土楼板。

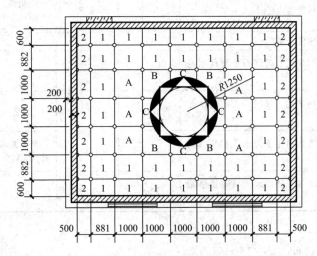

图 2-11-7 会客厅楼面排版设计

根据以上给定的材料，计算该房间楼面各项工程量并套定额。

**解：**

工程量计算：

（1）石材拼图案（成品）：$3.14×1.25^2＝4.906m^2$

（2）灰白色抛釉地板砖(1000mm×1000mm)：$(8.4－0.2－0.4)×(6.6－0.2－0.4)－4.906＝41.894m^2$

（3）图案周边异形块料铺贴：$(3＋0.002)×(3＋0.002)－4.906＝4.106m^2$

（4）深色抛釉砖点缀：44 个方形，28 个三角形

（5）灰白色抛釉地板砖因点缀产生的现场加工边线：$0.1×4×44＋0.1×2×28＝23.2m$

（6）黑色大理石串边：$(8.2－0.2＋6.4－0.2)×2×0.2＝5.68m^2$

（7）深色石材过门石：$0.9×0.2×2＝0.36m^2$

套用定额见表 2-11-3。

**会客厅楼面工程套用定额** 表 **2-11-3**

| 定额项目 | 定额名称 | 单位 | 数量 | 备注 |
|---|---|---|---|---|
| 11-3-8 | 石材块料楼地面拼图案（成品）干硬性水泥砂浆 | 10m² | 0.491 | |
| 11-3-9 | 石材块料楼地面图案周边异形块料铺贴另加工料 | 10m² | 0.411 | |

续表

| 定额项目 | 定额名称 | 单位 | 数量 | 备注 |
|---|---|---|---|---|
| 11-3-7 | 石材块料楼地面点缀 | 10 个 | 4.4 | 方形，按加工成品调整定额人材机 |
| 11-3-7 | 石材块料楼地面点缀 | 10 个 | 2.8 | 三角形，按加工成品调整定额人材机 |
| 11-3-26 | 石材楼梯现场加工 | 10m | 2.32 | |
| 11-3-14 | 石材块料串边、过门石干硬性水泥砂浆 | 10m² | 0.568 | |
| 11-3-14 | 石材块料串边、过门石干硬性水泥砂浆 | 10m² | 0.036 | |
| 11-3-38 | 地板砖楼地面干硬性水泥砂浆（周长≤4000mm） | 10m² | 4.189 | 调整地板砖材料定额消耗量为 12.8m² |
| 11-3-73 | 结合层调整干硬性水泥砂浆每增减5mm | 10m² | 16.756 | |

**分析：**

1. 地板砖调整说明

因工程图案周边异形块料为现场切割，另外本工程裁板宽度有特定要求且有批准的排版图，根据相关说明的规定，以上两种情况导致块料损耗超出定额损耗的，应根据现场实际情况计算损耗率，超出部分并入相应块料面层铺贴项目内。

根据设计排版图（不考虑点缀切割的边角），现将地板砖损耗计算如下：

（1）本工程共用 1000mm×1000mm 规格砖整砖 6 块（排版图中标注 A 的）；

（2）图案周边异形块料耗用整砖切割的为 4 块角砖（排版图中标注 B 的），耗用半砖切割的为 4 块边线砖（排版图中标注 C 的），图案周边共耗用规格砖 4+4÷2=6 块；

（3）因保证排版图效果所必须的排版裁切，耗用整砖切割的 34 块（排版图中标注 1 的），耗用半砖及半砖切割的 14 块（排版图中标注 2 的），排板裁切共耗用规格砖 34+14÷2=41 块。

本工程下料共用规格砖 6+6+41=53 块，折合面积 53m²，下料损耗率为（53÷41.894-1)×100%=26.5%，定额材料损耗率（不含下料损耗）为 1.5%，则本工程地板砖材料损耗率为 26.5%+1.5%=28%，需调整 11-3-38 定额子目中的地板砖材料定额消耗量为 10×(1+28%)=12.8m²。

2. 结合层调整说明

本工程为石材和地板砖混合铺贴，因块料厚度不同，选用设计图集结合层厚度也不同，为保证铺贴完成后面层为同一标高，应调整地板砖实际结合层厚度，实际厚度为 20mm（石材厚度）+30mm（石材设计结合层厚度）-12mm（地板砖厚度）=38mm，因套用的"11-3-38 地板砖楼地面干硬性水泥砂浆"定额结合层厚度为 20mm，需调整结合层厚度 18mm，套用"11-3-73 结合层调整干硬性水泥砂浆每增减 5mm"，共调整 4 次（不足5mm 按 5mm 计），工程量即为 4.189×4=16.756（10m²）。

3. 点缀项目人材机调整说明

根据本章相关说明，点缀块料为加工成品，需扣除定额内的"石料切割锯片"及"石料切割机"，人工乘以系数 0.40。

# 附：楼地面装饰工程量清单

## 1　整体面层及找平层

| 项目编码 | 项目名称 | 项目特征（略） | 计量单位 | 工程量计算规则 |
|---|---|---|---|---|
| 011101001 | 水泥砂浆楼地面 | | m² | 按设计图示尺寸以面积计算。扣除凸出地面的构筑物、设备基础、室内铁道、地沟等所占面积，不扣除间壁墙及<0.3m² 的柱、垛、附墙烟囱及孔洞所占面积。门洞、空圈、暖气包槽、壁龛的开口部分不增加面积 |
| 011101002 | 现浇水磨石楼地面 | | | |
| 011101003 | 细石混凝土楼地面 | | | |
| 011101004 | 菱苦土楼地面 | | | |
| 011101005 | 自流平楼地面 | | | |
| 011101006 | 平面砂浆找平层 | | | 按设计图示尺寸以面积计算 |

注：1. 水泥砂浆面层处理是拉毛还是提浆压光应在面层做法要求中描述。
　　2. 平面砂浆找平层只适用于仅做找平层的平面抹灰。
　　3. 间壁墙指墙厚≤120mm 的墙。
　　4. 楼地面混凝土垫层按"第五章　钢筋及混凝土工程"中垫层清单项目编码列项，除混凝土外的其他材料垫层按"第四章　砌筑工程"中垫层清单项目编码列项。

## 2　块料面层

| 项目编码 | 项目名称 | 项目特征（略） | 计量单位 | 工程量计算规则 |
|---|---|---|---|---|
| 011102001 | 石材楼地面 | | m² | 按设计图示尺寸以面积计算。门洞、空圈、暖气包槽、壁龛的开口部分并入相应的工程量内 |
| 011102002 | 碎石材楼地面 | | | |
| 011102003 | 块料楼地面 | | | |

注：1. 在描述碎石材项目的面层材料特征时可不用描述规格、颜色。
　　2. 石材、块料与粘结材料的结合面刷防渗材料的种类在防护层材料种类中描述。
　　3. 本表工作内容中的磨边指施工现场磨边，后面章节工作内容中涉及的磨边含义同。

## 3　橡塑面层

| 项目编码 | 项目名称 | 项目特征（略） | 计量单位 | 工程量计算规则 |
|---|---|---|---|---|
| 011103001 | 橡胶板楼地面 | | m² | 按设计图示尺寸以面积计算。门洞、空圈、暖气包槽、壁龛的开口部分并入相应的工程量内 |
| 011103002 | 橡胶板卷材楼地面 | | | |
| 011103003 | 塑料板楼地面 | | | |
| 011103004 | 塑料卷材楼地面 | | | |

注：本表项目中如涉及找平层，另按"第十一章　楼地面装饰工程"中找平层清单项目编码列项。

## 4　其他材料面层

| 项目编码 | 项目名称 | 项目特征（略） | 计量单位 | 工程量计算规则 |
|---|---|---|---|---|
| 011104001 | 地毯楼地面 | | | 按设计图示尺寸以面积计算。门洞、空圈、暖气包槽、壁龛的开口部分并入相应的工程量内 |
| 011104002 | 竹、木（复合）地板 | | m² | |
| 011104003 | 金属复合地板 | | | |
| 011104004 | 防静电活动地板 | | | |

## 5　踢脚线

| 项目编码 | 项目名称 | 项目特征（略） | 计量单位 | 工程量计算规则 |
|---|---|---|---|---|
| 011105001 | 水泥砂浆踢脚线 | | | |
| 011105002 | 石材踢脚线 | | | |
| 011105003 | 块料踢脚线 | | 1. m²<br>2. m | 1. 以平方米计量，按设计图示长度乘以高度以面积计算<br>2. 以米计量，按延长米计算 |
| 011105004 | 塑料踢脚线 | | | |
| 011105005 | 木质踢脚线 | | | |
| 011105006 | 金属踢脚线 | | | |
| 011105007 | 防静电踢脚线 | | | |

注：石材、块料与粘结材料的结合面刷防渗材料的种类在防护材料种类中描述。

## 6　楼梯面层

| 项目编码 | 项目名称 | 项目特征（略） | 计量单位 | 工程量计算规则 |
|---|---|---|---|---|
| 011106001 | 石材楼梯面层 | | | |
| 011106002 | 块料楼梯面层 | | | |
| 011106003 | 拼碎块料楼梯面层 | | | 按设计图示尺寸以楼梯（包括踏步、休息平台及≤500mm宽的楼梯井）水平投影面积计算。楼梯与楼地面相连时，算至梯口梁内侧边沿；无梯口梁者，算至最上一层踏步边沿加300mm |
| 011106004 | 水泥砂浆楼梯面层 | | | |
| 011106005 | 现浇水磨石楼梯面层 | | m² | |
| 011106006 | 地毯楼梯面层 | | | |
| 011106007 | 木板楼梯面层 | | | |
| 011106008 | 橡胶板楼梯面层 | | | |
| 011106009 | 塑料板楼梯面层 | | | |

注：1. 在描述碎石材项目的面层材料特征时可不用描述规格、颜色。
　　2. 石材、块料与粘结材料的结合面刷防渗材料的种类在防护材料种类中描述。

## 7　台阶装饰

| 项目编码 | 项目名称 | 项目特征（略） | 计量单位 | 工程量计算规则 |
|---|---|---|---|---|
| 011107001 | 石材台阶面 | | | |
| 011107002 | 块料台阶面 | | | |
| 011107003 | 拼碎块料台阶面 | | m² | 按设计图示尺寸以台阶（包括最上层踏步边沿加300mm）水平投影面积计算 |
| 011107004 | 水泥砂浆台阶面 | | | |
| 011107005 | 现浇水磨石台阶面 | | | |
| 011107006 | 剁假石台阶面 | | | |

注：1. 在描述碎石材项目的面层材料特征时可不用描述规格、颜色。
　　2. 石材、块料与粘结材料的结合面刷防渗材料的种类在防护材料种类中描述。

## 8　零星装饰项目

| 项目编码 | 项目名称 | 项目特征（略） | 计量单位 | 工程量计算规则 |
|---|---|---|---|---|
| 011108001 | 石材零星项目 | | | |
| 011108002 | 拼碎石材零星项目 | | m² | 按设计图示尺寸以面积计算 |
| 011108003 | 块料零星项目 | | | |
| 011108004 | 水泥砂浆零星项目 | | | |

注：1. 楼梯、台阶牵边和侧面镶贴块料面层，不大于 0.5m² 的少量分散的楼地面镶贴块料面层，应按本表执行。

2. 石材、块料与粘结材料的结合面刷防渗材料的种类在防护材料种类中描述。

# 第十二章　墙、柱面装饰与隔断、幕墙工程

## 一、本章内容

本章定额包括墙、柱面抹灰，镶贴块料面层，墙、柱饰面，隔断、幕墙，墙、柱面吸声五节。

## 二、定额共性

（1）本节所有子目，定额不分外墙、内墙，使用时按设计饰面做法和不同材质墙体，分别执行相应定额子目。

（2）墙、柱面抹灰及镶贴块料面层子目，定额中的砂浆种类、配合比、厚度与定额不同时，允许调整，砂浆损耗率为 2.5%。

（3）如设计要求在水泥砂浆中掺防水粉等外加剂时，可按设计比例增加外加剂，其他工料不变。

（4）圆弧形、锯齿形等不规则的墙面的抹灰、镶贴块料、饰面，按相应项目人工乘以系数 1.15。

（5）墙、柱面抹灰及镶贴块料面层等均未包括墙面专用界面剂做法，如设计有要求时，按本定额"第十四章　油漆、涂料及裱糊工程"相应项目执行。

## 第一节　墙、柱面抹灰

### 一、消耗量定额

| 定额项目设置 | | 定额解释 |
|---|---|---|
| 麻刀灰厚 7mm+7mm+3mm | 墙面 12-1-1 | 1. 定额中厚度为××mm+××mm 者，砂浆种类为两种，前者为打底厚度，后者为罩面厚度。厚度为××mm+××mm+××mm 者，砂浆种类为三种，前者为罩面厚度，中者为中层厚度，后者为打底厚度 |
| | 柱面 12-1-2 | |
| 水泥砂浆厚 9mm+6mm 12-1-3~8 | 区分不同基层：砖墙、混凝土墙（砌块墙）、拉毛、零星项目、柱面、装饰线条 | |
| 混合砂浆厚 9mm+6mm 12-1-9~14 | | 2. 抹灰子目中的柱面，均指独立柱。与墙连为一体（无论是否同种材料）与墙面能够形成连续抹灰的柱，视同墙垛，其侧面抹灰面积并入相应墙面工程量内计算，执行相应墙面墙裙抹灰子目 |
| 抹灰砂浆厚度调整每增减 1mm 12-1-15~17 | 水泥石灰膏砂浆、水泥砂浆、混合砂浆 | |
| 砖、石墙面勾缝、假面砖 | 砖墙勾缝 12-1-18 | 3. 窗台（无论内、外）抹灰的砂浆种类和厚度，与墙面一致时，不另计算；否则，按其展开宽度，按相应零星项目或装饰线条计算 |
| | 方整石勾平缝/勾凹缝/勾凸缝 12-1-19~21 | 4. "装饰线条"抹灰，适用于门窗套、挑檐、腰线、压顶、遮阳板、楼梯边梁、宣传栏边框等展开宽度小于 300mm 的竖、横线条抹灰；展开宽度超过 300mm 时，按设计图示尺寸以展开面积并入相应墙面计算 |
| | 毛石墙勾凸缝 12-1-22 | |
| 分格嵌缝 | 玻璃嵌缝 12-1-23 | |
| | 分格 12-1-24 | |
| | 塑料条 水泥粘贴 12-1-25 | 5. "零星项目"，适用于各种壁柜、碗柜、过人洞、暖气壁龛、池槽、花台以及 1m² 以内的抹灰 |
| | 胶粘贴 12-1-26 | |

## 二、 内墙抹灰工程量计算

（1）按设计图示尺寸以面积计算。计算时，应扣除门窗洞口和空圈所占面积，不扣除踢脚板（线）、挂镜线、单个面积≤0.3m² 的孔洞以及墙与构件交接处的面积，洞侧壁和顶面不增加面积。墙垛和附墙烟囱侧壁面积与内墙抹灰工程量合并计算。

（2）内墙面抹灰的长度，以主墙间的图示净长尺寸计算。其高度确定如下：

1）无墙裙的，其高度按室内地面或楼面至顶棚底面之间的距离计算。

2）有墙裙的，其高度按墙裙顶至顶棚底面之间的距离计算。

3）有吊顶顶棚的，其高度按至顶棚底面另加 100mm 计算。

4）无吊顶顶棚，板下无梁或板下梁与梁下的墙连为一体，墙厚等于梁宽，墙面装饰顶坪与板底标高相同，其高度计算至顶棚底面。

5）板下梁与梁下的墙连为一体，墙厚小于梁宽的墙，其高度计算至梁底，梁抹灰并入顶棚抹灰计算。

（3）内墙裙抹灰面积，按内墙净长乘以高度计算（扣除或不扣除内容，同内墙抹灰）。

（4）柱抹灰按设计断面周长乘以柱抹灰高度以面积计算。

## 三、 外墙抹灰工程量计算

（1）外墙抹灰工程量，按设计图示尺寸以面积计算。计算时，应扣除门窗洞口、外墙裙和单个面积＞0.3m² 的孔洞所占面积，洞口侧壁面积不另增加。附墙垛、飘窗凸出外墙面增加的抹灰面积并入外墙面工程量内计算。外墙一般抹灰的工程量，还应扣除零星抹灰所占面积，不扣除各种装饰线条所占面积。

（2）外墙裙抹灰面积，按其长度乘以高度计算（扣除或不扣除内容，同外墙抹灰）。

（3）墙面勾缝按设计图示尺寸以面积计算。不扣除门窗洞口、门窗套、腰线等零星抹灰所占面积，附墙柱和门窗洞口侧面的勾缝面积也不增加。独立柱、房上烟囱勾缝，按设计图示尺寸以面积计算。

# 第二节　镶贴块料面层

## 一、 消耗量定额

| 定额项目设置 | | | 定额解释 |
|---|---|---|---|
| 石材块料面层 | 石材块料 12-2-1～10 | 区分墙面、柱面按挂贴、粘贴、干挂设置项目，粘贴还设零星项目 | 1. 挂贴块料面层子目，定额中包括了块料面层的灌缝砂浆（均为 50mm 厚），其砂浆种类、配合比，可按定额相应规定换算；其厚度，设计与定额不同时，可按比例调整砂浆用量，其他不变<br>2. 圆弧形、锯齿形墙面镶贴块料面层，按相应项目人工乘以系数 1.15<br>3. 镶贴块料面层子目，除定额已注明勾缝宽度的项目外，其余项目均按密缝编制。若设计留缝宽度与定额不同时，其相应项目的块料和勾缝砂浆用量可以调整，其他不变 |
| | 拼碎石材块料 12-2-11 | | |
| | 挂贴蘑菇石 12-2-12 | | |
| | 文化石 12-2-13～16 | | |
| 陶瓷锦砖粘贴（马赛克）<br>12-2-17～20 | | 区分粘贴材料分设墙面墙裙、零星项目，瓷砖项目分两种规格 | |
| 瓷砖（釉面砖）室内砖<br>12-2-21～24 | | | |

续表

| 定额项目设置 | | 定额解释 |
|---|---|---|
| 全瓷墙面砖 12-2-25～32 | 分粘贴、钢丝网挂贴、铝方管龙骨干挂，另外还设腰线砖项目，粘贴项目区分周长 | 4. 粘贴瓷质外墙砖子目，定额按三种不同灰缝宽度分别列项，其人工、材料已综合考虑。如灰缝宽度＞20mm时，应调整定额中瓷质外墙砖和勾缝砂浆（1：1.5水泥砂浆）或填缝剂的用量，其他不变。瓷质外墙砖的损耗率为3%。<br>5. 墙面镶贴块料，高度大于300mm时，按墙面墙裙项目套用；小于300mm时，按踢脚板项目套用<br>6. 阴、阳角墙面砖45°角对缝，包括面砖、瓷砖的割角损耗<br>7. 块料镶贴的"零星项目"，适用于挑檐、天沟、腰线、窗台线、门窗套、压顶、栏板、扶手、遮阳板、雨篷周边等 |
| 瓷质外墙砖 12-2-33～50 | 按不同粘贴材料、规格、灰缝宽度分设项目 | |
| 其他 | 块料面酸洗打蜡 12-2-51 | |
| | 墙面砖 45°角对缝 12-2-52 | |

## 二、工程量计算

墙、柱面块料面层工程量按设计图示尺寸以面积计算。

# 第三节　墙、柱饰面

## 一、消耗量定额

| 定额项目设置 | | 定额解释 |
|---|---|---|
| 墙、柱面龙骨 | 木龙骨现场制作安装 12-3-1～15 | 断面、平均中距 |
| | 木龙骨成品安装 12-3-16～27 | 断面、平均中距 |
| | 金属龙骨 12-3-28～31 | 轻钢、铝合金、铝方管、型钢 |
| 墙、柱饰面 | 基层板 12-3-32～39 | 1. 木龙骨上铺钉、轻钢龙骨上铺钉 2. 石膏板、九夹板、密度板、细木工板 |
| | 造型层 12-3-40～43 | 石膏板、九夹板、密度板、细木工板 |
| | 饰面面层 12-3-44～53 | 区分不同的面层材料；装饰木夹板面层分拼花、不拼花、单块面积≤0.03m²三个子目 |
| | 金属饰面层 12-3-54～56 | 区分不同基层分设镜面不锈钢板、铝塑板项目 |
| | 软包 12-3-57～60 | 按墙面、柱面分设皮革、丝绒项目 |

定额解释（右栏）：

1. 木龙骨定额按双向计算，如设计为单向时，定额人工、材料、机械乘以系数0.55。因定额是按不同断面与间距综合编制的，应用定额时消耗量一般不作调整

2. 定额龙骨铺设按附墙柱考虑，如遇到龙骨外挑，定额乘以系数1.15；木龙骨包圆柱，定额乘以系数1.18；金属龙骨包圆柱，定额乘以系数1.20

3. 墙、柱饰面中的龙骨、基层、面层均未包括刷防火涂料。如设计有要求时，按本定额"第十四章　油漆、涂料及裱糊工程"相应项目执行

4. 基层板上铺钉造型层，定额按不满铺考虑。若在基层板上满铺时，可套用造型层相应项目，人工消耗量乘以系数0.85

5. 饰面材料型号规格，设计与定额不同时，可按设计规定调整，其他不变

6. 饰面面层子目，除另有注明外，均不包含木龙骨、基层

7. 墙、柱饰面面层的材料不同时，单块面积≤0.03m²的面层材料应单独计算，且不扣除其所占饰面面层的面积

8. 墙、柱饰面中的软包子目是综合项目，包括龙骨、基层、面层等内容，设计与定额不同时，材料可以换算

### 二、 工程量计算

（1）墙、柱饰面龙骨按设计图示长度乘以高度以面积计算。

（2）墙饰面基层板、造型层、饰面面层按设计图示墙净长乘以净高以面积计算，扣除门窗洞口及单个面积＞0.3m² 的孔洞所占面积。

（3）柱饰面基层板、造型层、饰面面层按设计图示饰面外围尺寸以面积计算。柱帽、柱墩并入相应柱饰面工程量内。

## 第四节　隔断、幕墙

| 定额项目设置 | | 定额解释 | 工程量计算 |
|---|---|---|---|
| 玻璃隔断（成品）12-4-1 | | | |
| 复合板隔断（成品）12-4-2 | | | |
| 花式木隔断（直栅镂空）12-4-3 | | | |
| 井格（mm）100×100 12-4-4<br>井格（mm）200×200 12-4-5 | | | 1．隔断、间壁按设计图示框外围尺寸以面积计算，不扣除≤0.3m²的孔洞所占面积 |
| 玻璃砖隔断（分格嵌缝）12-4-6<br>玻璃砖隔断（全砖）12-4-7 | | 1．幕墙所用龙骨（一般为金属龙骨），设计与定额不同时允许换算，人工用量不变。轻钢龙骨损耗率为6％，铝合金龙骨损耗率为7％<br>2．点支式全玻璃幕墙不包括承载受力结构 | 2．幕墙按设计图示框外围尺寸以面积计算。全玻璃幕墙的玻璃肋并入幕墙面积内，点支式全玻璃幕墙钢结构桁架另行计算，圆弧形玻璃幕墙材料的煨弯费用另行计算 |
| 玻璃幕墙 | 全隐框 12-4-8 | | |
| | 半隐框 12-4-9 | | |
| | 明框 12-4-10 | | |
| 全玻璃幕墙 | 吊挂式 12-4-11 | | |
| | 点支式 12-4-12 | | |
| 铝板幕墙 | 铝塑板 12-4-13 | | |
| | 铝单板 12-4-14 | | |

## 第五节　墙、柱面吸声

| 定额项目设置 | 工程量计算 |
|---|---|
| 岩棉吸声板 12-5-1 | 墙面吸声子目，按设计图示尺寸以面积计算 |
| 矿棉板 12-5-2 | |

# 重点、难点分析

### 一、 本章主要材料损耗率

本章主要材料损耗率的取定见表 2-12-1。

墙、柱面装饰与隔断、幕墙工程主要材料损耗率取定表　　　　　表 2-12-1

| 材料名称 | 损耗率 | 材料名称 | 损耗率 |
|---|---|---|---|
| 轻钢龙骨 | 6% | 板方材 | 5% |
| 铝合金龙骨 | 6% | 装饰木夹板 1220mm×2440mm×3mm | 5% |
| 铝方管龙骨 | 6% | 防火胶板 | 5% |
| 型钢 | 6% | 车边镜面玻璃 | 5% |
| 石材块料 | 1.5% | 皮革 | 15% |
| 拼碎石材料 | 1.5% | 丝绒 | 15% |
| 建筑文化石 | 1.5% | 镜面不锈钢板 | 5% |
| 圆弧面石材块料 | 2% | 铝单板 | 2% |
| 贴墙蘑菇石 | 2% | 铝塑板 | 5% |
| 瓷砖 152mm×152mm | 3% | 钢化中空玻璃 | 3% |
| 瓷砖 200mm×300mm | 3% | 纸面石膏板 | 6% |
| 全瓷墙面砖 300mm×450mm | 4% | 九夹板 | 5% |
| 全瓷墙面砖 300mm×600mm | 5% | 密度板 | 5% |
| 全瓷墙面砖 1000mm×800mm | 5% | 细木工板 | 5% |
| 腰线砖 100mm×300mm | 1% | 柚木皮 | 5% |
| 陶瓷锦砖（马赛克） | 2% | 亚克力板 | 5% |
| 瓷质外墙砖 | 3% | 木质吸声板 | 5% |

## 二、 抹灰调整举例

（1）单纯的砂浆种类调整、配合比调整，属于一个类型，即只调整定额中砂浆的材料名称和单价，砂浆的定额消耗量不变，人工消耗量也不变。

（2）砂浆厚度调整，属于另一个类型，即根据定额砂浆厚度调整子目，同时调整人工、材料、机械的消耗量。

抹灰调整，一般总是上述两个类型的调整交叉在一起进行的。

**例如：** 某工程设计外墙抹灰 130m²，砖墙，混合砂浆墙面，具体做法：

9mm 厚 1∶1∶6 水泥石灰膏砂浆打底扫毛；

9mm 厚 2∶1∶8 水泥石灰膏砂浆找平扫毛；

7mm 厚 1∶0.3∶3 水泥石灰膏砂浆抹面。

**解：** 查定额 12-1-9 子目可知，该子目为：

9mm 厚 1∶1∶6 水泥石灰抹灰砂浆

6mm 厚 1∶0.5∶3 水泥石灰抹灰砂浆

应予调整，调整后套用定额为：

混合砂浆（砖墙）12-1-9（1∶1∶6 水泥石灰抹灰砂浆调整为 1∶1∶6 水泥石灰膏砂浆，1∶0.5∶3 水泥石灰抹灰砂浆调整为 2∶1∶8 水泥石灰膏砂浆）

抹灰层每增减 1mm 12-1-15×3（1∶1∶6 水泥石灰膏砂浆调整为 2∶1∶8 水泥石灰膏砂浆）

抹灰层每增减 1mm 12-1-15×7（1∶1∶6 水泥石灰膏砂浆调整为 1∶0.3∶3 水泥石灰膏砂浆）

### 三、面砖定额调整

瓷质外墙砖项目中，共列有三种规格：150mm×75mm、194mm×94mm、60mm×240mm，设计规格与定额不同时，应按设计规格的周长就近执行三种定额中的一种；同时调整定额的瓷质外墙砖及勾缝1∶1水泥抹灰砂浆的用量。

调整方法分以下几种情况：

（1）0＜设计缝宽≤5mm时，执行灰缝5mm以内子目，不调整。

（2）5mm＜设计缝宽≤10mm时，执行灰缝10mm以内子目，不调整。

（3）10mm＜设计缝宽≤20mm时，执行灰缝20mm以内子目，不调整。

（4）面砖为密缝时、设计缝宽＞20mm时，应调整定额瓷质外墙砖及勾缝砂浆的用量。

**举例1：**某工程外墙面130m²，设计瓷质外墙砖规格194mm×94mm，密缝粘贴，调整定额含量。

**解：**设计瓷质外墙砖消耗量

＝10÷[（设计块长＋设计缝宽）×（设计块宽＋设计缝宽）]×单砖面积×（1＋损耗率）

＝10÷[（0.194＋0）×（0.094＋0）]×0.194×0.094×1.03

＝10×1.03＝10.3（m²/10m²）

设计水泥砂浆1∶1消耗量为0。

套定额12-2-39调整瓷质外墙砖及1∶1勾缝砂浆含量

**举例2：**某工程外墙面130m²，设计瓷质外墙砖规格194mm×94mm，1∶1水泥砂浆勾缝宽22mm，调整定额含量。

**解：**设计瓷质外墙砖消耗量

＝10÷[（设计块长＋设计缝宽）×（设计块宽＋设计缝宽）]×单砖面积×（1＋损耗率）

＝10÷[（0.194＋0.022）×（0.094＋0.022）]×0.194×0.094×1.03

＝7.278×1.03＝7.4964（m²/10m²）

设计水泥砂浆1∶1消耗量

＝设计灰缝面积÷定额灰缝面积×定额水泥砂浆消耗量

＝（10－设计瓷质外墙砖面积）÷（10－定额瓷质外墙砖面积）×定额水泥砂浆消耗量

＝（10－7.278）÷（10－7.6/1.03）×0.031

＝0.0322（m³/10m²）

套定额12-2-41调整瓷质外墙砖及1∶1勾缝砂浆含量

# 工程预算实例

**【例题2-12-1】**　某装饰工程（见图2-12-1～图2-12-4），房间外墙厚度240mm，中到中尺寸为12000mm×18000mm，800mm×800mm独立柱4根，门窗占位面积80m²，柱垛展开面积11m²，吊顶高度3750mm，做法：地面20mm厚1∶3水泥砂浆找平、20mm厚1∶2干性水泥砂浆粘贴800mm×800mm玻化砖，木质成品踢脚线高度150mm，墙体混合砂浆抹灰厚度20mm，抹灰面满刮成品腻子两遍、面罩乳胶漆两遍，天棚轻钢龙骨石膏板面刮成品腻子两遍、面罩乳胶漆两遍，柱面挂贴30mm厚花岗石板，花岗石板和柱结构面之间空隙灌填50mm厚1∶3水泥砂浆。

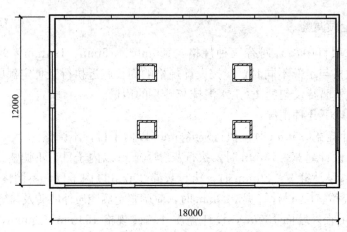

图 2-12-1　某工程大厅平面示意图

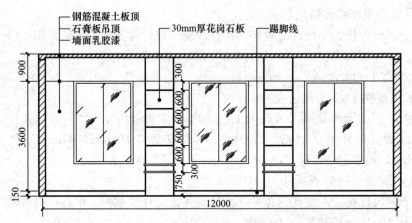

图 2-12-2　某工程大厅剖面图

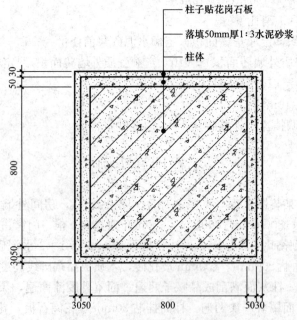

图 2-12-3　某工程大厅立柱剖面图

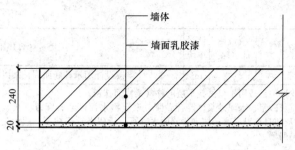

图 2-12-4　某工程大厅墙体抹灰剖面图

**问题：**根据以上背景资料计算该工程墙面抹灰、花岗石柱面工程量并套定额。

**解：**

(1) 墙面抹灰工程量＝(12－0.24＋18－0.24)×2×(3.6＋0.15＋0.1)－80(门窗洞口占位面积)＋11(柱垛展开面积)＝158.30m²

套定额 12-1-9 砖墙混合砂浆抹面

12-1-17×5 抹灰砂浆厚度调整混合砂浆每增减 1mm 厚

(2) 花岗石柱面工程量＝[0.8＋(0.05＋0.03)×2]×4×(3.6＋0.15)×4(根)＝57.6m²

套定额 12-2-2 镶贴块料面层挂贴石材块料柱面

# 附：墙、柱面装饰与隔断、幕墙工程量清单

## 1　墙面抹灰

| 项目编码 | 项目名称 | 项目特征（略） | 计量单位 | 工程量计算规则 |
|---|---|---|---|---|
| 011201001 | 墙面一般抹灰 | | m² | 按设计图示尺寸以面积计算。扣除墙裙、门窗洞口及单个面积＞0.3m² 的孔洞所占面积，不扣除踢脚线、挂镜线和墙与构件交接处的面积，门窗洞口和孔洞侧壁及顶面不增加面积。附墙柱、梁、垛、烟囱侧壁并入相应的墙面面积内。<br>1. 外墙抹灰面积按外墙垂直投影面积计算<br>2. 外墙裙抹灰面积按其长度乘以高度计算<br>3. 内墙抹灰面积按主墙间的净长乘以高度计算<br>(1) 无墙裙的，高度按室内楼地面至天棚底面计算<br>(2) 有墙裙的，高度按墙裙顶至天棚底面计算<br>(3) 有吊顶天棚抹灰，高度算至天棚底<br>4. 内墙裙抹灰面积按内墙净长乘以高度计算 |
| 011201002 | 墙面装饰抹灰 | | | |
| 011201003 | 墙面勾缝 | | | |
| 011201004 | 立面砂浆找平 | | | |

注：1. 立面砂浆找平项目适用于仅做找平层的立面抹灰。

2. 墙面抹石灰砂浆、水泥砂浆、混合砂浆、聚合物水泥砂浆、麻刀石灰浆、石膏灰浆等按本表中墙面一般抹灰项目编码列项；墙面水刷石、斩假石、干粘石、假面砖等按本表中墙面装饰抹灰项目编码列项。

3. 飘窗凸出外墙面增加的抹灰并入外墙工程量内。

4. 有吊顶天棚的内墙面抹灰，抹至吊顶以上部分在综合单价中考虑。

## 2　柱（梁）面抹灰

| 项目编码 | 项目名称 | 项目特征（略） | 计量单位 | 工程量计算规则 |
|---|---|---|---|---|
| 011202001 | 柱（梁）面一般抹灰 | | m² | 1. 柱面抹灰：按设计图示柱断面周长乘以高度以面积计算<br>2. 梁面抹灰：按设计图示梁断面周长乘以长度以面积计算 |
| 011202002 | 柱（梁）面装饰抹灰 | | | |
| 011202003 | 柱（梁）面砂浆找平 | | | |

续表

| 项目编码 | 项目名称 | 项目特征（略） | 计量单位 | 工程量计算规则 |
|---|---|---|---|---|
| 011202004 | 柱面勾缝 | | m² | 按设计图示柱断面周长乘以高度以面积计算 |

注：1. 柱、梁面砂浆找平项目适用于仅做找平层的柱（梁）面抹灰。
　　2. 柱（梁）面抹石灰砂浆、水泥砂浆、混合砂浆、聚合物水泥砂浆、麻刀石灰浆、石膏灰浆等按本表中柱（梁）面一般抹灰项目编码列项；柱（梁）面水刷石、斩假石、干粘石、假面砖等按本表中柱（梁）面装饰抹灰项目编码列项。

### 3　零星抹灰

| 项目编码 | 项目名称 | 项目特征（略） | 计量单位 | 工程量计算规则 |
|---|---|---|---|---|
| 011203001 | 零星项目一般抹灰 | | | |
| 011203002 | 零星项目装饰抹灰 | | m² | 按设计图示尺寸以面积计算 |
| 011203003 | 零星项目砂浆找平 | | | |

注：1. 零星项目抹石灰砂浆、水泥砂浆、混合砂浆、聚合物水泥砂浆、麻刀石灰浆、石膏灰浆等按本表中零星项目一般抹灰项目编码列项；水刷石、斩假石、干粘石、假面砖等按本表中零星项目装饰抹灰项目编码列项。
　　2. 墙、柱（梁）面≤0.5m² 的少量分散的抹灰按本表中零星抹灰项目编码列项。

### 4　墙面块料面层

| 项目编码 | 项目名称 | 项目特征（略） | 计量单位 | 工程量计算规则 |
|---|---|---|---|---|
| 011204001 | 石材墙面 | | | |
| 011204002 | 拼碎石材墙面 | | m² | 按镶贴表面积计算 |
| 011204003 | 块料墙面 | | | |
| 011204004 | 干挂石材钢骨架 | | | 按设计图示尺寸以质量计算 |

注：1. 在描述碎块项目的面层材料特征时可不用描述规格、颜色。
　　2. 石材，块料与粘结材料的结合面刷防渗材料的种类在防护层材料种类中描述。
　　3. 安装方式可描述为砂浆或胶粘剂粘贴、挂贴、干挂等，不论哪种安装方式，都要详细描述与组价相关的内容。

### 5　柱（梁）面镶贴块料

| 项目编码 | 项目名称 | 项目特征（略） | 计量单位 | 工程量计算规则 |
|---|---|---|---|---|
| 011205001 | 石材柱面 | | | |
| 011205002 | 块料柱面 | | | |
| 011205003 | 拼碎块柱面 | | m² | 按镶贴表面积计算 |
| 011205004 | 石材梁面 | | | |
| 011205005 | 块料梁面 | | | |

注：1. 在描述碎块项目的面层材料特征时可不用描述规格、颜色。
　　2. 石材、块料与粘结材料的结合面刷防渗材料的种类在防护层材料种类中描述。
　　3. 柱（梁）面干挂石材的钢骨架按墙面块料面层相应项目编码列项。

### 6　镶贴零星块料

| 项目编码 | 项目名称 | 项目特征（略） | 计量单位 | 工程量计算规则 |
|---|---|---|---|---|
| 011206001 | 石材零星项目 | | m² | 按镶贴表面积计算 |

| 项目编码 | 项目名称 | 项目特征（略） | 计量单位 | 工程量计算规则 |
|---|---|---|---|---|
| 011206002 | 块料零星项目 | | m² | 按镶贴表面积计算 |
| 011206003 | 拼碎块零星项目 | | | |

注：1. 在描述碎块项目的面层材料特征时可不用描述规格、颜色。
2. 石材、块料与粘结材料的结合面刷防渗材料的种类在防护材料种类中描述。
3. 墙柱面≤0.5m² 的少量分散的镶贴块料面层按本表中零星项目执行。

## 7  墙饰面

| 项目编码 | 项目名称 | 项目特征（略） | 计量单位 | 工程量计算规则 |
|---|---|---|---|---|
| 011207001 | 墙面装饰板 | | m² | 按设计图示墙净长乘以净高以面积计算。扣除门窗洞口及单个面积＞0.3m² 的孔洞所占面积 |
| 011207002 | 墙面装饰浮雕 | | | 按设计图示尺寸以面积计算 |

## 8  柱（梁）饰面

| 项目编码 | 项目名称 | 项目特征（略） | 计量单位 | 工程量计算规则 |
|---|---|---|---|---|
| 011208001 | 柱（梁）面装饰 | | m² | 按设计图示饰面外围尺寸以面积计算。柱帽、柱墩并入相应柱饰面工程量内 |
| 011208002 | 成品装饰柱 | | 1. 根 2. m | 1. 以根计量，按设计图示数量计算 2. 以米计量，按设计图示长度计算 |

## 9  幕墙工程

| 项目编码 | 项目名称 | 项目特征（略） | 计量单位 | 工程量计算规则 |
|---|---|---|---|---|
| 011209001 | 带骨架幕墙 | | m² | 按设计图示框外围尺寸以面积计算。与幕墙同种材质的窗所占面积不扣除 |
| 011209002 | 全玻（无框玻璃）幕墙 | | | 按设计图示尺寸以面积计算。带肋全玻幕墙按展开面积计算 |

注：幕墙钢骨架按干挂石材钢骨架项目编码列项。

## 10  隔断

| 项目编码 | 项目名称 | 项目特征（略） | 计量单位 | 工程量计算规则 |
|---|---|---|---|---|
| 011210001 | 木隔断 | | m² | 按设计图示框外围尺寸以面积计算。不扣除单个面积≤0.3m² 的孔洞所占面积；浴厕门的材质与隔断相同时，门的面积并入隔断面积内 |
| 011210002 | 金属隔断 | | | |
| 011210003 | 玻璃隔断 | | | 按设计图示框外围尺寸以面积计算。不扣除单个面积≤0.3m² 的孔洞所占面积 |
| 011210004 | 塑料隔断 | | | |
| 011210005 | 成品隔断 | | 1. m² 2. 间 | 1. 以平方米计量，按设计图示框外围尺寸以面积计算 2. 以间计量，按设计图示数量计算 |
| 011210006 | 其他隔断 | | m² | 按设计图示框外围尺寸以面积计算。不扣除单个面积≤0.3m² 的孔洞所占面积 |

# 第十三章 天棚工程

本章定额包括天棚抹灰、天棚龙骨、天棚饰面、雨篷四节。

## 第一节 天棚抹灰

| 定额项目设置 | | | 定额解释与工程量计算 |
|---|---|---|---|
| 混凝土面天棚 | 麻刀灰（厚度 6mm＋3mm） | 13-1-1 | **定额解释**<br>本章中凡注明砂浆种类、配合比、饰面材料型号规格的，设计规定与定额不同时，可以按设计规定换算，其他不变<br>**工程量计算**<br>1. 按设计图示尺寸以面积计算。不扣除柱、垛、间壁墙、附墙烟囱、检查口和管道所占面积<br>2. 带梁天棚的梁两侧抹灰面积并入相应的顶棚抹灰工程量内计算<br>3. 楼梯底面（包括侧面及连接梁、平台梁、斜梁的侧面）抹灰，按楼梯水平投影面积乘以系数1.37，并入相应的顶棚抹灰工程量内计算<br>4. 檐口、阳台、雨棚底的抹灰面积，并入相应的顶棚抹灰工程量内计算 |
| | 水泥砂浆（厚度 5mm＋3mm） | 13-1-2 | |
| | 混合砂浆（厚度 5mm＋3mm） | 13-1-3 | |
| | 混合砂浆打底厚 5mm | 13-1-4 | |
| | 水泥砂浆每增减 1mm | 13-1-5 | |
| | 混合砂浆每增减 1mm | 13-1-6 | |

## 第二节 天棚龙骨

| 定额项目设置 | | | 定额解释与工程量计算 |
|---|---|---|---|
| 方木天棚龙骨 | 平面单层 13-2-1 | | **定额解释**<br>1. 本章天棚龙骨是按平面天棚、跌级天棚、艺术造型天棚龙骨设计项目。按照常用材料及规格编制，设计规定与定额不同时，可以换算，其他不变。若龙骨需要进行处理（如煨弯曲线等），其加工费另行计算<br>2. 天棚木龙骨子目，区分单层结构和双层结构。单层结构是指双向木龙骨形成的龙骨网片直接由吊杆引上，与吊点固定的情况；双层结构是指双向木龙骨形成的龙骨网片首先固定在单向设置的主木龙骨上，再由主木龙骨与吊杆连接、引上，与吊点固定的情况<br>成品木龙骨：吊筋采用$\phi8$吊筋，木龙骨网片采用25mm×30mm的成品方木，网格尺寸 300mm×300mm，双层结构增加单向木龙骨40mm×60mm方木，间距850mm，吊点取定为每平方米1.5个，木龙骨损耗率定为 5%<br>3. 轻钢龙骨、铝合金龙骨定额按双层结构编制，如采用单层结构时，人工乘以系数 0.85<br>轻钢龙骨及铝合金龙骨：吊筋采用$\phi8$吊筋，各个子目均按双层龙骨考虑，主龙骨为单向设置，并以中、小龙骨形成的网格尺寸列项，轻钢龙骨损耗率为 6%<br>**工程量计算**<br>1. 各种吊顶顶棚龙骨，按主墙间净空面积以平方米计算；不扣除间壁墙、检查口、附墙烟囱、柱、灯孔、垛和管道所占面积，由于上述原因所引起的工料也不增加 |
| | 平面双层 13-2-2 | | |
| | 跌级单层 13-2-3 | | |
| | 跌级双层 13-2-4 | | |
| 装配式 U 形轻钢天棚龙骨 13-2-5～20 | 1. 平面、跌级<br>2. 不上人型、上人型<br>3. 网格（mm）：300×300、450×450、600×600、＞600×600 | | |
| 轻钢天棚龙骨 | 不上人型 13-2-21 | | |
| | 上人型 13-2-22 | | |
| 装配式 T 形铝合金天棚龙骨网格600mm×600mm | 平面 13-2-23 | | |
| | 跌级 13-2-24 | | |
| 铝合金方板天棚龙骨 13-2-25～28 | 1. 嵌入式、浮搁式<br>2. 网格（mm）：500×500、600×600 | | |

| 定额项目设置 | | 定额解释与工程量计算 |
|---|---|---|
| 铝合金条板天棚龙骨 13-2-29 | | 2. 计算顶棚龙骨时，应扣除与顶棚相连的窗帘盒所占的面积。与顶棚相连的窗帘盒，一般为暗窗帘盒。暗窗帘盒的立板，是顶棚与窗帘盒（含立板）的分界线 |
| 艺术造型天棚龙骨 13-2-30 | | |
| 烤漆龙骨 | T形明架式 13-2-31 | 3. 计算顶棚龙骨时，顶棚中的折线、跌落、高低吊顶槽等面积不展开计算 |
| | H形暗架式 13-2-32 | |

# 第三节　天棚饰面

| 定额项目设置 | | | 定额解释与工程量计算 |
|---|---|---|---|
| 基层 | 钉铺胶合板基层 13-3-1～4 | 1. 五夹板、九夹板　2. 轻钢龙骨、木龙骨 | |
| | 钉铺密度板基层 13-3-5～6 | 轻钢龙骨、木龙骨 | |
| | 钉铺细木工板基层 13-3-7～8 | 轻钢龙骨、木龙骨 | |
| | 钉铺纸面石膏板基层 13-3-9～10 | 轻钢龙骨、木龙骨 | |
| 造型层 | 密度板 13-3-11 | | **定额解释** |
| | 细木工板 13-3-12 | | 1. 天棚面层在同一标高者为平面天棚，天棚面层不在同一标高者为跌级天棚。跌级天棚基层、面层按平面定额项目人工乘以系数 1.10，其他不变 |
| | 五夹板 13-3-13 | | 2. 艺术造型天棚基层、面层按平面定额项目人工乘以系数 1.30，其他不变 |
| | 九夹板 13-3-14 | | 3. 天棚饰面中喷刷涂料，龙骨、基层、面层防火处理执行本定额"第十四章　油漆、涂料及裱糊工程"相应项目 |
| 饰面层 | 装饰木夹板面层 | 不拼花 13-3-15 | 4. 天棚检查孔的工料已包含在项目内，面层材料不同时，另增加材料，其他不变 |
| | | 拼花 13-3-16 | 5. 定额内除另有注明者外，均未包括压条、收边、装饰线（板），设计有要求时，执行本定额"第十五章　其他装饰工程"相应定额子目 |
| | | 小面积贴夹板 13-3-17 | 6. 天棚饰面开挖灯孔，按每开 10 个灯孔用工 1.0 工日计算 |
| | 防火板 13-3-18 | | 7. 圆形、弧形等不规则的软膜吊顶，人工乘以系数 1.10 |
| | 木质吸声棉 13-3-19 | | **工程量计算** |
| 金属面层 | 镜面不锈钢板 13-3-20 | | 1. 天棚装饰面积，按主墙间设计面积以平方米计算。不扣除间壁墙、检查口、附墙烟囱、附墙垛和管道所占面积，但应扣除独立柱、灯带、＞0.3m² 的灯孔及与顶棚相连的窗帘盒所占面积 |
| | 铝合金方板 | 嵌入式 13-3-21 | 2. 天棚中的折线、跌落、拱形、高低灯槽及其他艺术形式天棚面层，均按展开面积计算 |
| | | 浮搁式 13-3-22 | 3. 格栅吊顶、藤条造型悬挂吊顶、软膜吊顶和装饰网架吊顶，按设计图示尺寸以水平投影面积计算 |
| | 铝合金条板闭缝 13-3-23 | | |
| | 方形铝扣板 13-3-24 | | |
| | 铝单板 13-3-25 | | |
| | 铝塑板贴在基层板上 13-3-26 | | |
| | 铝方通 13-3-27 | | |
| 其他饰面 | 镜面玻璃 13-3-28 | | |
| | 亚克力饰面板 13-3-29 | | |
| | PVC 扣板 13-3-30 | | |
| | 软包 13-3-31 | | |
| | 矿棉板搁在龙骨上 13-3-32 | | |
| | 硅钙板搁在 U 形轻钢龙骨上 13-3-33 | | |
| | 硅钙板搁在 T 形铝合金龙骨上 13-3-34 | | |
| | 天棚灯片塑料透光片 13-3-35 | | |
| | 磨砂玻璃天棚搁在 T 形龙骨上 13-3-36 | | |

续表

| 定额项目设置 | | 定额解释与工程量计算 |
|---|---|---|
| 其他天棚吊顶 | 木格栅 13-3-37 | 4. 吊筒吊顶，按最大外围水平投影尺寸以外接矩形面积计算<br>5. 送风口、回风口及成品检修口，按设计图示数量计算 |
| | 金属格栅 13-3-38 | |
| | 铝合金筒形天棚 13-3-39 | |
| | 藤条造型悬挂吊顶 13-3-40 | |
| | 软膜吊顶 13-3-41 | |
| | 装饰网架 13-3-42 | |
| 送（回）风口 | 实木送（回）风口 13-3-43 | |
| | 铝合金送（回）风口 13-3-44 | |
| | 成品检修口安装 13-3-45 | |

注：在工程量清单计价方式中，天棚吊顶项目的龙骨与饰面不分别计算，吊顶龙骨不区分"平面"与"跌级"，吊顶天棚（011302001）的清单工程数量，均"按设计图示尺寸以水平投影面积计算。天棚面中的灯槽及跌级、锯齿形、吊挂式、藻井式天棚面积不展开计算"；其他吊顶（011302002～011302006）"按设计图示尺寸以水平投影面积计算"；采光天棚（011303001）"按框外围展开面积计算"。

# 第四节 雨 篷

| 定额项目设置 | 定额解释与工程量计算 |
|---|---|
| 龙骨上安装铝塑板 13-4-1 | 1. 点支式雨篷的型钢、爪件的规格、数量是按常用做法考虑的，设计规定与定额不同时，可按设计规定换算，其他不变。斜拉杆费用另计 |
| 夹胶玻璃点支式雨篷 13-4-2 | 2. 雨篷工程量按设计图示尺寸以水平投影面积计算 |

# 重点、难点分析

## 一、"带梁顶棚"的梁计算抹灰工程量的几种情况

（1）梁下无墙的悬空梁，梁两侧抹灰面积并入顶棚抹灰计算。

（2）与梁下的墙连为一体，且梁宽大于墙厚的梁两侧抹灰面积并入顶棚抹灰计算。

（3）与梁下的墙连为一体，且梁宽与墙厚相等的梁，其两侧抹灰面积并入内墙抹灰工程量内计算。

## 二、吊顶天棚的划分

### 1. 平面天棚与跌级天棚的划分

天棚面层在同一标高者为平面天棚，天棚面层不在同一标高者为跌级天棚。

房间内吊顶、局部向下跌落，最大跌落线向外、最小跌落线向里每边各加 0.6m，两条 0.6m 线范围内的吊顶为跌级吊顶天棚，其余为平面吊顶天棚。如图 2-13-1 所示。

最大跌落线距墙边≤1.2m 时，最大跌落线以外的全部吊顶为跌级吊顶天棚，如图 2-13-2 所示。

最小跌落线任意两对边之间的距离（或直径）≤1.8m 时，最小跌落线以内的全部吊顶为跌级吊顶天棚，如图 2-13-3 所示。

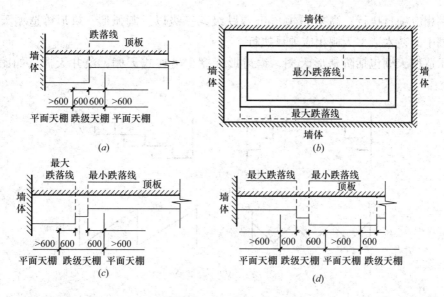

图 2-13-1 跌级天棚与平面天棚的划分（一）

（a）一级跌落天棚断面图；（b）二级跌落天棚平面图；（c）二级跌落天棚断面图 1；（d）二级跌落天棚断面图 2

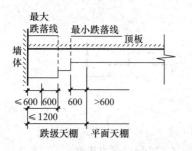

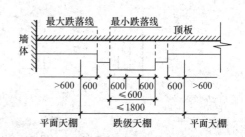

图 2-13-2　跌级天棚与平面天棚的划分（二）　　图 2-13-3　跌级天棚与平面天棚的划分（三）

　　若房间内局部为板底抹灰天棚、局部向下跌落时，两条 0.6m 线范围内的抹灰天棚不得计算为吊顶天棚；吊顶天棚与抹灰天棚（之间）只有一个跌级时，该吊顶天棚的龙骨则为平面天棚龙骨，该吊顶天棚的饰面按跌级天棚饰面计算，如图 2-13-4 所示。

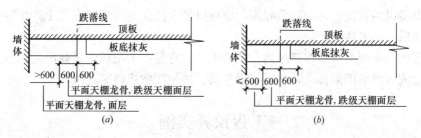

图 2-13-4　跌级天棚与平面天棚的划分（四）

（a）局部抹灰天棚断面图 1；（b）局部抹灰天棚断面图 2

## 2. 跌级天棚与艺术造型天棚的划分

天棚面层不在同一标高时，高差≤400mm 且跌级≤三级的一般直线形平面天棚，按跌级天棚相应项目执行；高差＞400mm 或跌级＞三级以及圆弧形、拱形等造型天棚，按吊顶天棚中的艺术造型天棚相应项目执行。

艺术造型天棚包括阶梯形天棚、锯齿形天棚、吊挂式天棚、藻井天棚，如图 2-13-5 所示。

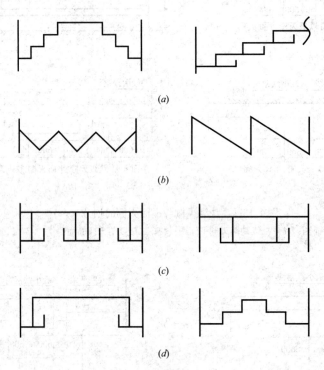

图 2-13-5　艺术造型天棚

(a) 阶梯形天棚；(b) 锯齿形天棚；(c) 吊挂式天棚；(d) 藻井天棚

阶梯形天棚是指天棚面层不在同一标高且超过三级者。

锯齿形天棚是按其构成形状来命名的，主要是为了避免灯光直射到室内，而做成若干个间断的单坡天棚顶，若干个天棚顶排列起来就像锯齿一样。

吊挂式天棚，是指天棚的装修表面与屋面板或楼板之间留有一定距离，这段距离形成的空腔可以将设备管线和结构隐藏起来，也可以使天棚在这段空间高度上产生变化，形成一定的立体感，增强装饰效果。

藻井天棚是中国特有的建筑结构和装饰手法。它是在天花板中最显眼的位置做一个多角形、圆形或方形的凹陷部分，然后装修斗拱、描绘图案或雕刻花纹。

# 工程预算实例

**【例题 2-13-1】**　某工程顶棚平面如图 2-13-6 所示，采用双层木龙骨，主龙骨 40mm×60mm，第 1 根距墙 380mm，间距 1000mm；木龙骨网片 25mm×30mm 木方，网格尺寸 400mm×400mm。基层为九夹板，面层贴防火板。计算顶棚木龙骨及基层、面层的工程量并套定额（吊杆用量不调整）。

**解：**

（1）顶棚木龙骨

顶棚木龙骨面积＝5.76×2.76＝15.90m²

套定额 13-2-2 成品方木天棚龙骨双层（分别调整定额内主龙骨与次龙骨消耗量为 10.94m、59.59m）

（2）九夹板基层、防火板面层

基层、面层面积＝顶棚木龙骨面积＝15.90m²

套定额 13-3-4 木龙骨上钉铺胶合板基层（九夹板）

13-3-18 防火板

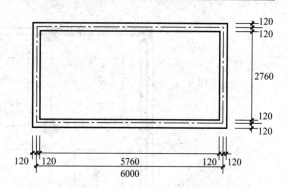

图 2-13-6　某工程顶棚平面图

**分析：**

主龙骨（40mm×60mm）设计用量
＝2.76×[(5.76−0.38×2)÷1+1]×1.05
＝2.76×6×1.05＝17.39m

每 10m² 含量＝17.39÷15.90×10＝10.94m/10m²

次龙骨（30mm×40mm）设计用量
＝2.76×[(5.76÷0.4)+1]×1.05+5.76×[(2.76÷0.4)+1](根数)×1.05
＝(2.76×16+5.76×8)×1.05＝94.75m

每 10m² 含量＝94.75÷15.90×10＝59.59m/10m²

**【例题 2-13-2】** 某多功能厅顶棚平面如图 2-13-7 所示，采用装配式 U 形轻钢天棚龙骨（不上人）、纸面石膏板吊顶顶棚，主龙骨下中、小龙骨形成的网格尺寸为 450mm×450mm。计算多功能厅顶棚轻钢龙骨及面层的工程量并套定额（轻钢龙骨用量不调整）。

**解：**

（1）平面顶棚轻钢龙骨

一级顶棚轻钢龙骨面积
＝(2−0.6×2)×[(8.6−0.24×2)×2−0.25−0.80]+(2−0.6×2)²×4＝14.71m²

套定额 13-2-9 装配式 U 形轻钢天棚龙骨平面不上人型（网格尺寸 450mm×450mm）

（2）跌级顶棚轻钢龙骨

跌级顶棚轻钢龙骨面积
＝(8.6−0.24×2)²−14.71(一级)−(4−0.3×2)×0.25×2(窗帘盒)
＝8.12²−14.71−1.7＝49.52m²

套定额 13-2-11 装配式 U 形轻钢天棚龙骨跌级不上人型（网格尺寸 450mm×450mm）

（3）石膏板面层

石膏板面层面积
＝(8.6−0.24×2)²+2×4×0.25×4(跌落展开)−0.6×0.6(独立柱)−3.4×0.25×2(窗帘盒)
＝8.12²+8−0.36−1.7＝71.87m²

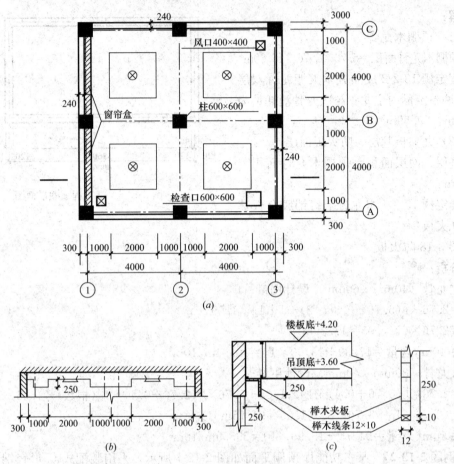

图 2-13-7　某多功能厅顶棚平、剖面图
（a）平面图；（b）跌级顶棚剖面图；（c）窗帘盒剖面图

套定额 13-3-9 轻钢龙骨上钉铺纸面石膏板基层（人工乘以系数 1.10）

（4）开挖灯孔

每挖 10 个灯孔按 1 个工日考虑

开挖灯孔＝4 个

$4 \div 10 \times 1 = 0.4$ 个工日

# 附：天棚工程量清单

## 1　天棚抹灰

| 项目编码 | 项目名称 | 项目特征（略） | 计量单位 | 工程量计算规则 |
|---|---|---|---|---|
| 011301001 | 天棚抹灰 | | m² | 按设计图示尺寸以水平投影面积计算。不扣除间壁墙、垛、柱、附墙烟囱、检查口和管道所占面积，带梁天棚的梁两侧抹灰面积并入天棚面积内，板式楼梯底面抹灰按斜面积计算，锯齿形楼梯底板抹灰按展开面积计算 |

## 2　天棚吊顶

| 项目编码 | 项目名称 | 项目特征（略） | 计量单位 | 工程量计算规则 |
|---|---|---|---|---|
| 011302001 | 吊顶天棚 | | m² | 按设计图示尺寸以水平投影面积计算。天棚面中的灯槽及跌级、锯齿形、吊挂式、藻井式天棚面积不展开计算。不扣除间壁墙、检查口、附墙烟囱、柱、垛和管道所占面积，扣除单个面积＞0.3m²的孔洞、独立柱及与天棚相连的窗帘盒所占面积 |
| 011302002 | 格栅吊顶 | | | 按设计图示尺寸以水平投影面积计算 |
| 011302003 | 吊筒吊顶 | | | |
| 011302004 | 藤条造型悬挂吊顶 | | | |
| 011302005 | 织物软雕吊顶 | | | |
| 011302006 | 装饰网架吊顶 | | | |

## 3　采光天棚

| 项目编码 | 项目名称 | 项目特征 | 计量单位 | 工程量计算规则 |
|---|---|---|---|---|
| 011303001 | 采光天棚 | | m² | 按框外围展开面积计算 |

　注：采光天棚骨架不包括在本节中，应单独按本定额"第六章　金属结构工程"中相关项目编码列项。

## 4　天棚其他装饰

| 项目编码 | 项目名称 | 项目特征 | 计量单位 | 工程量计算规则 |
|---|---|---|---|---|
| 011304001 | 灯带（槽） | | m² | 按设计图示尺寸以框外围面积计算 |
| 011304002 | 送风口、回风口 | | 个 | 按设计图示数量计算 |

# 第十四章　油漆、涂料及裱糊工程

## 一、本章内容

本章定额包括木材面油漆，金属面油漆，抹灰面油漆、涂料，基层处理和裱糊五节。

## 二、定额共性

（1）本章定额中刷油漆、涂料采用手工操作，喷涂采用机械操作，实际操作方法不同时，不做调整。

（2）本章定额中油漆项目已综合考虑了高光、半亚光、亚光等因素；如油漆种类不同时，换算油漆种类，用量不变。

（3）本章定额已综合考虑了在同一平面上的分色及门窗内外分色。油漆中各种不同的颜色已综合在定额子目中，不另调整。如需做美术图案者另行计算。

（4）本章规定的喷、涂、刷遍数与设计要求不同时，按每增一遍定额子目调整。

# 第一节　木材面油漆

| 定额项目设置 | | | 定额解释 |
|---|---|---|---|
| 调合漆、磁漆 | 刷底油一遍、调合漆两遍 14-1-1~5 | 单层木门、单层木窗、墙面墙裙、木扶手、其他木材面 | 1. 木踢脚线油漆，若与木地板油漆相同时，并入地板工程内计算，其工程量计算方法和系数不变；油漆种类不同时，按踢脚线的计算规则计算工程量，套用其他木材面油漆项目<br>2. 硝基清漆子目按五遍成活考虑，每遍成活按规程要求包括两遍刷油一遍磨退<br>3. 其他木材面工程量系数表中的"零星木装饰"项目指油漆工程量系数表中未列项目 |
| | 润油粉、刮腻子、调合漆三遍 14-1-6~10 | | |
| | 调合漆两遍、磁漆一遍 14-1-11~15 | | |
| | 调合漆一遍、磁漆三遍 14-1-16~20 | | |
| | 调合漆每增一遍 14-1-21~25 | | |
| | 磁漆每增一遍 14-1-26~30 | | |
| 醇酸清漆 | 刷底油、油色、醇酸清漆三遍 14-1-31~35 | | |
| | 润油粉、刮腻子、油色、醇酸清漆三遍 14-1-36~40 | | |
| | 醇酸清漆每增一遍 14-1-41~45 | | |
| 聚酯漆 | 满刮腻子、底漆一遍、聚酯清漆两遍 14-1-46~50 | | |
| | 聚酯清漆每增一遍 14-1-51~55 | | |
| | 满刮腻子、底漆一遍、聚酯色漆两遍 14-1-56~60 | | |
| | 聚酯色漆每增一遍 14-1-61~65 | | |
| | 聚酯漆透明腻子每增一遍 14-1-66~70 | | |
| | 聚酯底漆每增一遍 14-1-71~75 | | |
| 聚氨酯漆 | 润油粉、刮腻子、底漆一遍、聚氨酯清漆两遍 14-1-76~80 | | |
| | 聚氨酯清漆每增一遍 14-1-81~85 | | |
| | 满刮腻子、底漆一遍、聚氨酯色漆两遍 14-1-86~90 | | |
| | 聚氨酯色漆每增一遍 14-1-91~95 | | |

| 定额项目设置 | | | | 定额解释 |
|---|---|---|---|---|
| 硝基清漆 | 润油粉、漆片、硝基清漆五遍、磨退出亮 14-1-96～100 | | | |
| | 硝基清漆每增一遍 14-1-101～105 | | | |
| 木地板油漆 | 满刮腻子 | 地板漆两遍 14-1-106 | | |
| | | 刷底油一遍、地板漆两遍 14-1-107 | | |
| | | 清漆三遍 14-1-108 | | |
| | 润油粉两遍、刷油色、清漆三遍 14-1-109 | | | |
| | 润水粉、烫硬蜡 14-1-110 | | | |
| | 本色烫硬蜡 14-1-111 | | | |
| 防火涂料及其他 | 防火涂料两遍 14-1-112～113 | | 木板面、木方面 | |
| | 防火涂料每增一遍 14-1-114～115 | | | |
| | 软质面料喷刷阻燃剂 14-1-116 | | | |
| | 刷桐油 14-1-117～118 | | | |
| | 刷防腐油 14-1-119～120 | | | |

# 第二节　金属面油漆

| 定额项目设置 | | | | 定额解释 |
|---|---|---|---|---|
| 调合漆、醇酸磁漆 | 调合漆两遍 14-2-1～2 | | | |
| | 调合漆每增一遍 14-2-3～4 | | | |
| | 醇酸磁漆两遍 14-2-5～6 | | | |
| | 醇酸磁漆每增一遍 14-2-7～8 | | | |
| 过氯乙烯漆 | 金属面过氯乙烯漆 | 五遍成活 14-2-9 | | 金属面、金属构件 |
| | | 每增一遍 | 底漆 14-2-10 | |
| | | | 磁漆 14-2-11 | |
| | | | 清漆 14-2-12 | |
| | 金属构件过氯乙烯漆 | 五遍成活 14-2-13 | | |
| | | 每增一遍 | 底漆 14-2-14 | |
| | | | 磁漆 14-2-15 | |
| | | | 清漆 14-2-16 | |
| 氟碳漆 | 氟碳漆两遍成活 14-2-17～18 | | | 金属面、金属构件防火涂料是按照薄型钢结构防火涂料，涂刷厚度 5.5mm，耐火极限 1.0h，涂刷厚度 3mm，耐火极限 0.5h 设置；涂料密度按照 500kg/m³ 计算，防火涂料损耗率按 10% 计算；当设计与定额取定的涂料密度、涂刷厚度不同时，定额中的防火涂料消耗量可调整 |
| | 氟碳漆每增一遍 14-2-19～20 | | | |
| | 环氧富锌底漆每增一遍 14-2-21～22 | | | |
| 防火涂料 | 金属面 14-2-23 | | 耐火极限 1.0h | |
| | 金属构件 14-2-24 | | | |
| | 金属面 14-2-25 | | 耐火极限每增 0.5h | |
| | 金属构件 14-2-26 | | | |
| 其他油漆 | 环氧沥青漆三遍 14-2-27～28 | | 金属平板屋面、金属构件 | |
| | 环氧沥青漆每增一遍 14-2-29～30 | | | |
| | 红丹防锈漆一遍 14-2-31～32 | | 金属面、金属构件 | |
| | 银粉漆两遍 14-2-33～34 | | | |
| | 耐酸涂料三遍 14-2-35～36 | | 金属面 | |
| | 刷防腐油一遍 14-2-37 | | | |

# 第三节　抹灰面油漆、涂料

| 定额项目设置 | | 定额解释 |
|---|---|---|
| 抹灰面油漆 | 底油一遍、调合漆两遍（光面）14-3-1 | 1. 墙面墙裙、天棚及其饰面上的装饰线油漆与附着面的油漆种类相同时，装饰线油漆不单独计算，与其附着面作为一个油漆整体，按其展开面积，一并计算油漆工程量，执行附着面相应油漆子目 |
| | 底油一遍、调合漆两遍（毛面）14-3-2 | |
| | 调合漆每增一遍 14-3-3 | |
| | 抹灰面水性水泥漆两遍 14-3-4 | |
| | 墙柱面喷真石漆三遍成活 14-3-5 | |
| | 墙柱面氟碳漆 14-3-6 | |
| 抹灰面涂料 | 室内乳胶漆两遍 14-3-7～10 | 墙柱面（光面/毛面）、天棚、零星项目 | 单独的装饰线油漆，执行木扶手油漆，其工程量按照油漆、涂料工程量系数表中的计算规则和系数计算 |
| | 室内乳胶漆每增一遍 14-3-11～14 | | |
| | 室外乳胶漆两遍 14-3-15～17 | 墙柱面（光面/毛面）、零星项目 | 2. 抹灰面涂料项目中均未包括刮腻子内容，刮腻子按基层处理相应子目单独套用 |
| | 室外乳胶漆每增一遍 14-3-18～20 | | |
| | 仿瓷涂料两遍 14-3-21～22 | 内墙、天棚 | |
| | 仿瓷涂料每增一遍 14-3-23～24 | | 3. 墙柱面喷真石漆项目不包括分格嵌缝，当设计要求做分格缝时，按本定额"第十二章　墙、柱面装饰与隔断、幕墙工程"中相应项目计算 |
| | 外墙面浮雕喷涂 14-3-25～26 | 大点、小点 | |
| | 外墙面彩色喷涂 14-3-27～28 | 混凝土面、抹灰面 | |
| | 外墙面丙烯酸外墙涂料（一底二涂）14-3-29～30 | 光面、毛面 | |
| | 抹灰面刷砂胶涂料 14-3-31～32 | 墙柱面、天棚面 | |
| | 外墙弹性涂料 14-3-33 | | |
| | 刷白水泥两遍 14-3-34～36 | 光面、毛面、零星项目 | |
| | 刷石灰大白浆三遍 14-3-37 | | |
| | 刮腻子刷大白浆三遍 14-3-38 | | |
| | 地面刷过氯乙烯涂料 14-3-39 | | |

# 第四节　基　层　处　理

| 定额项目设置 | |
|---|---|
| 满刮调制腻子 14-4-1～6 | 1. 内墙抹灰面、天棚抹灰面、外墙抹灰面<br>2. 两遍、每增一遍 |
| 满刮调制腻子两遍 14-4-7～8 | 不抹灰墙面、不抹灰天棚 |
| 满刮成品腻子 14-4-9～12 | 1. 内墙抹灰面、天棚抹灰面、外墙抹灰面<br>2. 两遍、每增一遍 |
| 满刮成品腻子两遍 14-4-13～14 | 不抹灰墙面、不抹灰天棚 |
| 满刮柔性腻子 14-4-15 | 保温墙面 |
| 乳液界面剂 14-4-16～17 | 涂敷、拉毛 |
| 干粉界面剂 14-4-18～19 | 光面、毛面 |
| 清漆封底一遍 14-4-20 | |
| 喷刷防霉涂料 14-4-21 | |
| 基层打磨 14-4-22 | 混凝土面 |

<h1 style="text-align:center">第五节　裱　　糊</h1>

| 定额项目设置 | |
| --- | --- |
| 墙面贴装饰壁纸 14-5-1～3 | |
| 天棚贴装饰壁纸 14-5-4～6 | 不对花墙纸、对花墙纸、金属墙纸 |
| 梁柱面贴装饰壁纸 14-5-7～8 | |

<h1 style="text-align:center">工程量计算</h1>

　　楼地面、天棚面、墙柱面的喷（刷）涂料、油漆工程，其工程量按各自抹灰的工程量计算规则计算。涂料系数表中有规定的，按规定计算工程量并乘以系数表中的系数。

　　木材面、金属面、金属构件油漆工程量，按油漆、涂料系数表的工程量计算方法并乘以系数表内的系数计算。

　　木材面刷油漆、涂料工程量，按所刷木材面的面积计算；木方面刷油漆、涂料工程量，按木方所附墙、板面的投影面积计算。

　　基层处理工程量，按其面层的工程量计算。

　　裱糊项目工程量，按设计图示尺寸以面积计算。

　　1. 木材面油漆

　　木材面油漆工程量系数表见表 2-14-1～表 2-14-6。

单层木门工程量系数表　　　　　　　　　表 2-14-1

| 项目名称 | 系数 | 工程量计算方法 |
| --- | --- | --- |
| 单层木门 | 1.00 | |
| 双层（一板一纱）木门 | 1.36 | |
| 单层全玻门 | 0.83 | 按设计图示洞口尺寸以面积计算 |
| 木百叶门 | 1.25 | |
| 厂库木门 | 1.10 | |
| 无框装饰门、成品门 | 1.10 | 按设计图示门扇尺寸以面积计算 |

单层木窗工程量系数表　　　　　　　　　表 2-14-2

| 项目名称 | 系数 | 工程量计算方法 |
| --- | --- | --- |
| 单层玻璃窗 | 1.00 | |
| 单层组合窗 | 0.83 | |
| 双层（一玻一纱）木窗 | 1.36 | 按设计图示洞口尺寸以面积计算 |
| 木百叶窗 | 1.50 | |

墙面墙裙工程量系数表　　　　　　　　　表 2-14-3

| 项目名称 | 系数 | 工程量计算方法 |
| --- | --- | --- |
| 无造型墙面墙裙 | 1.00 | |
| 有造型墙面墙裙 | 1.25 | 按设计图示尺寸以面积计算 |

**木扶手工程量系数表**　　　　　表 2-14-4

| 项目名称 | 系数 | 工程量计算方法 |
|---|---|---|
| 木扶手 | 1.00 | |
| 木门框 | 0.88 | |
| 明式窗帘盒 | 2.04 | |
| 封檐板、博风板 | 1.74 | |
| 挂衣板 | 0.52 | 按设计图示尺寸以长度计算 |
| 挂镜线 | 0.35 | |
| 木线条宽度 50mm 内 | 0.20 | |
| 木线条宽度 100mm 内 | 0.35 | |
| 木线条宽度 200mm 内 | 0.45 | |

**其他木材面工程量系数表**　　　　　表 2-14-5

| 项目名称 | 系数 | 工程量计算方法 |
|---|---|---|
| 装饰木夹板、胶合板及其他木材面天棚 | 1.00 | |
| 木方格吊顶天棚 | 1.20 | |
| 吸声板墙面、天棚面 | 0.87 | 按设计图示尺寸以面积计算 |
| 窗台板、门窗套、踢脚线、暗式窗帘盒 | 1.00 | |
| 暖气罩 | 1.28 | |
| 木间壁、木隔断 | 1.90 | |
| 玻璃间壁露明墙筋 | 1.65 | 按设计图示尺寸以单面外围面积计算 |
| 木栅栏、木栏杆（带扶手） | 1.82 | |
| 木屋架 | 1.79 | 跨度（长）×中高×1/2 |
| 屋面板（带檩条） | 1.11 | 按设计图示尺寸以面积计算 |
| 柜类、货架 | 1.00 | 按设计图示尺寸以油漆部分展开面积计算 |
| 零星木装饰 | 1.10 | |

**木地板工程量系数表**　　　　　表 2-14-6

| 项目名称 | 系数 | 工程量计算方法 |
|---|---|---|
| 木地板 | 1.00 | 按设计图示尺寸以面积计算。空洞、空圈、暖气包槽、壁龛的开口部分并入相应工程量内 |
| 木楼梯（不包括底面） | 2.30 | 按设计图示尺寸以水平投影面积计算。不扣除宽度<300mm 的楼梯井 |

## 2. 金属面油漆

金属面油漆工程量系数表见表 2-14-7、表 2-14-8。

**单层钢门窗工程量系数表**　　　　　表 2-14-7

| 项目名称 | 系数 | 工程量计算方法 |
|---|---|---|
| 单层钢门窗 | 1.00 | |
| 双层（一玻一纱）钢门窗 | 1.48 | |
| 满钢门或包铁皮门 | 1.63 | |
| 钢折叠门 | 2.30 | 按设计图示洞口尺寸以面积计算 |
| 厂库房平开、推拉门 | 1.70 | |
| 铁丝网大门 | 0.81 | |

| 项目名称 | 系数 | 工程量计算方法 |
|---|---|---|
| 间壁 | 1.85 | |
| 平板屋面 | 0.74 | 按设计图示尺寸以面积计算 |
| 瓦垄板屋面 | 0.89 | |
| 排水、伸缩缝盖板 | 0.78 | 按展开面积计算 |
| 吸气罩 | 1.63 | 按水平投影面积计算 |

**其他金属面工程量系数表**　　　　　表 2-14-8

| 项目名称 | 系数 | 工程量计算方法 |
|---|---|---|
| 钢屋架、天窗架、挡风架、屋架梁、支撑、檩条 | 1.00 | |
| 墙架（空腹式） | 0.50 | |
| 墙架（格板式） | 0.82 | |
| 钢柱、吊车梁、花式梁柱、空花构件 | 0.63 | |
| 操作台、走台、制动梁、钢梁车挡 | 0.71 | 按设计图示尺寸以质量计算 |
| 钢栅栏门、栏杆、窗栅 | 1.71 | |
| 钢爬梯 | 1.18 | |
| 轻型屋架 | 1.42 | |
| 踏步式钢扶梯 | 1.05 | |
| 零星构件 | 1.32 | |

3. 抹灰面油漆、涂料

抹灰面油漆、涂料工程量系统表见表 2-14-9。

**抹灰面工程量系数表**　　　　　表 2-14-9

| 项目名称 | 系数 | 工程量计算方法 |
|---|---|---|
| 槽形底板、混凝土折板 | 1.30 | |
| 有梁板底 | 1.10 | 按设计图示尺寸以面积计算 |
| 密肋、井字梁底板 | 1.50 | |
| 混凝土楼梯板底 | 1.37 | 按水平投影面积计算 |

# 附：油漆、涂料及裱糊工程量清单

## 1　门油漆

| 项目编码 | 项目名称 | 项目特征（略） | 计量单位 | 工程量计算规则 |
|---|---|---|---|---|
| 011401001 | 木门油漆 | | 1. 樘 | 1. 以樘计量，按设计图示数量计算 |
| 011401002 | 金属门油漆 | | 2. m² | 2. 以平方米计量，按设计图示洞口尺寸以面积计算 |

注：1. 木门油漆应区分木大门、单层木门、双层（一板一纱）木门、双层（单裁口）木门、全玻自由门、半玻自由门、装饰门及有框门或无框门等项目，分别编码列项。

2. 金属门油漆应区分平开门、推拉门、钢制防火门等项目，分别编码列项。

3. 以平方米计量，项目特征可不必描述洞口尺寸。

### 2　窗油漆

| 项目编码 | 项目名称 | 项目特征（略） | 计量单位 | 工程量计算规则 |
|---|---|---|---|---|
| 011402001 | 木窗油漆 | | 1. 樘 | 1. 以樘计量，按设计图示数量计算 |
| 011402002 | 金属窗油漆 | | 2. m² | 2. 以平方米计量，按设计图示洞口尺寸以面积计算 |

注：1. 木窗油漆应区分单层木窗、双层（一玻一纱）木窗、双层框扇（单裁口）木窗、双层框三层（二玻一纱）木窗、单层组合窗、双层组合窗、木百叶窗、木推拉窗等项目，分别编码列项。

　　2. 金属窗油漆应区分平开窗、推拉窗、固定窗、组合窗、金属隔栅窗等项目，分别编码列项。

　　3. 以平方米计量，项目特征可不必描述洞口尺寸。

### 3　木扶手及其他板条、线条油漆

| 项目编码 | 项目名称 | 项目特征（略） | 计量单位 | 工程量计算规则 |
|---|---|---|---|---|
| 011403001 | 木扶手油漆 | | | |
| 011403002 | 窗帘盒油漆 | | | |
| 011403003 | 封檐板、顺水板油漆 | | m | 按设计图示尺寸以长度计算 |
| 011403004 | 挂衣板、黑板框油漆 | | | |
| 011403005 | 挂镜线、窗帘棍、单独木线油漆 | | | |

注：木扶手应区分带托板与不带托板，分别编码列项。若是木栏杆带扶手，木扶手不应单独列项，应包含在木栏杆油漆中。

### 4　木材面油漆

| 项目编码 | 项目名称 | 项目特征（略） | 计量单位 | 工程量计算规则 |
|---|---|---|---|---|
| 011404001 | 木护墙、木墙裙油漆 | | | |
| 011404002 | 窗台板、筒子板、盖板、门窗套、踢脚线油漆 | | | |
| 011404003 | 清水板条天棚、檐口油漆 | | | 按设计图示尺寸以面积计算 |
| 011404004 | 木方格吊顶天棚油漆 | | | |
| 011404005 | 吸声板墙面、天棚面油漆 | | | |
| 011404006 | 暖气罩油漆 | | | |
| 011404007 | 其他木材面油漆 | | m² | |
| 011404008 | 木间壁、木隔断油漆 | | | |
| 011404009 | 玻璃间壁露明墙筋油漆 | | | 按设计图示尺寸以单面外围面积计算 |
| 011404010 | 木栅栏、木栏杆（带扶手）油漆 | | | |
| 011404011 | 衣柜、壁柜油漆 | | | |
| 011404012 | 梁柱饰面油漆 | | | 按设计图示尺寸以油漆部分展开面积计算 |
| 011404013 | 零星木装修油漆 | | | |
| 011404014 | 木地板油漆 | | | 按设计图示尺寸以面积计算。空洞、空圈、暖气包槽、壁龛的开口部分并入相应工程量内 |
| 011404015 | 木地板烫硬蜡面 | | | |

### 5　金属面油漆

| 项目编码 | 项目名称 | 项目特征（略） | 计量单位 | 工程量计算规则 |
|---|---|---|---|---|
| 011405001 | 金属面油漆 | | 1. t<br>2. m² | 1. 以吨计量，按设计图示尺寸以质量计算<br>2. 以平方米计量，按设计图示尺寸以展开面积计算 |

### 6　抹灰面油漆

| 项目编码 | 项目名称 | 项目特征（略） | 计量单位 | 工程量计算规则 |
|---|---|---|---|---|
| 011406001 | 抹灰面油漆 | | m² | 按设计图示尺寸以面积计算 |
| 011406002 | 抹灰线条油漆 | | m | 按设计图示尺寸以长度计算 |
| 011406003 | 满刮腻子 | | m² | 按设计图示尺寸以面积计算 |

### 7　喷刷涂料

| 项目编码 | 项目名称 | 项目特征（略） | 计量单位 | 工程量计算规则 |
|---|---|---|---|---|
| 011407001 | 墙面喷刷涂料 | | m² | 按设计图示尺寸以面积计算 |
| 011407002 | 天棚喷刷涂料 | | | |
| 011407003 | 空花格、栏杆刷涂料 | | | 按设计图示尺寸以单面外围面积计算 |
| 011407004 | 线条刷涂料 | | m | 按设计图示尺寸以长度计算 |
| 011407005 | 金属构件刷防火涂料 | | 1. m²<br>2. t | 1. 以吨计量，按设计图示尺寸以质量计算<br>2. 以平方米计量，按设计图示尺寸以展开面积计算 |
| 011407006 | 木材构件喷刷防火涂料 | | m² | 按设计图示尺寸以面积计算 |

注：喷刷墙面涂料部位要注明内墙或外墙。

### 8　裱糊

| 项目编码 | 项目名称 | 项目特征（略） | 计量单位 | 工程量计算规则 |
|---|---|---|---|---|
| 011408001 | 墙纸裱糊 | | m² | 按设计图示尺寸以面积计算 |
| 011408002 | 织锦缎裱糊 | | | |

# 第十五章　其他装饰工程

## 一、 本章内容

本章定额包括柜类、货架，装饰线条，扶手、栏杆、栏板，暖气罩，浴厕配件，招牌、灯箱，美术字，零星木装饰，工艺门扇九节。

## 二、 定额共性

（1）本章定额中的成品安装项目，实际使用的材料品种、规格与定额不同时，可以换算，但人工、机械的消耗量不变。

（2）本章定额中除铁件已包括刷防锈漆一遍外，均不包括油漆。油漆按本定额"第十四章　油漆、涂料及裱糊工程"相关子目执行。

（3）本章定额项目中均未包括收口线、封边条、线条边框的工料，使用时另行计算线条用量，套用本章"装饰线条"相应子目。

（4）本章定额中除有注明者外，龙骨均按木龙骨考虑，如实际采用细木工板、多层板等作龙骨，均执行定额不得调整。

（5）本章定额中玻璃均按成品加工玻璃考虑，并计入了安装时的损耗。

## 第一节　柜类、货架

| 定额项目设置 | | 定额解释与工程量计算 |
|---|---|---|
| 木橱、壁橱、吊橱（柜）骨架制作安装 15-1-1 | | **定额解释**<br>1. 木橱、壁橱、吊橱（柜）定额按骨架制安、骨架围板、隔板制安、橱柜贴面层、抽屉、门扇龙骨及门扇安装、玻璃柜及五件安装分别列项，使用时分别套用相应定额<br>2. 橱柜骨架中的木龙骨用量，设计与定额不同时可以换算，但人工、机械消耗量不变<br>**工程量计算**<br>橱柜木龙骨项目按橱柜龙骨的实际面积计算。基层板、造型层板及饰面板按实际尺寸以面积计算。抽屉按抽屉正面面板尺寸以面积计算。橱柜五金件以"个"为单位按数量计算。橱柜成品门扇安装按扇面尺寸以面积计算 |
| 骨架围板及隔板制作安装 15-1-2~5 | 胶合板、装饰木夹板、木板、细木工板 | |
| 橱柜基层板上贴面层 15-1-6~11 | 装饰木夹板、墙纸、镜面玻璃、大理石、铝塑板、不锈钢板 | |
| 抽屉 15-1-12~13 | 正立面细木工板、正立面木板 | |
| 玻璃柜 15-1-14~21 | 玻璃门扇、玻璃隔板、粘结拉手、钻孔固定拉手、滑轨、合页、锁、磁碰 | |
| 木橱柜五金件安装 15-1-22~30 | 推拉门滑轨、橱门拉手、铰链、插销、碰珠 | |
| 橱柜成品门扇安装 15-1-31 | | |

# 第二节　装饰线条

| 定额项目设置 | | 定额解释与<br>工程量计算 |
|---|---|---|
| 木装饰线条（成品）平面 15-2-1～5 | （宽度 mm）：≤25、≤50、≤100、≤150、≤200 | **定额解释**<br>1. 装饰线条均按成品安装编制<br>2. 装饰线条按直线安装编制，如安装圆弧形或其他图案者，按以下规定计算：<br>天棚面安装圆弧装饰线条，人工乘以系数1.4；墙面安装圆弧装饰线条，人工乘以系数1.2；装饰线条做艺术图案，人工乘以系数1.6<br>**工程量计算**<br>装饰线条应区分材质及规格，按设计图示尺寸以长度计算 |
| 木装饰线条（成品）角线 15-2-6～9 | （宽度 mm）：≤25、≤50、≤80、≤100 | |
| 木装饰线条（成品）木顶角线 15-2-10～13 | （宽度 mm）：≤30、≤50、≤80、≤100 | |
| 石材装饰线条（成品）胶粘 15-2-14～18 | （宽度 mm）：≤50、≤80、≤100、≤150、≤200 | |
| 石材装饰线条（成品）砂浆粘贴 15-2-19～20 | （宽度 mm）：≤200、＞200 | |
| 石材装饰线条（成品）干挂 15-2-21～22 | （宽度 mm）：≤200、＞200 | |
| 石膏阴阳脚线 15-2-23～26 | （宽度 mm）：≤50、≤100、≤150、≤200 | |
| 石膏平面线 15-2-27～30 | （宽度 mm）：≤50、≤100、≤150、≤200 | |
| 石膏灯盘 15-2-31～33 | （直径 mm）：≤500、≤1000、≤1500 | |
| 石膏角花 15-2-34 | | |
| 铝合金线条 15-2-35～36 | 角线宽度（mm）：≤30、＞30 | |
| 铝合金线条 15-2-37～38 | 槽线宽度（mm）：≤30、＞30 | |
| 不锈钢线条 15-2-39～40 | 宽度（mm）：≤60、≤100 | |
| 硬塑料线条 15-2-41 | | |
| 镜面玻璃线条 15-2-42 | | |
| 欧式装饰线成品 外挂檐口板 15-2-43～44 | 宽×高（mm）：≤550×550、＞550×550 | |
| 欧式装饰线成品 外挂腰线板 15-2-45～46 | 宽×高（mm）：≤400×400、＞400×400 | |
| 欧式装饰线成品 山花浮雕 15-2-47～48 | 宽×高（mm）：≤1200×400、＞1200×400 | |
| 欧式装饰线成品 门窗头拱形雕刻 15-2-49～50 | 宽×高（mm）：≤1500×540、＞1500×540 | |

# 第三节　扶手、栏杆、栏板

| 定额项目设置 | | 定额解释与工程量计算 |
|---|---|---|
| 不锈钢扶手 | 钢化半玻璃栏板 15-3-1 | **定额解释**<br>1. 本章定额中的成品安装项目，实际使用的材料品种、规格与定额不同时可以换算，但人工、机械的消耗量不变<br>2. 本章定额中除铁件已包括刷防锈漆一遍外，均不包括油漆。油漆按本定额"第十四章　油漆、涂料及裱糊工程"相关子目执行<br>3. 本章定额中玻璃均按成品加工玻璃考虑，并计入了安装时的损耗<br>4. 栏板、栏杆、扶手为综合项。不锈钢栏杆中不锈钢管材、法兰用量，设计与定额不同时可以换算，但人工、机械的消耗量不变<br>**工程量计算**<br>栏板、栏杆、扶手，按长度计算。楼梯斜长部分的栏板、栏杆、扶手，按平台梁与连接梁外沿之间的水平投影长度乘以系数1.15计算 |
| 不锈钢扶手 | 钢化全玻璃栏板 15-3-2 | |
| 不锈钢扶手 | 不锈钢栏杆 15-3-3 | |
| 不锈钢管栏杆（带扶手）成品安装 | 直形 15-3-4 | |
| 不锈钢管栏杆（带扶手）成品安装 | 弧形 15-3-5 | |
| 不锈钢管栏杆（带扶手）成品安装 | 钢化玻璃栏板 15-3-6 | |
| 型钢栏杆 | 塑料扶手 15-3-7 | |
| 型钢栏杆 | 钢管扶手 15-3-8 | |
| 钢管栏杆 | 钢管扶手 15-3-9 | |
| 硬木扶手 | 型钢栏杆 15-3-10 | |
| 硬木扶手 | 木栏杆 15-3-11 | |
| 硬木扶手 | 铁艺栏杆 15-3-12 | |
| 硬木扶手 | 不锈钢栏杆 15-3-13 | |
| 靠墙扶手 15-3-14～17 | 不锈钢管、钢管、硬木、塑料 | |

# 第四节　暖　气　罩

| 定额项目设置 | | 定额解释与工程量计算 |
|---|---|---|
| 基层板 15-4-1～3 | 胶合板、九夹板、细木工板 | **定额解释**<br>暖气罩按基层、造型层和面层分别列项，使用时分别套用相应定额<br>**工程量计算**<br>暖气罩各层按设计尺寸以面积计算，与壁柜相连时，暖气罩算至壁柜隔板外侧，壁柜套用橱柜相应子目，散热口按其框外围面积单独计算。零星木装饰项目基层、造型层及面积的工程量均按设计图示展开尺寸以面积计算 |
| 贴面层（装饰木板）15-4-4 | — | |
| 散热口安装 15-4-5～7 | 木百叶式、铁艺式、机制木花格 | |

# 第五节　浴　厕　配　件

| 定额项目设置 | | 定额解释与工程量计算 |
|---|---|---|
| 大理石洗漱台 15-5-1～2 | 台面及裙边、挡水板 | **定额解释**<br>1. 大理石洗漱台的台面及裙边与挡水板分别列项，台面及裙边子目中包含了成品钢支架安装用工。洗漱台面按成品考虑<br>2. 浴厕配件按成品安装编制<br>3. 卫生间镜面玻璃子目设计与定额不同时可以换算<br>**工程量计算**<br>大理石洗漱台的台面及裙边按展开尺寸以面积计算，不扣除开孔的面积；挡水板按设计面积计算 |
| 浴厕配件 15-5-3～16 | 金属浴帘杆、金属浴缸拉手、不锈钢毛巾杆、不锈钢毛巾架、不锈钢卫生纸盒、不锈钢皂拖、不锈钢毛巾环、镶嵌式瓷皂盒、不锈钢晾衣绳、卫生间镜面≤1m² （带框/不带框）、卫生间镜面＞1m² （带框/不带框）、卫生间镜箱（成品） | |

# 第六节　招牌、灯箱

| 定额项目设置 | | | 定额解释与工程量计算 |
|---|---|---|---|
| 龙骨 15-6-1～4 | | 一般木结构、复杂木结构、一般钢结构、复杂钢结构 | **定额解释**<br>1. 招牌、灯箱分一般及复杂形式。一般形式是指矩形，表面平整无凹凸造型；复杂形式是指异形或表面有凹凸造型的情况<br>2. 招牌内的灯饰不包括在定额内<br>**工程量计算**<br>招牌、灯箱的木龙骨按正立面投影尺寸以面积计算，型钢龙骨质量以"t"计算。基层及面层按设计尺寸以面积计算 |
| 基层 | 木龙骨上安装 15-6-5～7 | 五夹板、九夹板、细木工板 | |
| | 钢龙骨上安装 15-6-8～10 | | |
| 面层 15-6-11～16 | | 镀锌铁皮、铝塑板、不锈钢板、磨砂玻璃、透光灯箱布、亚克力 | |

# 第七节 美 术 字

| 定额项目设置 | | 定额解释与工程量计算 |
|---|---|---|
| 泡沫塑料，有机玻璃字≤0.2m² | 15-7-1～3 | **定额解释**<br>1. 美术字不分字体，定额均按成品安装编制<br>2. 外文或拼音美术字个数，以中文意译的单字计算<br>3. 材质适用范围："泡沫塑料，有机玻璃字"，适用于泡沫塑料、硬塑料、有机玻璃、镜面玻璃等材料制作的字，金属字适用于铝铜材、不锈钢、金、银等材料制作的字<br>**工程量计算**<br>美术字安装，按字的最大外围矩形面积以"个"为单位，按数量计算 |
| 泡沫塑料，有机玻璃字≤0.5m² | 15-7-4～6 | |
| 泡沫塑料，有机玻璃字≤1m² | 15-7-7～9 | |
| 金属字≤0.2m² | 15-7-10～12 | |
| 金属字≤0.5m² | 15-7-13～15 | |
| 金属字≤1m² | 15-7-16～18 | |
| 金属字＞1m² | 15-7-19～21 | |

（注：左侧中间合并列为"混凝土墙面、砖墙面、其他面"）

# 第八节 零星木装饰

| 定额项目设置 | | 定额解释与工程量计算 |
|---|---|---|
| 门窗套及贴脸 基层 15-8-1～5 | 带龙骨硬木、不带龙骨硬木、木龙骨胶合板、木龙骨九夹板、木龙骨细木工板 | **定额解释**<br>1. 门窗口套、窗台板及窗帘盒是按基层、造型层和面层分别列项的，使用时分别套用相应定额<br>2. 门窗口套安装按成品编制<br>**工程量计算**<br>1. 零星木装饰项目基层、造型层及面层的工程量均按设计图示展开尺寸以面积计算<br>2. 窗台板按设计图示展开尺寸以面积计算；设计未注明尺寸时，按窗宽两边共加100mm计算长度（有贴脸的按贴脸外边线间宽度），凸出墙面的宽度按50mm计算<br>3. 百叶窗帘、网扣帘按设计成活后展开尺寸以面积计算，设计未注明尺寸时，按洞口面积计算；布窗帘、遮光帘均按展开尺寸以长度计算。成品铝合金窗帘盒、帘轨、帘杆按延长米以长度计算<br>4. 明式窗帘盒按设计图示尺寸以长度计算；与天棚相连的暗式窗帘盒，基层板（龙骨）、面层板按展开面积计算<br>5. 柱脚、柱帽以"个"为单位按数量计算，墙柱石材面开孔以"个"为单位按数量计算 |
| 门窗套及贴脸 造型层 15-8-6～7 | 九夹板、细木工板 | |
| 门窗套及贴脸 面层 15-8-8～11 | 装饰木夹板、防火板、铝塑板、不锈钢板 | |
| 门窗套及贴脸 成品 15-8-12～13 | 双面贴脸、单面贴脸 | |
| 木窗台板（厚25mm）15-8-14～15 | 带龙骨、不带龙骨 | |
| 窗台板 木龙骨 15-8-16～18 | 胶合板、九夹板、细木工板 | |
| 石材面层窗台板 15-8-19～20 | 粘结、水泥砂浆贴 | |
| 窗台板面层 15-8-21～23 | 装饰木夹板、不锈钢板、铝塑板 | |
| 明式窗帘盒 15-8-24～27 | 实木板、细木工板、木龙骨胶合板、木龙骨装饰木夹板 | |
| 暗式窗帘盒 15-8-28～31 | 木龙骨九夹板、木龙骨细木工板、饰面板面层、墙纸面层 | |
| 帘轨、帘杆 15-8-32～34 | 金属单轨、金属双轨、帘杆 | |
| 窗帘 15-8-35～38 | 布窗帘、遮光帘、百叶窗帘、网扣帘 | |
| 空心工艺柱 15-8-39 | | |
| 实心工艺柱 15-8-40～41 | 装饰实木直径250mm、中密度板直径300mm | |
| 柱脚、柱帽 15-8-42～44 | 石材、石膏、木材 | |
| 墙柱石材面开孔 15-8-45 | | |

181

# 第九节　工 艺 门 扇

| 定额项目设置 | | 定额解释与工程量计算 |
|---|---|---|
| 无框玻璃门扇及配件 15-9-1～11 | 开启扇（带帮/不带帮）、固定扇（≤4m²/>4m²）、地弹簧安装、玻璃门锁、玻璃门拉手、不锈钢包门框（木龙骨/钢龙骨）、铝塑板包门框（木龙骨/钢龙骨） | **定额解释**<br>1. 工艺门扇，定额按无框玻璃门扇、造型夹板门扇制作，成品门扇安装、门扇工艺镶嵌和门扇五金配件安装，分别设置项目<br>2. 无框玻璃门扇，定额按开启扇、固定扇两种扇型，以及不同用途的门扇配件，分别设置项目。无框玻璃门扇安装定额中，玻璃按成品玻璃，定额中的损耗为安装损耗<br>3. 不锈钢、塑铝板包门框子目为综合子目。包门框子目中，已综合了角钢制安、基层板、面层板的全部施工工序。木龙骨、角钢架的规格和用量，设计与定额不同时，可以调整，人工、机械不变<br>4. 造型夹板门扇制作，定额按木骨架、基层板、面层装饰板并区别材料种类，分别设置项目。局部板材用作造型层时，套用 15-9-13～15 基层项目相应子目，人工增加10%<br>5. 成品门扇安装，适用于成品进场门扇的安装，也适用于现场完成制作门扇的安装。定额中门扇安装子目中，每扇按3个合页编制，如与实际不同时，合页用量可以调整，每增减10个合页，增减0.25个工日<br>6. 门扇工艺镶嵌，定额按不同的镶嵌内容，分别设置项目<br>7. 门扇五金配件安装，定额按不同用途的成品配件，分别设置项目 |
| 造型夹板门扇制作 15-9-12～16 | 门扇木骨架、门扇基层板（胶合板/九夹板/细木工板）、门扇面层板（装饰木夹板） | |
| 成品门扇安装 15-9-17 | | **工程量计算**<br>1. 玻璃门按设计图示洞口尺寸以面积计算，门窗配件按数量计算。不锈钢、塑铝板包门框按框饰面尺寸以面积计算<br>2. 夹板门门木龙骨不分扇的形式，以门面积计算；基层及面层按设计尺寸以面积计算。扇安装，以"个"为单位按数量计算。门扇上镶嵌按镶嵌的外围尺寸以面积计算<br>3. 门扇五金配件安装，以"个"为单位按数量计算 |
| 门扇工艺镶嵌 15-9-18～21 | 镶玻璃，镶百叶、花格，镶铁艺，软包 | |
| 门扇五金配件安装 15-9-22～28 | L形执手插锁安装、球形执手锁安装、电子锁安装、防盗门扣安装、闭门器安装、门视镜安装、门吸安装 | |

# 附：其他装饰工程量清单

## 1　柜类、货架

| 项目编码 | 项目名称 | 项目特征（略） | 计量单位 | 工程量计算规则 |
|---|---|---|---|---|
| 011501001 | 柜台 | | | |
| 011501002 | 酒柜 | | | |
| 011501003 | 衣柜 | | | |
| 011501004 | 存包柜 | | | |
| 011501005 | 鞋柜 | | | |
| 011501006 | 书柜 | | 1. 个<br>2. m<br>3. m³ | 1. 以个计量，按设计图示数量计算<br>2. 以米计量，按设计图示尺寸以长度计算<br>3. 以立方米计量，按设计图示尺寸以体积计算 |
| 011501007 | 厨房壁柜 | | | |
| 011501008 | 木壁柜 | | | |
| 011501009 | 厨房低柜 | | | |
| 011501010 | 厨房吊柜 | | | |
| 011501011 | 矮柜 | | | |
| 011501012 | 吧台背柜 | | | |

| 项目编码 | 项目名称 | 项目特征（略） | 计量单位 | 工程量计算规则 |
|---|---|---|---|---|
| 011501013 | 酒吧吊柜 | | 1. 个<br>2. m<br>3. m³ | 1. 以个计量，按设计图示数量计量<br>2. 以米计量，按设计图示尺寸以延长米计算<br>3. 以立方米计量，按设计图示尺寸以体积计算 |
| 011501014 | 酒吧台 | | | |
| 011501015 | 展台 | | | |
| 011501016 | 收银台 | | | |
| 011501017 | 试衣间 | | | |
| 011501018 | 货架 | | | |
| 011501019 | 书架 | | | |
| 011501020 | 服务台 | | | |

## 2 压条、装饰线

| 项目编码 | 项目名称 | 项目特征（略） | 计量单位 | 工程量计算规则 |
|---|---|---|---|---|
| 011502001 | 金属装饰线 | | m | 按设计图示尺寸以长度计算 |
| 011502002 | 木质装饰线 | | | |
| 011502003 | 石材装饰线 | | | |
| 011502004 | 石膏装饰线 | | | |
| 011502005 | 镜面玻璃线 | | | |
| 011502006 | 铝塑装饰线 | | | |
| 011502007 | 塑料装饰线 | | | |
| 011502008 | GRC装饰线条 | | | |

## 3 扶手、栏杆、栏板装饰

| 项目编码 | 项目名称 | 项目特征（略） | 计量单位 | 工程量计算规则 |
|---|---|---|---|---|
| 011503001 | 金属扶手、栏杆、栏板 | | m | 按设计图示尺寸以扶手中心线长度（包括弯头长度）计算 |
| 011503002 | 硬木扶手、栏杆、栏板 | | | |
| 011503003 | 塑料扶手、栏杆、栏板 | | | |
| 011503004 | GRC栏杆、扶手 | | | |
| 011503005 | 金属靠墙扶手 | | | |
| 011503006 | 硬木靠墙扶手 | | | |
| 011503007 | 塑料靠墙扶手 | | | |
| 011503008 | 玻璃栏板 | | | |

## 4 暖气罩

| 项目编码 | 项目名称 | 项目特征（略） | 计量单位 | 工程量计算规则 |
|---|---|---|---|---|
| 011504001 | 饰面板暖气罩 | | m² | 按设计图示尺寸以垂直投影面积（不展开）计算 |
| 011504002 | 塑料板暖气罩 | | | |
| 011504003 | 金属暖气罩 | | | |

## 5　浴厕配件

| 项目编码 | 项目名称 | 项目特征（略） | 计量单位 | 工程量计算规则 |
|---|---|---|---|---|
| 011505001 | 洗漱台 | | 1. m²<br>2. 个 | 1. 以平方米计量，按设计图示尺寸以台面外接矩形面积计算。不扣除孔洞、挖弯、削角所占面积，挡板、吊沿板面积并入台面面积内<br>2. 以个计量，按设计图示数量计算 |
| 011505002 | 晒衣架 | | 个 | 按设计图示数量计算 |
| 011505003 | 帘子杆 | | | |
| 011505004 | 浴缸拉手 | | | |
| 011505005 | 卫生间扶手 | | | |
| 011505006 | 毛巾杆（架） | | 套 | |
| 011505007 | 毛巾环 | | 副 | |
| 011505008 | 卫生纸盒 | | 个 | |
| 011505009 | 肥皂盒 | | | |
| 011505010 | 镜面玻璃 | | m² | 按设计图示尺寸以边框外围面积计算 |
| 011505011 | 镜箱 | | 个 | 按设计图示数量计算 |

## 6　雨篷、旗杆

| 项目编码 | 项目名称 | 项目特征（略） | 计量单位 | 工程量计算规则 |
|---|---|---|---|---|
| 011506001 | 雨棚吊挂饰面 | | m² | 按设计图示尺寸以水平投影面积计算 |
| 011506002 | 金属旗杆 | | 根 | 按设计图示数量计算 |
| 011506003 | 玻璃雨篷 | | m² | 按设计图示尺寸以水平投影面积计算 |

## 7　招牌、灯箱

| 项目编码 | 项目名称 | 项目特征（略） | 计量单位 | 工程量计算规则 |
|---|---|---|---|---|
| 011507001 | 平面、箱式招牌 | | m² | 按设计图示尺寸以正立面边框外围面积计算。复杂形的凸凹造型部分不增加面积按设计图示数量计算 |
| 011507002 | 竖式标箱 | | 个 | |
| 011507003 | 灯箱 | | | |
| 011507004 | 信报箱 | | | |

## 8　美术字

| 项目编码 | 项目名称 | 项目特征（略） | 计量单位 | 工程量计算规则 |
|---|---|---|---|---|
| 011508001 | 泡沫塑料字 | | 个 | 按设计图示数量计算 |
| 011508002 | 有机玻璃字 | | | |
| 011508003 | 木质字 | | | |
| 011508004 | 金属字 | | | |
| 011508005 | 吸塑字 | | | |

# 第十六章　构筑物及其他工程

## 一、本章内容

本章定额包括烟囱，水塔，贮水（油）池、贮仓，检查井、化粪池及其他，场区道路，构筑物综合项目共六节。

## 二、定额共性

（1）本章定额中各种砖、砂浆及混凝土均按常用规格及强度等级列出，若设计与定额不同时，均可换算材料及配比，但定额中的消耗总量不变。

（2）本章主要材料损耗率的取定见表 2-16-1。

构筑物及其他工程主要材料损耗率取定表　　　　　　　　　　　表 2-16-1

| 材料名称 | 损耗率 | 材料名称 | 损耗率 |
|---|---|---|---|
| 标准砖 | 1% | 耐火砖 | 4% |
| 耐酸砖 | 4% | 各种砂浆 | 2.5% |
| 混凝土 | 1% | 沥青混凝土 | 1% |
| 混凝土砖 | 2% | 广场砖 | 2% |
| 透水混凝土砖 | 2% | 嵌草水泥砖 | 2% |
| 花岗岩 | 1.5% | 水 | 15% |

（3）本章定额中，所有混凝土或钢筋混凝土项目，均不包括混凝土搅拌制作内容，发生时按照混凝土用量套用相关章节项目。

（4）本章定额中，构筑物单项定额凡涉及土方、钢筋、混凝土、砂浆、模板、脚手架、垂直运输机械及超高增加等相关内容，实际发生时按照相应章节规定计算。

（5）用滑升钢模板浇筑的钢筋混凝土烟囱、倒锥壳水塔筒身及筒仓，是按无井架施工考虑的，使用时不再套用脚手架项目。滑升钢模板的安装、拆除等内容不包括在定额内，另套用相关章节相应项目。

（6）本章未设室外排水管道及管道基础，发生时执行相关专业定额项目。

（7）《房屋建筑与装饰工程工程量计算规范》GB 50854—2013 未设"构筑物及其他工程"清单项目，可按设计标准执行相关专业的相应项目。

## 三、工程取费类别

本章构筑物工程，就工程内容而言，分为三类：

（1）烟囱、水塔、贮仓、水池等构筑物是与工业或民用建筑配套，并独立于工业与民用建筑之外的工程，应单独确定工程类别，单独编制预、结算，计算相应费用和税金。

（2）与建筑物配套的零星项目，如水表井、消防水泵接合器井、热力入户井、排水检查井、雨水沉砂池等，按相应建筑物的类别确定工程类别。

（3）其他附属项目，如场区大门、围墙、挡土墙、庭院甬道、室外管道支架等，按建筑工程Ⅲ类确定工程类别。

# 第一节　烟　囱

| 定额项目设置 | | 定额解释与工程量计算 |
|---|---|---|
| 基础 16-1-1～4 | 砖基础、毛石基础、毛石混凝土基础、混凝土基础 | 定额解释<br>1. 砖烟囱筒身不分矩形、圆形，均按筒身高度执行相应子目<br>2. 烟囱内衬项目也适用于烟道内衬<br>3. 毛石混凝土，系按毛石占混凝土体积20%计算。如设计要求不同时，可以换算 |
| 砖烟囱（筒身高度m）16-1-5～7 | ≤20、≤40、>40 | 工程量计算<br>1. 烟囱基础<br>基础与筒身的划分以基础大放脚为分界线，大放脚以下为基础，以上为筒身，工程量按设计图示尺寸以体积计算<br>2. 烟囱筒身<br>（1）圆形、方形筒身均按设计图示筒壁平均中心线周长乘以厚度并扣除筒壁>0.3m²的孔洞、钢筋混凝土圈梁、过梁等体积以体积计算，其筒壁周长不同时可按下式分段计算： |
| 砖加工 16-1-8～10 | 红青砖、耐火砖、耐酸砖 | $$V = \sum H \times C \times \pi D$$<br>式中　V——筒身体积<br>　　　H——每段筒身垂直高度<br>　　　C——每段筒壁厚度<br>　　　D——每段筒壁中心线的平均直径<br>（2）砖烟囱筒身原浆勾缝和烟囱帽抹灰已包括在定额内，不另行计算。如设计要求加浆勾缝时，套用勾缝定额，原浆勾缝所含工料不予扣除 |
| 混凝土烟囱（滑升模板浇筑钢筋混凝土高度m）16-1-11～17 | ≤60、≤80、≤100、≤120、≤150、≤180、≤210 | （3）烟囱筒身全高≤20m，垂直运输以人力吊运为准，如使用机械者，运输时间定额乘以系数0.75，即人工消耗量减去2.4工日/10m³；烟囱筒身全高>20m，垂直运输以机械为准<br>（4）烟囱的混凝土集灰斗（包括分隔墙、水平隔墙、梁、柱）、轻质混凝土填充砌块以及混凝土地面，按有关章节规定计算，套用相应定额<br>（5）砖烟囱、烟道及其砖内衬，如设计要求采用楔形砖时，其数量按设计规定计算，套用相应定额项目<br>（6）砖烟囱砌体内采用钢筋加固时，其钢筋用量按设计规定计算，套用相应定额 |
| 烟囱内衬 16-1-18～20 | 普通砖、耐火砖、耐酸砖 | 3. 烟囱内衬及内表面涂刷隔绝层<br>（1）烟囱内衬，按不同内衬材料并扣除孔洞后以图示实体积计算<br>（2）填料按烟囱筒身与内衬之间的体积以体积计算，不扣除连接横砖（防沉带）的体积<br>（3）内衬伸入筒身的连接横砖已包括在内衬定额内，不另行计算 |
| 砖烟道 16-1-21～22 | 普通砖、耐火砖 | （4）为防止酸性凝液渗入内衬及筒身间，而在内衬上抹水泥砂浆排水坡的工料已包括在定额内，不单独计算<br>（5）烟囱内表面涂刷隔绝层，按筒身内壁并扣除各种孔洞后的面积以面积计算<br>4. 烟道砌砖<br>（1）烟道与炉体的划分以第一道闸门为界，炉体内的烟道部分列入炉体工程量计算 |
| 烟囱、烟道内涂刷隔绝层 16-1-23～27 | 涂料：沥青耐酸漆、水玻璃、沥青、耐酸砂浆、抹耐火泥 | （2）烟道中的混凝土构件，按相应定额项目计算<br>（3）混凝土烟道以体积计算（扣除各种孔洞所占体积），套用地沟定额（架空烟道除外） |

## 第二节 水 塔

| 定额项目设置 | | | 定额解释与工程量计算 |
|---|---|---|---|
| 砖、混凝土水塔 | 砖水塔 16-2-1 | | **定额解释**<br>砖水箱内外壁，按定额实砌砖墙的相应规定计算<br>**工程量计算**<br>1. 砖水塔<br>（1）水塔基础与塔身划分：以砖砌体的扩大部分顶面为界线，以上为塔身，以下为基础。水塔基础工程量按设计图示尺寸以体积计算，套用烟囱基础的相应项目<br>（2）塔身以图示实砌体积计算，扣除门窗洞口及面积＞0.3m² 的孔洞和混凝土构件所占体积，砖平拱璇及砌出檐等并入塔身体积内计算<br>（3）砖水箱内外壁，不分壁厚，均以图示实砌体积计算，套用相应的内外砖墙定额<br>（4）定额内已包括原浆勾缝，如设计要求加浆勾缝时，套用勾缝定额，原浆勾缝的工料不予扣除<br>2. 混凝土水塔<br>（1）混凝土水塔按设计图示尺寸以体积计算，并扣除面积＞0.3m² 的孔洞所占体积<br>（2）筒身与槽以槽底连接的圈梁底为界线，以上为槽，以下为筒身<br>（3）筒式塔身及依附于筒身的过梁、雨篷挑檐等并入筒身体积内计算，柱式塔身、柱、梁合并计算<br>（4）塔顶及槽底，塔顶包括顶板和圈梁，槽底包括底板挑出的斜壁板和圈梁等合并计算<br>（5）倒锥壳水塔中的水箱，定额按地面上浇筑编制。水箱的提升，另按定额有关章节的相应规定计算 |
| | 混凝土水塔 | 塔顶及槽底 16-2-2 | |
| | | 筒式塔身 16-2-3 | |
| | | 柱式塔身 16-2-4 | |
| | | 水箱内外壁 16-2-5 | |
| | | 回廊及平台 16-2-6 | |
| 倒锥壳水塔 | 滑升钢模板浇筑钢筋混凝土支筒（高度 m）16-2-7～9 | ≤20、≤25、≤30 | |
| | 地面上浇筑混凝土给水箱（容积 m³）6-2-10～13 | ≤200、≤300、≤400、≤500 | |

## 第三节 贮水（油）池、贮仓

| 定额项目设置 | | 定额解释与工程量计算 |
|---|---|---|
| 混凝土贮水（油）池 | 池底 16-3-1 | **定额解释**<br>1. 贮水（油）池仅适用于容积≤100m³ 的项目。容积＞100m³ 的，池底按地面、池壁按墙、池盖按板的相应项目计算<br>2. 贮仓不分立壁、斜壁、底板、顶板均套用该项目。基础、支撑漏斗的柱和柱之间的连系梁根据构成材料的不同，按有关章节的相应规定计算，套用相应定额<br>**工程量计算**<br>贮水（油）池、贮仓、筒仓以体积计算 |
| | 池壁 16-3-2 | |
| | 池盖 16-3-3 | |
| 混凝土贮仓 | 立壁 16-3-4 | |
| | 漏斗 16-3-5 | |
| | 底板 16-3-6 | |
| | 顶板 16-3-7 | |
| 滑升钢模板浇筑钢筋混凝土筒仓（高度≤30m）（内径 m）16-3-8～11 | ≤8、≤10、≤12、≤16 | |

## 第四节 检查井、化粪池及其他

| 定额项目设置 | | 工程量计算 |
|---|---|---|
| 砖砌井（池）壁 | 圆形 16-4-1 | 1. 砖砌井（池）壁不分厚度均以体积计算，洞口上的砖平璇等并入砌体体积内计算。与井壁相连接的管道及内径≤200mm 的孔洞所占体积不予扣除 |
| | 矩形 16-4-2 | |

| 定额项目设置 | | | 工程量计算 |
|---|---|---|---|
| 成品检查井安装 | | 16-4-3 | 　2. 渗井系指上部浆砌、下部干砌的渗水井。干砌部分不分方形、圆形，均以体积计算。计算时不扣除渗水孔所占体积。浆砌部分套用砖砌井（池）壁定额<br>　3. 成品检查井、化粪池安装以"座"为单位按数量计算。定额内考虑的是成品混凝土检查井、成品玻璃钢化粪池的安装，当主材材质不同时，可换算主材，其他不变<br>　4. 混凝土井（池）按实体积计算，与井壁相连接的管道及内径≤200mm 的孔洞所占体积不予扣除<br>　5. 井盖、雨水箅的安装以"套"为单位按数量计算，混凝土井圈的制作以体积计算，排水沟铸铁盖板的安装以长度计算 |
| 砖砌化粪池 | | 16-4-4 | |
| 砖砌渗井 | | 16-4-5 | |
| 混凝土井（池） | 井（池）底 | 16-4-6 | |
| | 井（池）壁 | 16-4-7 | |
| | 井（池）顶 | 16-4-8 | |
| 混凝土井圈制作 | | 16-4-9 | |
| 井盖安装（带座） | 铸铁 | 16-4-10 | |
| | 混凝土 | 16-4-11 | |
| 雨水箅安装 | 铸铁平箅 | 16-4-12 | |
| | 铸铁立箅 | 16-4-13 | |
| 排水沟铸铁盖板安装 | | 16-4-14 | |

# 第五节　场　区　道　路

| 定额项目设置 | | | 定额解释与工程量计算 |
|---|---|---|---|
| 混凝土整体路面 | 80mm 厚 | 16-5-1 | 定额解释<br>　1. 本章场区道路定额项目，适用于一般工业与民用建筑（构筑物）所在厂区或住宅小区内的道路、广场。若按市政工程设计标准，则应套用市政工程定额<br>　2. 场区道路中的道路垫层项目，在本章中不再单独列出，使用时按照具体设计套用本定额"第二章　地基处理与边坡支护工程"中机械碾压相关内容。路面项目是按山东省 13 系列建筑标准设计图集《建筑工程做法》L13J1 编制的，使用时可参考图集中的做法说明。路面定额中已包括留设伸缩缝及嵌缝内容。沥青混凝土路面，如实际工程中沥青混凝土粒径与定额不同时，可以体积换算<br>工程量计算<br>　1. 路面工程量按设计图示尺寸以面积计算，定额内已包括伸缩缝及嵌缝的工料，如机械割缝时执行本章相关项目，路面项目中不再进行调整<br>　2. 铸铁围墙工程量按设计图示尺寸以长度计算，定额内已包括与柱或墙连接的预埋铁件的工料 |
| | 180mm 厚 | 16-5-2 | |
| | 每增减 10mm | 16-5-3 | |
| 沥青混凝土路面 | 100mm 厚 | 16-5-4 | |
| | 每增减 10mm | 16-5-5 | |
| 广场砖路面 | | 16-5-6 | |
| 混凝土砖路面 | | 16-5-7 | |
| 透水砖路面 | | 16-5-8 | |
| 嵌草水泥砖路面 | | 16-5-9 | |
| 卵石路面 | | 16-5-10 | |
| 花岗石路面 | | 16-5-11 | |
| 碎拼花岗石路面 | | 16-5-12 | |
| 混凝土地面割缝 | | 16-5-13 | |
| 铸铁围墙 | | 16-5-14 | |

# 第六节　构筑物综合项目

| 定额项目设置 | | | 定额解释与工程量计算 |
|---|---|---|---|
| 井池 | 钢筋混凝土化粪池 16-6-1～22 | 1. 钢筋混凝土化粪池 1 号、2～10 号<br>2. 无地下水、有地下水 | 定额解释<br>　1. 本章构筑物综合项目中，钢筋混凝土化粪池是按照山东省 13 系列建筑标准设计图集《排水工程》L13S8，砖砌化粪池是按照 03-1 系列山东省建筑标准设计图集《建筑排水》L03S002 编制的。凡设计采用标准图集的，均按定额套用，不另调整。若设计不采用标准图集，则按单项定额套用 |
| | 砖砌化粪池 16-6-23～44 | 1. 砖砌化粪池 1～11 号<br>2. 无地下水、有地下水 | |
| | 成品化粪池 16-6-45～70 | 1. 有效容积 2m³、4～100m³<br>2. 无地下水、有地下水 | |

续表

| 定额项目设置 | | | 定额解释与工程量计算 |
|---|---|---|---|
| 井池 | 圆形给水阀门井 DN≤65，φ1000 | 无地下水 1.1m 深 16-6-71<br>无地下水每增加 0.1m 16-6-72<br>有地下水 1.1m 深 16-6-73<br>有地下水每增加 0.1m 16-6-74 | |
| | 圆形给水阀门井 φ700 | 无地下水 1.2m 深 16-6-75<br>无地下水每增加 0.1m 16-6-76<br>有地下水 1.2m 深 16-6-77<br>有地下水每增加 0.1m 16-6-78 | 2. 本章中散水、坡道、台阶、路沿综合项目是按照山东省 13 系列建筑标准设计图集《室外工程》L13J9-1 编制的。凡设计采用标准图集的，均按定额套用，不另调整。若设计不采用标准图集，则按单项定额套用<br>工程量计算<br>1. 构筑物综合项目中的井、池以"座"为单位按数量计算<br>2. 散水、坡道、台阶均以面积计算<br>3. 路沿以长度计算 |
| 散水、坡道及其他 | 水泥砂浆抹面散水 16-6-79<br>混凝土散水 16-6-80<br>细石混凝土散水 16-6-81<br>花岗石板散水 16-6-82<br>水泥砂浆（带礓磜）坡道混凝土 60mm 厚 16-6-83<br>水泥砂浆金刚砂防滑条坡道混凝土 60mm 厚 16-6-84<br>花岗石坡道混凝土 60mm 厚 16-6-85 | 3:7 灰土 | |
| | 水泥抹面混凝土台阶 16-6-86～87<br>随打随抹混凝土台阶 16-6-88～89<br>石质板材铺面混凝土台阶 16-6-90～91<br>铺预制混凝土路沿 16-6-92<br>铺料石路沿 16-6-93 | 灰土垫层、毛石垫层 | |

# 重点、难点分析

## 一、 构筑物综合项目易混淆的工作内容范围

构筑物综合项目易混淆的工作内容范围见表 2-16-2。

**构筑物综合项目包括或不包括的内容**      表 2-16-2

| 定额内容 | 定额子目包括或不包括的内容 | | | | | |
|---|---|---|---|---|---|---|
| | 土方 | 混凝土搅拌制作 | 钢筋 | 脚手架 | 模板 | 构件运输、安装 |
| 构筑物综合项目 | 不包括 | 不包括 | 包括 | 包括 | 包括 | 包括 |
| 单项定额 | 不包括 | | | | | |

## 二、 广场砖子目的调整

广场砖子目按留缝编制，设计采用的块料规格，在其长、宽、厚以及留缝宽度均已经明确的前提下，块料和留缝砂浆用量的调整，可按下列公式计算：

1. 设计块料消耗量（m²/10m²）

＝10÷[（设计块长＋设计缝宽）×（设计块宽＋设计缝宽）]×单块面积×(1＋损耗率)

＝设计块料净用量×(1＋定额块料损耗率)

损耗率取值：广场砖损耗率为 2%，砂浆损耗率为 2.5%

2. 设计留缝砂浆消耗量（m³/10m²）

＝（10－设计块长×设计块宽×设计块料净用量）×设计块厚×1.025

**举例 1**：某工程铺广场砖 130m²，设计广场砖规格为 150mm×100mm×18mm，1∶3 水泥抹灰砂浆结合层，密缝粘贴，调整定额含量。

**解**：设计广场砖消耗量

＝10÷[（设计块长＋设计缝宽）×（设计块宽＋设计缝宽）]×单块面积×（1＋损耗率）

＝10÷[（0.15＋0）×（0.10＋0）]×0.15×0.10×1.02

＝10÷（0.15×0.10）×0.015×1.02

＝10×1.02＝10.2m²/10m²

由于设计按密缝（缝宽＝0）考虑，故留缝砂浆的定额消耗量为 0。

套定额 16-5-6 广场砖路面（调整定额广场砖及勾缝砂浆的消耗量）

**举例 2**：某工程铺广场砖 130m²，设计广场砖规格为 150mm×100mm×30mm，1∶1 水泥砂浆填缝宽 10mm，调整定额含量。

**解**：设计广场砖消耗量

＝10÷[（设计块长＋设计缝宽）×（设计块宽＋设计缝宽）]×单块面积×（1＋损耗率）

＝10÷[（0.15＋0.01）×（0.10＋0.01）]×0.15×0.10×（1＋2%）

＝8.5227×1.02＝8.6932m²/10m²

设计水泥砂浆消耗量

＝（10－8.5227）×设计块厚×1.025

＝1.4773×0.03×1.025＝0.0454m³/10m²

套定额 16-5-6 广场砖路面（调整定额广场砖及勾缝砂浆的消耗量）

# 第十七章　脚手架工程

## 一、本章内容

本章定额包括外脚手架，里脚手架，满堂脚手架，悬空脚手架、挑脚手架、钢管防护架，依附斜道，安全网，烟囱（水塔）脚手架，电梯井字架八节。

## 二、脚手架、安全网及垂直封闭概念

### （一）外脚手架

外脚手架分为整体工程外脚手架与分部工程外脚手架。

整体工程外脚手架既为外墙主体施工服务又为外墙装饰施工服务；分部工程外脚手架为主体工程脚手架、外装饰工程脚手架。如图 2-17-1、图 2-17-2 所示。

图 2-17-1　外脚手架及垂直封闭　　　　图 2-17-2　型钢平台外挑双排钢管外脚手架

### （二）垂直封闭

建筑物四周，挂在外脚手架外侧的密目网，起着防止高空坠落、高空坠物的安全作用，另外也兼有一定的防尘作用，有利于环境保护。如图 2-17-1 所示。

### （三）依附斜道

在施工中，供人员上下和搬运较轻物料使用。实际工程中的斜道，一般依附于外脚手架搭设，故称依附斜道。如图 2-17-3 所示。

### （四）安全网

是在外脚手架与工程墙体之间水平设置的安全网，主要是为了防止施工人员掉落而设置的，一般是在每层的底坪设一道。如图 2-17-4 所示。

### （五）里脚手架

是为内墙砌筑（装饰）施工服务的脚手架，按每层搭设，因此也可称为内墙砌筑脚手架。里脚手架的搭设灵活，可视具体情况而定，有扣件式钢管脚手架、木脚手架，还有便于灵活移动的门式脚手架。如图 2-17-5、图 2-17-6 所示。

图 2-17-3　依附斜道

图 2-17-4　安全网

图 2-17-5　扣件式里脚手架

图 2-17-6　支架式、门式里脚手架

# 第一节　外 脚 手 架

## 一、外脚手架定额适用

### 1. 外墙外脚手架定额适用

| 外墙情况 | 檐口高度 | | | |
|---|---|---|---|---|
| | 6m 以下 | 10m 以下 | 50m 以下 | 50m 以上 |
| 外墙为现浇混凝土墙、轻质砌块墙 | 落地双排外脚手架 | | | 型钢平台外挑双排外脚手架 |
| 外墙门窗及装饰面积 60% 以上 | | | | |
| 其他外墙（包括实心轻质砖墙） | 落地单排外脚手架 | | 落地双排外脚手架 | |

注：1. 外墙门窗及装饰面积 60% 以上，其中外墙装饰系指外墙镶贴各类块料面层、干挂各类板材、制作安装各类幕墙等需要放线的各种做法。
　　2. 自然地坪、低层屋面因不满足搭设落地脚手架的条件，可根据工程情况按型钢平台外挑双排外脚手架计算。

### 2. 其他结构外脚手架定额适用

| 适用范围 | 外脚手架 | |
|---|---|---|
| | 单排 | 双排 |
| 独立柱 | √ | |
| 带形基础、带形桩承台、满堂基础>1m | | √ |
| 现浇混凝土独立基础>1m | √ | |
| 单梁、连续梁、框架梁 | | √ |
| 混凝土内墙 | | √ |

| 适用范围 | | 外脚手架 | |
|---|---|---|---|
| | | 单排 | 双排 |
| 现浇混凝土圈梁、过梁、楼梯、雨篷、阳台、挑檐中的梁和挑梁，各种现浇混凝土板、楼梯 | | 不单独计算脚手架 | |
| 建筑物四周外围的现浇混凝土梁、框架梁、墙 | | 不另计算脚手架 | |
| 电梯井壁 | | 计算电梯井字架 | |
| 贮水（油）池 | 距地坪高度＞1.2m | ✓ | |
| 砌筑贮仓 | | | ✓ |
| 石砌（带形）基础＞3m | | | ✓ |
| 砌筑内墙（非轻质砌块墙）＞6m | | | ✓ |

## 二、消耗量定额

| | 定额项目设置 | | 定额解释 | 工程量计算 |
|---|---|---|---|---|
| 外墙 | 木架 17-1-1～5 | 单排、双排、檐高檐高：≤6m～≤30m | 1. 脚手架工作内容中包括底层脚手架下的平土、挖坑，实际与定额不同时，不得调整 2. 脚手架作业层按脚手板计算，材质不同时不得调整，已综合考虑；并在材料木脚手板中综合考虑了垫木、挡脚板 3. 外脚手架子目，综合了上料平台和护卫栏杆 4. 脚手架计取的起点高度：基础及石砌体高度＞1m，其他结构高度＞1.2m | 1. 按外墙外边线长度乘以高度以面积计算。凸出墙面宽度大于240mm的墙垛、外挑阳台（板）等，按图示尺寸展开计算，并入外墙长度内计算 2. 外脚手架，不扣除门窗洞口、空圈洞口、柱、构造柱、圈梁、过梁及梁头等所占的面积 |
| | 钢管架 17-1-6～12 | 单排、双排、檐高檐高：≤6m～≤50m | | |
| | 型钢平台外挑双排钢管脚手架 17-1-13～27 | 檐高：≤20m～≤300m | | |
| | 外装饰电动提升式吊篮脚手架 | 块料面层和玻璃幕墙 17-1-28 | 外装饰工程的脚手架，根据施工方案可执行外装饰电动提升式吊篮脚手架 | 按使用部位搭设面积计算 |
| | | 涂刷涂料 17-1-29 | | |
| 其他 | 独立柱（单排外） | | 框架柱、砖柱、石柱等，均指不与同种材料的墙体同时施工的独立柱现浇混凝土构造柱，不单独计算脚手架 | 柱脚手架工程量(m²)＝(柱外围周长＋3.6)×柱高 1. 首层柱高＝首层层高＋基础上表面至设计室内地坪高度 2. 楼层设计柱高＝楼层层高 3. 独立柱与坡屋面的斜板相交时，设计柱高按柱顶的高点计算 |
| | 单梁、连续梁、框架梁（双排外） | | 有梁板中的板下梁不计取脚手架 | 梁脚手架工程量(m²)＝梁净长×(层高－楼板厚) 注：首层从室外地坪算起 |
| | 混凝土内墙（双排外） | | 混凝土墙同一轴线且同时浇筑的墙上梁不单独计取脚手架轻型框剪墙按墙规定计算 | 混凝土内墙脚手架工程量(m²)＝内墙净长×(层高－楼板厚) 注：首层从室外地坪起算 |

| 定额项目设置 | | 定额解释 | 工程量计算 |
|---|---|---|---|
| 其他 | 现浇混凝土独立基础（单排外） | 高度>1m | 按柱脚手架规则计算（外围周长按最大底面周长） |
| | 现浇混凝土带形基础、带形桩承台（双排外） | 高度>1m | 按混凝土墙的规定计算脚手架 |
| | 满堂基础（双排外） | 高度>1m | 脚手架长度按外形周长计算 |
| | 贮水（油）池（双排外） | 贮水（油）池凡距地坪高度超过1.2m时，套用双排外脚手架子目 | 按外壁周长乘以室外地坪至池壁顶面之间的高度以面积计算 |
| | 砌筑贮仓（双排外） | 砌筑贮仓脚手架，不分单筒或贮仓组，套用双排外脚手架子目 | 均按单筒外边线周长乘以设计室外地坪至贮仓上口之间的高度以面积计算 |
| | 主体工程外脚手架 | 总承包单位承包工程范围不包括外墙装饰工程且不为外墙装饰工程提供脚手架施工，主体工程外脚手架的材料费按外脚手架乘以0.8计算，人工、机械不调整 | |
| | 外装饰工程钢管脚手架 | 外装饰工程脚手架按钢管脚手架搭设的，其材料费按外脚手架乘以0.2计算，人工、机械不调整 | |

# 第二节 里脚手架

## 一、里脚手架定额适用

### 1. 内墙里脚手架定额适用

| 内墙情况 | 设计室内地坪至顶板下表面的净高度 | | |
|---|---|---|---|
| | 高度≤3.6m | 3.6m<高度≤6m | 高度>6m |
| 非轻质砌块墙（包括实心轻质砖） | 单排里脚手架 | 双排里脚手架 | 单排外脚手架 |
| 轻质砌块墙 | 双排里脚手架 | | 双排外脚手架 |

### 2. 其他结构里脚手架定额适用

| 适用范围 | | 里脚手架 | |
|---|---|---|---|
| | | 单排 | 双排 |
| 石砌基础（带形） | 1m<砌筑高度≤3m | | √ |
| 砖砌围墙 | 石砌或砖砌厚>2砖 | √ | √ |
| | 其他 | √ | |
| 设备基础 | | | √ |

## 二、消耗量定额

| 定额项目设置 | | | 定额解释与工程量计算 |
|---|---|---|---|
| 内墙 | 木架 17-2-1～4 | 单排、双排 ≤3.6m、≤6m | 里脚手架工程量（m²）=内墙净长度×内墙净高度<br>1. 框架间内墙的净长度，应为扣除混凝土柱后框架柱间的净长度<br>2. 内墙净高度，按设计室内地面至顶板下表面计算。顶部有梁的，应计算至梁底。顶部有山尖或坡度的，高度折算<br>3. 里脚手架，不扣除门窗洞口、空圈洞口、构造柱、圈梁、过梁及梁头等所占的墙面面积<br>4. 凸出墙面大于240mm的墙垛，按图示凸出尺寸，并入内墙长度内计算 |
| | 钢管架 17-2-5～8 | 单排、双排 ≤3.6m、≤6m | |

续表

| 定额项目设置 | | 定额解释与工程量计算 |
|---|---|---|
| 其他 | 围墙 | 围墙脚手架，按室外自然地坪至围墙顶面的砌筑高度乘以长度以面积计算 |
| | 石砌基础 | 边砌边回填时，不得计算脚手架<br>按基础图示长度乘以地坪至基础顶坪的高度以面积计算 |
| | 设备基础 | 设备基础脚手架，按其外形周长乘以地坪至外形顶面的高度以面积计算 |
| | 内墙装饰 | 1. 内墙面装饰高度≤3.6m的内墙装饰，按相应里脚手架子目乘以系数0.3计算；高度＞3.6m的内墙装饰，按双排里脚手架乘以系数0.3计算<br>2. 内墙装饰工程，符合下列条件之一时，不计算内墙装饰工程脚手架：<br>　(1) 内墙装饰工程，能够利用内墙砌筑脚手架时，不再计算内墙装饰脚手架<br>　(2) 按规定计算满堂脚手架后，室内墙面装饰工程不再计算内墙装饰脚手架<br>3. 内墙装饰工程脚手架<br>　(1) 内墙装饰工程脚手架高度，自室内地面或楼面起，有吊顶顶棚的，计算至顶棚底面另加100mm；无吊顶顶棚的，计算至顶棚底面<br>　(2) 外墙内面应计算内墙装饰工程脚手架；内墙两面均应计算内墙装饰工程脚手架。装配式轻质墙板的墙面装饰，应按以上规定，计算内墙装饰工程脚手架 |

# 第三节　满堂脚手架

| 定额项目设置 | | 定额解释 | 工程量计算 | |
|---|---|---|---|---|
| 木架 | 基本层 17-3-1 | 基本层：3.6m＜棚底高度≤5.2m<br>增架层：棚底高度＞5.2m，每增1.2m计一次，四舍五入 | 基本层工程量 $S(m^2)$＝室内净长度×室内净宽度 | |
| | 增加层 17-3-2 | | | |
| 钢管架 | 基本层 17-3-3 | | $N$＝[净高度－5.2]/1.2 | $S×N$ |
| | 增加层 17-3-4 | | | |

# 第四节　悬空脚手架、挑脚手架、钢管防护架

| 定额项目设置 | | 定额解释 | 工程量计算 |
|---|---|---|---|
| 悬空脚手架 | 木架 17-4-1 | | 按搭设水平投影面积计算 |
| | 钢管架 17-4-2 | | |
| 挑脚手架 | 木架 17-4-3 | 用于外墙局部施工的情况 | 按搭设长度和层数以长度计算 |
| | 钢管架 17-4-4 | | |
| 钢管防护架 | 水平 17-4-5 | 水平防护架和垂直防护架，指脚手架以外单独搭设的，用于车辆通行、人行通道、临街防护和施工与其他物体隔离等的防护 | 按实际铺板的水平投影面积计算 |
| | 垂直 17-4-6 | | 按自然地坪至最上一层横杆之间的搭设高度乘以实际搭设长度以面积计算 |

# 第五节　依附斜道

| 定额项目设置 | | 定额解释 | 工程量计算 |
|---|---|---|---|
| 依附斜道（搭设高度 m）17-5-1～3 | ≤5、≤15、≤30 | 斜道是按依附斜道编制的。独立斜道，按依附斜道子目人工、材料、机械乘以系数 1.80 | 按不同搭设高度以"座"计算<br>1. 编制标底时：<br>依附斜道工程量(座)＝1＋(首层建筑面积－1200.00)/500(六舍七入取整数)<br>2. 工程结算：以实际搭设座数计算 |
| 钢管依附斜道（搭设高度 m）17-5-4～8 | ≤5、≤15、≤24、≤30、≤50 | | |

# 第六节　安　全　网

| 定额项目设置 | | | 定额解释 | 工程量计算 |
|---|---|---|---|---|
| 立挂式 17-6-1 | | | 1. 平挂式安全网（脚手架与建筑物外墙之间的安全网），按水平挂设的投影面积以平方米计算，执行立挂式安全网子目<br>2. 安全网的形式和数量，施工单位报价时，根据施工组织设计确定。编制标底时，只计算平挂式安全网，立挂式安全网和挑出式安全网，需要时，按现场签证结算<br>3. 立挂式安全网，按架网部分的实际长度乘以实际高度以面积计算<br>4. 挑出式安全网，按挑出的水平投影面积计算 | 1. 平挂式安全网工程量(m²)＝(外墙外边线长度＋0.75×8)×1.50×(层数－1)<br>平挂式、立挂式安全网道数＝(层数－1)<br>2. 立挂式安全网工程量(m²)＝(外墙外边线长度＋1.50×8)×1.20×(层数－1)<br>3. 挑出式安全网工程量(m²)＝(外墙外边线长度＋2.60×8)×2.20×道数<br>挑出式安全网的道数，檐高 10m 以内，不设；檐高 20m 以内，设一道；檐高 20m 以上，每增高 20m，增设一道 |
| 挑出式 | 钢管挑出 17-6-2 | | | |
| | 木杆挑出 17-6-3 | | | |
| 建筑物垂直封闭 | 竹席 17-6-4 | | 1. 建筑物垂直封闭采用交替倒用时，工程量按倒用封闭过的垂直投影面积计算，执行定额时，封闭材料乘以下列系数：竹席 0.50、竹笆和密目网 0.33<br>2. 高出屋面的电梯间、水箱间，不计算垂直封闭 | 按封闭墙面的垂直投影面积计算 |
| | 竹笆 17-6-5 | | | |
| | 密目网 17-6-6 | | | |

# 第七节　烟囱（水塔）脚手架

| 定额项目设置 | | 定额解释与工程量计算 |
|---|---|---|
| 直径＜5m 烟囱脚手架（搭设高度 m）17-7-1～6 | ≤10、≤15、≤20～≤45 | **定额解释**<br>1. 烟囱脚手架，综合了垂直运输架、斜道、揽风绳、地锚等内容<br>2. 水塔脚手架，按相应的烟囱脚手架人工乘以系数 1.11，其他不变。倒锥壳水塔脚手架，按烟囱脚手架相应子目乘以系数 1.30<br>**工程量计算**<br>烟囱脚手架，区别不同搭设高度，以座计算 |
| 直径＜8m 烟囱脚手架（搭设高度 m）17-7-7～12 | ≤20、≤30、≤40～≤80 | |

## 第八节　电梯井字架

| 定额项目设置 | 定额解释 | 工程量计算 |
|---|---|---|
| 电梯井字架 17-8-1～17 | 设备管道井，不适用电梯井字架子目 | 电梯井字架区分搭设高度按单孔，以座计算 电梯井字架的搭设高度，系指电梯井底板上坪至顶板下坪（不包括建筑物顶层电梯机房）之间的高度 |

## 重点、难点分析

（1）外脚手架的高度，在工程量计算和执行定额时，均自设计室外地坪算至檐口顶。

1）先主体后回填，自然地坪低于设计室外地坪时，外脚手架的高度从自然地坪算起。

2）设计室外地坪标高不同时，有错坪的，按不同标高分别计算；有坡度的，按平均标高计算。

3）外墙有女儿墙的，算至女儿墙压顶上坪；无女儿墙的，算至檐板上坪或檐沟翻檐的顶坪。

4）坡屋面的山尖部分，其工程量按山尖部分的平均高度计算，但应按山尖顶坪执行定额。

5）凸出屋面的电梯间、水箱间等，执行定额时，不计入建筑物的总高度。

6）地下室外脚手架的高度，按基础底板上坪至地下室顶板上坪之间的高度计算。

（2）型钢平台外挑双排钢管脚手架子目，一般适用于自然地坪或高层建筑的低层屋面不能承受外脚手架荷载、不能搭设落地脚手架以及架体高度＞50m 等情况。

自然地坪不能承受外脚手架荷载，一般是指因填土太深，短期达不到承受外脚手架荷载的能力，不能搭设落地脚手架的情况。

高层建筑的低层屋面不能承受外脚手架荷载，一般是指高层建筑有深基坑（地下室），需做外防水处理或有高低层的工程，其低屋面板因荷载及做屋面防水处理等原因，不能在低层屋面板搭设落地外脚手架的情况。

## 工程预算实例

【例题 2-17-1】　如图 2-17-7 所示，某工程裙房八层（女儿墙高 2m），塔楼二十五层（女儿墙高 2m），塔楼顶水箱间（普通黏土砖砌筑）一层。计算其外脚手架的工程量，套定额。

**解：**

同一建筑物高度不同时，应按不同高度分别计算。

（1）裙房外脚手架面积＝[（36.24+56.24）×2-36.24]×（36.40+2.00）=5710.85m²

裙房外脚手架高度＝36.40+2.00=38.40m

套定额 17-1-12　钢管架双排≤50m

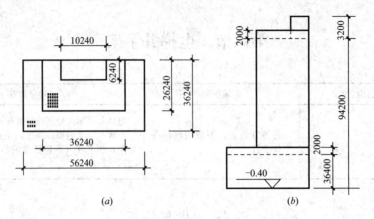

图 2-17-7　八层裙房二十五层塔楼

(a) 平面图；(b) 侧视图

(2) 塔楼外脚手架面积

剖面右侧＝36.24×(94.20＋2.00)＝3486.29m²

其余三面＝(36.24＋26.24×2)×(94.20－36.40＋2.00)＝5305.46m²

水箱间剖面右侧＝10.24×(3.20－2.00)＝12.29m²

合计＝8804.04m²

凸出屋面的水箱间，执行定额时，不计入建筑物的总高度。

塔楼外脚手架高度＝94.20＋2.00＝96.20m

套定额 17-1-17 型钢平台外挑双排钢管脚手架≤100m

(3) 水箱间外脚手架面积＝(10.24＋6.24×2)×3.20＝72.70m²

套定额 17-1-6 钢管架单排

【例题 2-17-2】　如图 2-17-7 所示，计算招标标底中密目网垂直封闭的工程量，套定额。

解：

(1) 裙房密目网面积＝(56.24＋36.24)×2×(36.40＋2.00)＝7102.46m²

套定额 17-6-6 密目网

(2) 塔楼密目网面积剖面右侧＝36.24×[94.20＋2.00－(36.40＋2.00)]＝2094.67m²

其余三面＝(36.24＋26.24×2)×(94.20＋2.00－36.40)＝5305.46m²

水箱间剖面右侧＝10.24×(3.2－2)＝12.29m²

合计＝7412.42m²

高出屋面的水箱间，不计算垂直封闭。

套定额 17-6-6 密目网（建筑物垂直封闭采用交替倒用时，封闭材料密目网乘以系数 0.33）

【例题 2-17-3】　如图 2-17-7 所示，计算招标标底中平挂式安全网的工程量，套定额。

解：

(1) 裙房＝[(56.24＋36.24)×2＋1.50×4]×1.50×(8－1)＝2005.08m²

(2) 塔楼剖面右侧＝(36.24＋1.50×2)×1.50×17＝1000.62m²

其余三面＝(36.24＋26.24×2＋1.50×2)×1.50×(17－1)＝2201.28m²

（3）水箱间剖面右侧＝(10.24＋1.50×2)×1.50×1＝19.86m²

其余三面＝(10.24＋6.24×2＋1.50×2)×1.50×(1-1)＝0

平挂式安全网面积＝2005.08＋1000.62＋2201.28＋19.86＝5226.84m²

套定额 17-6-1 立挂式安全网

**【例题 2-17-4】** 如图 2-17-8 所示，某住宅楼层高 2.90m，实心砖墙厚 240mm，现浇混凝土楼板、阳台，板厚均为 120mm。图中尺寸线为砖墙墙体中心线。计算图示内墙砌筑脚手架的工程量，套定额。

**解：**

$[6.4＋1.8＋2＋2＋2＋3.6×2＋(4.6＋2.8＋3.6)×2-14×0.12]×(2.90-0.12)＝115.98m²$

套定额 17-2-5 钢管架单排

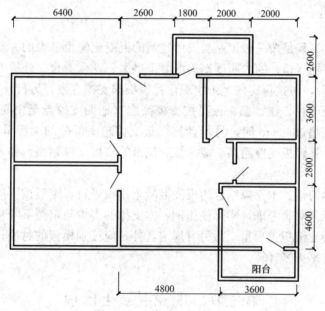

图 2-17-8 内墙砌筑脚手架

# 第十八章 模 板 工 程

## 一、本章内容

本章定额包括现浇混凝土模板、现场预制混凝土模板、构筑物混凝土模板三节。定额按不同构件，分别以组合钢模板钢支撑（木支撑）、复合木模板钢支撑（木支撑）、木模板木支撑编制。

## 二、定额共性

（1）本章模板工程是按一般工业与民用建筑的混凝土模板考虑的。若遇特殊工程或特殊结构时（如体育场（馆）的大跨度钢筋混凝土拱梁、观众看台、外挑看台；影（歌）剧院的楼层观众席等），可按审定的施工组织设计模板和支撑方案，另行计算。

（2）现浇混凝土柱、梁、墙、板是按支模高度（地面支撑点至模底或支模顶）3.6m编制的，支模高度超过 3.6m 时，另行计算模板支撑超高部分的工程量。构造柱、圈梁、大钢模板墙，不计算模板支撑超高。墙、板后浇带的模板支撑超高，并入墙、板支撑超高工程量内计算。

（3）对拉螺栓与钢、木支撑结合的现浇混凝土模板子目，定额按不同构件、不同模板材料和不同支撑工艺综合考虑，实际使用钢、木支撑的多少与定额不同时，不得调整。

（4）现浇混凝土模板工程量，除另有规定者外，应区别模板的材质，按混凝土与模板接触面的面积，以平方米计算。

# 第一节 现浇混凝土模板

### 1. 基础

| 定额项目设置 | | 定额解释与工程量计算 |
|---|---|---|
| 混凝土基础垫层木模板 18-1-1 | | 定额解释 |
| 带形基础（无梁式）无筋混凝土 18-1-2～5 | 1. 组合钢模板、复合木模板<br>2. 对拉螺栓钢支撑、木支撑 | 1. 复合木模板，为胶合（竹胶）板等复合板材与方木龙骨等现场制作而成的复合模板，其消耗量是以胶合（竹胶）板为模板材料测算的，取定时综合考虑了胶合（竹胶）板模板制作、安装、拆除等工作内容所包含的人工、材料、机械含量 |
| 带形基础（无梁式）钢筋混凝土 18-1-6～7 | 组合钢模板木支撑、复合木模板木支撑 | 2. 组合钢模板（钢支撑、木支撑）已包括回库维修费用。包括：模板的场地运输费，维修的人工、材料、机械费用 |
| 带形基础（有梁式）钢筋混凝土 18-1-8～11 | 1. 组合钢模板、复合木模板<br>2. 对拉螺栓钢支撑、木支撑 | 3. 现浇混凝土杯形基础的模板，执行现浇混凝土独立基础模板子目，定额人工乘以系数 1.13，其他不变 |

| 定额项目设置 | | 定额解释与工程量计算 |
| --- | --- | --- |
| 独立基础<br>18-1-12～15 | 1. 无筋混凝土、钢筋混凝土<br>2. 组合钢模板、复合木模板 | 4. 现浇混凝土满堂基础（有梁式）模板子目，定额是按上翻梁编制的。若梁在满堂基础下部（下翻梁）时，应套用无梁式满堂基础模板子目<br>5. 由于下翻梁的模板无法拆除，且简易支模方式很多，因此现浇混凝土无梁式满堂基础模板子目，定额未考虑下翻梁的模板因素。施工单位报价时，根据施工组织设计确定；编制标底时，下翻梁的模板按满堂基础的模板种类、支撑方式及其相应规定，并入无梁式满堂基础模板内一并计算<br>工程量计算<br>1. 基础按混凝土与模板接触面的面积计算<br>（1）基础与基础相交时重叠的模板面积不扣除；直形基础端头的模板也不增加<br>（2）杯形基础模板面积按独立基础模板计算，杯口内的模板面积并入相应基础模板工程量内<br>2. 现浇混凝土带形桩承台的模板，执行现浇混凝土带形基础（有梁式）模板子目 |
| 无梁式满堂基础<br>18-1-16～17 | 组合钢模板木支撑、复合木模板木支撑 | |
| 有梁式满堂基础<br>18-1-18～21 | 1. 组合钢模板、复合木模板<br>2. 对拉螺栓钢支撑、木支撑 | |
| 设备基础<br>18-1-22～25 | 1. 组合钢模板、复合木模板<br>2. 钢支撑、木支撑 | |
| 设备基础螺栓孔<br>（长度 m）<br>18-1-26～28 | ≤0.5、≤1、>1 | |
| 人工挖孔桩井壁木模板木支撑 18-1-29 | | |
| 独立式桩承台<br>18-1-30～33 | 1. 组合钢模板、复合木模板<br>2. 钢支撑、木支撑 | |

## 2. 柱

| 定额项目设置 | | 工程量计算 |
| --- | --- | --- |
| 矩形柱 18-1-34～37 | 1. 组合钢模板、复合木模板<br>2. 钢支撑、木支撑 | 现浇混凝土柱模板，按柱四周展开宽度乘以柱高以面积计算。<br>1. 柱、梁相交时，不扣除梁头所占柱模板面积<br>2. 柱、板相交时，不扣除板厚所占柱模板面积，即柱模板算至柱上坪，柱高不扣除板厚<br>3. 柱、墙相接时，柱与墙接触面的面积应予扣除<br>4. 构造柱模板，按混凝土外露宽度乘以柱高以面积计算；构造柱与砌体交错咬茬连接时，按混凝土外露面的最大宽度计算。构造柱与墙的接触面，不计算模板面积 |
| 构造柱 18-1-38～41 | 1. 组合钢模板、复合木模板<br>2. 钢支撑、木支撑 | |
| 异形柱 18-1-42～45 | 1. 组合钢模板、复合木模板<br>2. 钢支撑、木支撑 | |
| 圆形柱 18-1-46～47 | 木模板木支撑、复合木模板木支撑 | |
| 柱支撑高度>3.6m | 每增加 1m 钢支撑 18-1-48 | |
| | 每增加 1m 木支撑 18-1-49 | |

## 3. 梁

| 定额项目设置 | | 工程量计算 |
| --- | --- | --- |
| 基础梁 18-1-50～53 | 1. 组合钢模板、复合木模板<br>2. 钢支撑、木支撑 | 现浇混凝土梁模板，按混凝土与模板接触面积计算。<br>1. 矩形梁，砌体墙支座处的模板不扣除，端头处的模板不增加。即梁的模板长度按梁的全长计算<br>2. 梁、梁相交时，不扣除次梁梁头所占主梁模板面积<br>3. 梁、板连接时，梁侧壁模板算至板下坪，即梁的模板高度应扣除板厚 |
| 矩形梁 18-1-54～57 | 1. 组合钢模板、复合木模板<br>2. 对拉螺栓（钢支撑、木支撑） | |
| 异形梁 18-1-58～59 | 木模板、复合木模板 | |
| 圈梁 18-1-60～63 | 1. 直形（组合钢模板、复合木模板）<br>2. 弧形（木模板、复合木模板） | |
| 过梁 18-1-64～65 | 组合钢模板、复合木模板 | |

续表

| 定额项目设置 | | 工程量计算 |
|---|---|---|
| 拱形梁 18-1-66～67 | 木模板、复合木模板 | 4. 圈梁模板计算两侧面，下面与墙的接触面不计算模板 |
| 弧形梁 18-1-68～69 | 木模板、复合木模板 | |
| 梁支撑高度＞3.6m | 每增加 1m 钢支撑 18-1-70 | 5. 过梁与圈梁连接时，过梁长度按洞口两端共加50cm 计算 |
| | 每增加 1m 木支撑 18-1-71 | |

### 4. 墙

| 定额项目设置 | | 定额解释与工程量计算 |
|---|---|---|
| 直形墙 18-1-72～75 | 1. 组合钢模板、复合木模板<br>2. 对拉螺栓（钢支撑、木支撑） | **定额解释**<br>1. 现浇混凝土直线墙、电梯井壁等项目，如设计要求进行防水等特殊处理时，套用本章有关子目后，增套本定额"第五章　钢筋及混凝土工程"对拉螺栓增加子目 |
| 弧形墙 18-1-76～77 | 1. 木模板、复合木模板<br>2. 对拉螺栓木支撑 | 2. 轻型框剪墙的模板支撑超高，执行墙支撑超高子目<br>**工程量计算**<br>现浇混凝墙模板，按混凝土与模板接触面积计算。 |
| 大钢模板墙 18-1-78～79 | 对拉螺栓（钢支撑、木支撑） | 1. 现浇混凝土外墙外侧模板，按外墙外边线长度乘以外墙设计高度计算<br>2. 现浇混凝土外墙内侧和内墙两侧的模板，均按墙间净长度乘以楼板（或基础扩大面）上坪至上一层楼板底坪之间的高度计算 |
| 电梯井壁 18-1-80～83 | 1. 组合钢模板、复合木模板<br>2. 对拉螺栓（钢支撑、木支撑） | 3. 墙、柱连接时，柱侧壁按展开宽度并入墙模板面积内计算<br>4. 墙、梁相交时，不扣除梁头所占墙模板面积 |
| 墙支撑高度＞3.6m | 每增加 1m 钢支撑 18-1-84 | 5. 现浇钢筋混凝土墙、板上单孔面积≤0.3m² 的孔洞不予扣除，洞侧壁模板亦不增加；单孔面积＞0.3m²时，应予扣除，洞侧壁模板面积并入墙、板模板工程量内计算 |
| | 每增加 1m 木支撑 18-1-85 | |
| 轻型框剪墙 18-1-86～89 | 1. 组合钢模板、复合木模板<br>2. 对拉螺栓（钢支撑、木支撑） | 6. 轻型框剪墙子目已综合轻体框架中的梁、墙、柱内容，但不包括电梯井壁、矩形梁、挑梁，其工程量按混凝土与模板接触面积计算 |

### 5. 板

| 定额项目设置 | | 定额解释与工程量计算 |
|---|---|---|
| 有梁板 18-1-90～93 | 1. 组合钢模板、复合木模板<br>2. 钢支撑、木支撑 | **定额解释**<br>现浇混凝土斜板、折板模板，按平板模板计算；现浇混凝土板的倾斜度＞15°时，其模板子目定额人工乘以系数 1.30 |
| 无梁板 18-1-94～97 | 1. 组合钢模板、复合木模板<br>2. 钢支撑、木支撑 | **工程量计算**<br>1. 现浇混凝土板模板，按照板底的墙（梁）间净长度乘以净宽度计算。伸入梁、墙内的板头，不计算模板面积 |
| 平板 18-1-98～101 | 1. 组合钢模板、复合木模板<br>2. 钢支撑、木支撑 | 2. 现浇钢筋混凝土板上单孔面积≤0.3m² 的孔洞模板不予扣除，洞侧壁模板亦不增加；单孔面积＞0.3m²时，模板应予扣除，洞侧壁模板面积并入板模板工程量内计算<br>3. 周边带翻檐的板（如卫生间混凝土防水带等），底板的板厚部分不计算模板面积；翻檐两侧的模板，按翻檐净高度并入板的模板工程量内计算 |
| 拱形板 18-1-102～103 | 1. 对拉螺栓木支撑<br>2. 木模板、复合木模板 | 4. 板、柱相接时，板与柱接触面积≤0.3m² 时，不予扣除；接触面积＞0.3m² 时，应予扣除 |
| 板支撑高度＞3.6m | 每增加 1m 钢支撑 18-1-104 | 5. 柱帽模板面积按无梁板模板计算，其工程量并入无梁板模板工程量中，模板支撑超高按板支撑超高计算 |
| | 每增加 1m 木支撑 18-1-105 | |

### 6. 其他构件

| 定额项目设置 | | 工程量计算 |
|---|---|---|
| 栏板 18-1-106 | 木模板木支撑 | 1. 现浇钢筋混凝土雨篷、悬挑板、阳台板模板，按设计图示外挑部分尺寸的水平投影面积计算。挑出墙外的牛腿梁及板边模板不另计算。但嵌入墙体内的梁及牛腿梁伸入墙内的部分，应按相应规定另行计算工程量，并套用相应定额子目。<br>2. 现浇混凝土悬挑板的翻檐，其模板工程量按翻檐净高度计算，执行"挑檐、天沟"子目；翻檐高度>300mm 时，执行"栏板"子目。<br>3. 现浇混凝土天沟、挑檐模板，按模板与混凝土接触面积计算。<br>4. 现浇钢筋混凝土楼梯模板，按水平投影面积计算，不扣除宽度<500mm 的楼梯井所占面积。楼梯的踏步、踏步板、平台梁等侧面模板，不另计算，伸入墙内部分亦不增加。<br>5. 混凝土台阶（不包括梯带）模板，按设计图示台阶尺寸的水平投影面积计算，台阶端头两侧不另计算模板面积。<br>6. 小型构件是指单件体积≤0.1m³ 的未列项目的构件。<br>现浇混凝土小型池槽模板，按构件外围体积计算，即不扣除池槽中间的空心部分，池槽内、外侧及底部的模板不另计算。<br>7. 压顶、扶手模板，按设计图示尺寸以体积计算 |
| 天沟、挑檐 18-1-107 | | |
| 雨篷、悬挑板、阳台板 18-1-108~109 | 1. 直形、弧形<br>2. 木模板木支撑 | |
| 楼梯 18-1-110~111 | | |
| 小型构件 18-1-112 | 木模板木支撑 | |
| 小型池槽 18-1-113 | | |
| 暖气、电缆沟木模板对拉螺栓木支撑 18-1-114 | | |
| 台阶 18-1-115 | 木模板木支撑 | |
| 压顶 18-1-116 | | |

### 7. 后浇带

| 定额项目设置 | | 工程量计算 |
|---|---|---|
| 后浇带直形墙 18-1-117~120 | 1. 组合钢模板、复合木模板<br>2. 对拉螺栓（钢支撑、木支撑） | 1. 后浇带模板，按模板与后浇带的接触面积计算<br>2. 预制板缝>40mm 时的模板，按平板后浇带模板计算 |
| 后浇带大钢模板墙 18-1-121~122 | 1. 大钢模板对拉螺栓<br>2. 钢支撑、木支撑 | |
| 后浇带有梁板 18-1-123~126 | 1. 组合钢模板、复合木模板<br>2. 钢支撑、木支撑 | |
| 后浇带无梁板、平板 18-1-127~130 | | |

### 8. 其他

| 定额项目设置 | 工程量计算 |
|---|---|
| 塑料模壳钢支撑 18-1-131 | 1. 塑料模壳工程量，按板的轴线内包投影面积计算<br>2. 地下暗室模板拆除增加，按地下暗室内的现浇混凝土构件的模板面积计算。地下室设有室外地坪以上的洞口（不含地下室外墙出入口）、地上窗的，不再套用本子目<br>3. 对拉螺栓端头处理增加，按设计要求进行防水等特殊处理的现浇混凝土直形墙、电梯井壁（含不防水面）模板面积计算<br>4. 对拉螺栓堵眼增加，按相应构件混凝土模板面积计算 |
| 地下暗室模板拆除增加 18-1-132 | |
| 对拉螺栓端头处理增加 18-1-133 | |
| 对拉螺栓堵眼增加 18-1-134 | |

# 第二节　现场预制混凝土模板

| 定额项目设置 | | 定额解释与工程量计算 |
|---|---|---|
| 桩 18-2-1~2 | 组合钢模板、复合木模板 | **定额解释**<br>现场预制混凝土模板子目使用时，人工、材料、机械消耗量分别乘以构件操作损耗系数 1.012 |
| 柱 18-2-3~8 | | |
| 梁 18-2-9~14 | 1. 形状<br>2. 组合钢模板、木模板 | |

| 定额项目设置 | | | 定额解释与工程量计算 |
|---|---|---|---|
| 屋架 18-2-15～18 | | 1. 形状<br>2. 木模板 | |
| 门式刚架 18-2-19 | | 木模板 | |
| 天窗架 18-2-20 | | | |
| 天窗端壁板 18-2-21 | | | |
| 板（木模板）<br>18-2-22～25 | | 平板、地沟盖板、升板、天窗侧板 | |
| 其他构件 | 门窗框木模板 18-2-26 | | 工程量计算<br>1. 现场预制混凝土模板工程量，除注明者外均按混凝土实体积计算<br>2. 预制桩按桩体积（不扣除桩尖虚体积部分）计算<br>3. 地、胎模按与混凝土构件的接触面积计算 |
| | 小型构件木模板 18-2-27 | | |
| | 一般支撑木模板 18-2-28 | | |
| | 框架式支撑 | 组合钢模板 18-2-29 | |
| | | 复合木模板 18-2-30 | |
| | 支架 | 组合钢模板 18-2-31 | |
| | | 复合木模板 18-2-32 | |
| 混凝土 | 地模 18-2-33 | | |
| | 胎模 18-2-34 | | |
| 砖 | 地模 18-2-35 | | |
| | 胎模 18-2-36 | | |

# 第三节　构筑物混凝土模板

| 定额项目设置 | | 定额解释与工程量计算 |
|---|---|---|
| 烟囱液压滑升钢模<br>（筒身高度 m）18-3-1～7 | ≤60～≤210 | 定额解释<br>1. 采用钢滑升模板施工的烟囱、倒锥壳水塔支筒及筒仓，是按无井架施工编制的，定额内综合了操作平台。使用时，不再计算脚手架及竖井架<br>2. 采用钢滑升模板施工的烟囱、水塔，提升模板使用的钢爬杆用量是按一次摊销编制的，贮仓是按两次摊销编制的，设计要求不同时，可以换算<br>3. 倒锥壳水塔塔身钢滑升模板子目，也适用于一般水塔塔身滑升模板工程<br>4. 烟囱钢滑升模板项目，均已包括烟囱筒身、牛腿、烟道口模板用量；水塔钢滑升模板项目，均已包括直筒、门窗洞口等模板用量<br>工程量计算<br>构筑物的混凝土模板工程量，定额单位为 m³ 的，可直接使用按"第十六章　构筑物及其他工程"的规定计算出的构件体积；定额单位为 m² 的，按混凝土与模板的接触面积计算。定额未列项目，按建筑物相应构件模板子目计算 |
| 水塔木模板木支撑<br>18-3-8～14 | 水塔塔身、水塔水箱、水塔塔顶、水塔槽底、水塔回廊及平台 | |
| 倒锥壳水塔<br>18-3-15～27 | 筒身滑升模板（高度）、水箱制作（容积）、水箱提升（高度） | |
| 贮水（油）池、化粪池 18-3-28～44 | 1. 池底平底、池底坡底、圆形壁、矩形壁、无梁池盖、肋形池盖、沉淀池水槽<br>2. 组合钢模板、复合木模板、木模板 | |
| 贮仓 18-3-45～52 | 1. 圆形贮仓、矩形贮仓<br>2. 顶板、隔层板、立壁<br>3. 组合钢模板、复合木模板、木模板 | |
| 筒仓（高度≤30m）<br>液压滑升钢模<br>18-3-53～56 | （内径 m）≤8、≤10、≤12、≤16 | |

# 重点、难点分析

## 一、复合木模板定额调整

实际工程中复合木模板周转次数与定额不同时，可按实际周转次数，根据以下公式分别对子目材料中的复合木模板、锯成材消耗量进行计算调整。

(1) 复合木模板消耗量＝模板一次使用量×（1＋5％）×模板制作损耗系数÷周转次数

(2) 锯成材消耗量＝定额锯成材消耗量－$N_1$＋$N_2$

其中：$N_1$＝模板一次使用量×（1＋5％）×方木消耗系数÷定额模板周转次数

　　　　$N_2$＝模板一次使用量×（1＋5％）×方木消耗系数÷实际周转次数

(3) 上述公式中复合木模板制作损耗系数、方木消耗系数见表 2-18-1。

**复合木模板制作损耗系数、方木消耗系数**　　　　表 2-18-1

| 构件部位 | 基础 | 柱 | 构造柱 | 梁 | 墙 | 板 |
|---|---|---|---|---|---|---|
| 模板制作损耗系数 | 1.1392 | 1.1047 | 1.2807 | 1.1688 | 1.0667 | 1.0787 |
| 方木消耗系数 | 0.0209 | 0.0231 | 0.0249 | 0.0247 | 0.0208 | 0.0172 |

(4) 本章定额复合木模板周转次数，基础部位按 1 次考虑，其他部位按 4 次考虑。

## 二、柱、梁、墙、板模板支撑超高

(1) 现浇混凝土柱、梁、墙、板的模板支撑，定额按支模高度 3.60m 编制。

现浇混凝土柱、梁、墙、板的模板支撑高度按如下计算：

1) 柱、墙：地（楼）面支撑点至构件顶坪。

2) 梁：地（楼）面支撑点至梁底。

3) 板：地（楼）面支撑点至板底坪。有梁板（包括板下梁）：地（楼）面支撑点至有梁板板底。

地面支撑点，指底层构件模板的下端点。地下室底层构件模板的地面支撑点，为地下室满堂基础的上坪。没有地下室的一层构件模板的地面支撑点，为设计室外地坪。

(2) 支模高度超过 3.60m 时，执行相应"每增加 1m"子目（不足 1m，按 1m 计算），计算模板支撑超高。

1) 梁、板（水平构件）模板支撑超高的工程量计算式如下：

超高次数＝（支模高度－3.6）÷1（遇小数进为 1）

超高工程量（$m^2$）＝超高构件的全部模板面积×超高次数

2) 柱、墙（竖直构件）模板支撑超高的工程量计算式如下：

超高次数分段计算：自高度＞3.6m，第一个 1m 为超高 1 次，第二个 1m 为超高 2 次，依次类推。

超高工程量（$m^2$）＝$\sum$（相应模板面积×超高次数）

3) 墙、板后浇带的模板支撑超高，并入墙、板模板支撑超高工程量内计算。

4) 现浇混凝土有梁板的板下梁的模板支撑高度，自地（楼）面支撑点计算至（有梁板）板底，执行板的支撑高度超高子目。

5）轻型框剪墙的模板支撑超高，执行 18-1-84、18-1-85 子目。

6）构造柱、圈梁、大钢模板墙，不计算模板支撑超高。

# 工程预算实例

【例题 2-18-1】 如图 2-18-1 所示，某工程层高 2.90m，现浇混凝土构造柱 A 型 10 个、B 型 8 个、C 型 12 个、D 型 10 个。采用组合钢模板（钢支撑）支模。计算二层现浇混凝土构造柱模板及支撑的工程量，套定额。

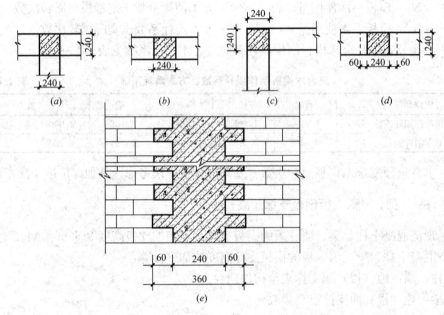

图 2-18-1 现浇混凝土构造柱示意图

(a) A 型；(b) B 型；(c) C 型；(d) D 型；(e) D 型立面

**解：**

模板面积＝$(0.24×10+0.48×8+0.48×12+0.72×10)×2.90＝55.68m^2$

套定额 18-1-38 构造柱组合钢模板钢支撑

【例题 2-18-2】 如图 2-18-2 所示，某工程层高 3.20m，现浇混凝土楼板厚 12cm，局部外墙为挂板（A、D 轴虚线所示），其余内、外墙为现浇混凝土剪力墙，墙厚均为 20cm，各房间均在走廊墙（B、C 轴）设门 1 樘，洞口尺寸为 100cm×200cm。现浇混凝土剪力墙采用大钢模板（钢支撑）支模。计算标准层⑧～⑬轴（均含）现浇混凝土剪力墙模板及支撑的工程量，套定额。

**解：**

（1）走廊墙模板面积

$(3.6×5×2+1.8)×(3.2-0.12)＝116.42m^2$

（2）房间横墙（含纵端）模板面积

$(3.6×5+0.2)×2×(3.2-0.12)＝112.11m^2$

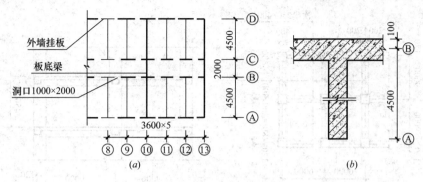

图 2-18-2　剪力墙模板

(a) 平面图；(b) ⑧～⑬轴详图

(3) 纵墙（含外墙内面）模板面积

4.40×22×(3.2−0.12)＝298.14m²

(4) ⑬轴外墙外面模板面积

11×3.2＝35.20m²

(5) 门洞模板面积

(2×2+1)×0.2×10−1.00×2.00×2×10＝−30.00m²

合计＝116.42+112.11+298.14+35.20−30＝531.87m²

套定额 18-1-78 大钢模板墙对拉螺栓钢支撑

**【例题 2-18-3】**　某工程一层大厅层高 4.9m，二层现浇混凝土楼面板厚 12cm，楼面板使用的组合钢模板面积为 220m²，采用钢支撑；一层现浇混凝土矩形柱水平截面尺寸为 0.6m×0.6m，柱高 4.9m，采用复合木模板钢支撑。计算一层柱及二层楼面板的模板支撑超高工程量。

**解：**

柱：

4.9−3.6＝1.3m

第一个 1m 的超高模板面积＝0.6×4×1＝2.4m²

第二个 1m 的超高模板面积＝0.6×4×0.3＝0.72m²

一层柱的模板支撑超高工程量＝2.40×1+0.72×2＝3.84m²

套定额 18-1-48 柱支撑高度>3.6m 每增加 1m 钢支撑

板：

4.9−0.12−3.6＝1.18m

超高次数：1.18÷1＝1.18（超高次数不足 1 的部分按 1 计算，共取 2）

二层楼面板的模板支撑超高工程量＝220×2＝440m²

套定额 18-1-104 板支撑高度>3.6m 每增加 1m 钢支撑

**【例题 2-18-4】**　如图 2-18-3 所示，现浇混凝土柱 400mm×600mm，主梁（①、②、③轴）300mm×500mm，次梁 250mm×400mm，板厚 120mm，层高 4.5m。采用组合钢模板（钢支撑）支模。计算二层②轴现浇混凝土柱模板及支撑的工程量，套定额。

**解：**

(1) 全部模板面积＝(0.4+0.6)×2×4.5×3＝27m²

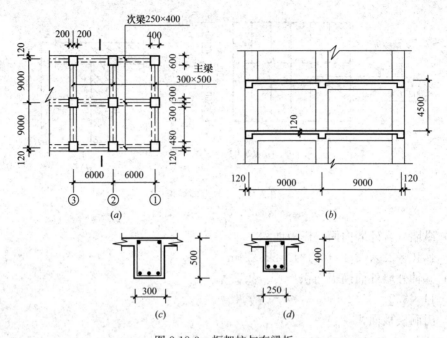

图 2-18-3　框架柱与有梁板

(*a*) 平面图；(*b*) 立面图；(*c*) 主梁平面图；(*d*) 次梁平面图

套定额 18-1-34 矩形柱组合钢模板钢支撑

(2) 支模高度＝4.5m＞3.6m

超高次数＝(4.5－3.6)÷1＝0.9＝1 次

超高模板面积＝(0.4＋0.6)×2×(4.5－3.6)×3×1＝5.4m²

套定额 18-1-48 柱支撑高度＞3.6m 每增加 1m 钢支撑

**【例题 2-18-5】** 已知条件，同例题 2-18-4，计算二层②～③轴（含）之间现浇混凝土有梁板模板及支撑的工程量，套定额。

**解：**

(1) 主梁模板面积＝[(0.5－0.12)×2＋0.3]×(18.24－0.60×3)×2＝34.85m²

次梁模板面积＝[(0.4－0.12)×2＋0.25]×(6.00－0.2×2))×3＝13.61m²

板模板面积＝(6.00－0.15×2)×(18.24－0.25×3)＝99.69m²

合计＝34.85＋13.61＋99.69＝148.15m²

套定额 18-1-90 有梁板组合钢模板钢支撑

(2) 支模高度＝4.5－0.12＝4.38m＞3.6m

超高次数＝(4.38－3.6)÷1＝0.78＝1 次

超高模板面积＝148.15×1＝148.15m²

套定额 18-1-104 板支撑高度＞3.6m 每增加 1m 钢支撑

**【例题 2-18-6】** 如图 2-18-4 所示，现浇混凝土雨篷 0.90m×3.00m，采用木模板木支撑。计算现浇混凝土雨篷与过梁模板与支撑的工程量，套定额。

**解：**

(1) 雨篷模板面积＝0.90×3.00＝2.70m²

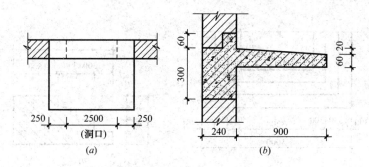

图 2-18-4　雨篷与过梁模板

(a) 平面图；(b) 剖面图

　　套定额 18-1-108 雨篷、悬挑板、阳台板木模板木支撑（直形）

（2）过梁模板面积＝(0.36＋0.24＋0.28)×3.00＝2.64m²

　　套定额 18-1-65 过梁复合木模板

**【例题 2-18-7】**　如图 2-18-5 所示，现浇混凝土阳台 1.30m×3.84m，采用木模板木支撑。计算现浇混凝土阳台与过梁模板与支撑的工程量，套定额。

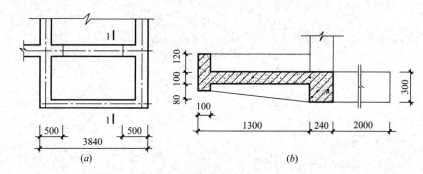

图 2-18-5　阳台模板

(a) 平面图；(b) 剖面图

**解：**

（1）阳台模板面积＝1.30×3.84＝4.99m²

　　套定额 18-1-108 雨篷、悬挑板、阳台板木模板木支撑（直形）

（2）过梁模板面积＝(0.3＋0.24＋0.2)×(2.84＋0.25×2)＝2.47m²

　　套定额 18-1-65 过梁复合木模板木支撑

（3）墙内挑梁模板面积＝0.30×2×2×2＝2.40m²

　　套定额 18-1-60 圈梁复合木模板木支撑

（4）翻沿模板面积＝(3.84＋1.30×2＋3.64＋1.20×2)×0.12＝1.50m²

　　套定额 18-1-107 天沟、挑檐木模板木支撑

**【例题 2-18-8】**　如图 2-18-6 所示，现浇混凝土台阶 5.00m×2.70m。采用木模板木支撑，计算台阶模板及支撑工程量，套定额。

**解：**

台阶模板面积＝5.00×2.70－(3.20－0.30×2)×(1.80－0.30)＝9.60m²

套定额 18-1-115 台阶木模板木支撑

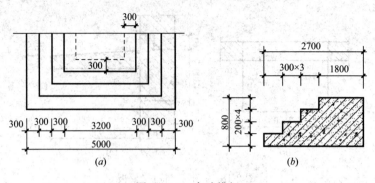

图 2-18-6 台阶模板
(a) 平面图;(b) 剖面图

# 第十九章　施工运输工程

## 一、本章内容

本章定额包括垂直运输、水平运输、大型机械进出场三节。

## 二、定额共性

(1) 塔式起重机安装安全保险电子集成系统时，根据系统的功能情况，按下列规定增加台班单价（含税价）：

1) 基本功能系统（包括风速报警控制、超载报警控制、限位报警控制、防倾翻控制、实时数据显示、历史数据记录），每台班增加 23.40 元；

2)（基本功能系统）增配群塔作业防碰撞控制系统（包括静态区域限位预警保护系统），每台班另行增加 4.40 元；

3)（基本功能系统）增配单独静态区域限位预警保护系统，每台班另行增加 2.50 元；

4) 视频在线控制系统，每台班增加 5.70 元。

(2) 垂直运输子目，定额按合理的施工工期、经济的机械设置编制。编制招标控制价时，执行定额不得调整。

(3) 垂直运输子目，定额按泵送混凝土编制。建筑物（构筑物）主要结构构件柱、梁、墙（电梯井壁）、板混凝土非泵送（或部分非泵送）时，其（体积百分比）相应子目中的塔式起重机乘以系数 1.15。

(4) 垂直运输子目，定额按预制构件采用塔式起重机安装编制。

1) 预制混凝土结构、钢结构的主要结构构件柱、梁（屋架）、墙、板采用（或部分采用）轮胎式起重机安装时，其（体积或质量百分比）相应子目中的塔式起重机全部扣除。

2) 其他建筑物的预制混凝土构件全部采用轮胎式起重机安装时，相应子目中的塔式起重机乘以系数 0.85。

(5) 现浇（预制）混凝土结构，是指现浇（预制）混凝土柱、墙（电梯井壁）、梁（屋架）为主要承重构件，外墙全部或局部为砌体的结构形式。现浇混凝土结构涵盖（但不限于）现浇混凝土框架、框剪、框筒、框支等结构形式。预制混凝土结构涵盖（但不限于）预制混凝土框架、排架等结构形式。

(6) 檐口高度 3.6m 以内的建筑物，不计算垂直运输。

(7) 檐口高度，是指设计室外地坪至檐口滴水（或屋面板板顶）的高度。当楼梯间、电梯间、水箱间等凸出建筑物主体屋面时，其凸出部分高度不计入檐口高度。建筑物檐口高度超过定额相邻檐口高度＜2.20m 时，其超过部分忽略不计。

# 第一节　垂 直 运 输

## 一、民用建筑垂直运输

### （一）消耗量定额

| 定额项目设置 | | | | 定额解释 |
|---|---|---|---|---|
| ±0.00 以下无地下室 | 筏板基础 19-1-1～3 | 底层建筑面积（m²）： | ≤500 | 1. 垂直运输子目中的施工电梯（或卷扬机），是装饰工程类别为Ⅲ类时的台班使用量。装饰工程类别为Ⅱ类时，相应子目中的施工电梯（或卷扬机）乘以系数 1.20；装饰类别为Ⅰ类时，乘以系数 1.40。<br>2. 民用建筑垂直运输，定额按层高≤3.6m 编制。层高超过 3.6m 时，每超过 1m，相应垂直运输子目乘以系数 1.15（连超连乘）。<br>3. 民用建筑檐高>20m 垂直运输子目，定额按现浇混凝土结构的一般民用建筑编制。装饰工程类别为Ⅰ类的特殊公共建筑，相应子目中的塔式起重机乘以系数 1.35。预制混凝土结构的一般民用建筑，相应子目中的塔式起重机乘以系数 0.95 |
| | 带形基础 19-1-4～6 | | ≤1000 | |
| | 独立基础 19-1-7～9 | | >1000 | |
| ±0.00 以下混凝土地下室（含基础） | 19-1-10 | 地下室底层建筑面积（m²） | ≤1000 | |
| | 19-1-11 | | ≤5000 | |
| | 19-1-12 | | ≤10000 | |
| | 19-1-13 | | >10000 | |
| 20m 以下垂直运输机械 | 砖混结构 19-1-14～16 | 标准层建筑面积（m²） | | |
| | 现浇混凝土结构 19-1-17～19 | | ≤500 | |
| | 预制混凝土结构 19-1-20～22 | | ≤1000 | |
| | | | >1000 | |
| 20m 以上垂直运输机械 | 现浇混凝土结构（檐高 m）19-1-23～36 | | ≤40、≤60、≤80、≤100～≤300 | |

### （二）工程量计算

（1）凡定额单位为"m²"的，均按《建筑工程建筑面积计算规范》GB/T 50353—2013 的相应规定，

以建筑面积计算。但另有规定者，按相应规定计算。

（2）民用建筑（无地下室）基础的垂直运输，按建筑物底层建筑面积计算。

建筑物底层不能计算建筑面积或计算 1/2 建筑面积的部位配置基础时，按其勒脚以上结构外围内包面积，合并于底层建筑面积一并计算。

（3）混凝土地下室（含基础）的垂直运输，按地下室建筑面积计算。

筏板基础所在层的建筑面积为地下室底层建筑面积。

地下室层数不同时，面积大的筏板基础所在层的建筑面积为地下室底层建筑面积。

（4）檐高≤20m 建筑物的垂直运输，按建筑物建筑面积计算。

1）各层建筑面积均相等时，任一层建筑面积为标准层建筑面积。

2）除底层、顶层（含阁楼层）外，中间层建筑面积均相等（或中间仅一层）时，中间任一层（或中间层）的建筑面积为标准层建筑面积。

3）除底层、顶层（含阁楼层）外，中间各层建筑面积不相等时，中间各层建筑面积的平均值为标准层建筑面积。

两层建筑物，两层建筑面积的平均值为标准层建筑面积。

4）同一建筑物结构形式不同时，按建筑面积大的结构形式确定建筑物的结构形式。

（5）檐高＞20m 建筑物的垂直运输，按建筑物建筑面积计算。

1）同一建筑物檐口高度不同时，应区别不同檐口高度分别计算；层数多的地上层的外墙外垂直面（向下延伸至±0.00）为其分界。

2）同一建筑物结构形式不同时，应区别不同结构形式分别计算。

## 二、工业厂房垂直运输

| 定额项目设置 | | 定额解释与工程量计算 |
| --- | --- | --- |
| 砖混结构 | 单层 19-1-37 | **定额解释**<br>1. 工业厂房，系指直接从事物质生产的生产厂房或生产车间<br>工业建筑中，为物质生产配套和服务的食堂、宿舍、医疗、卫生及管理用房等独立建筑物，按民用建筑垂直运输相应子目另行计算<br>2. 工业厂房垂直运输子目，按整体工程编制，包括基础和上部结构。工业厂房有地下室时，地下室按民用建筑相应子目另行计算<br>3. 工业厂房垂直运输子目，按一类工业厂房编制。二类工业厂房，相应子目中的塔式起重机乘以系数 1.20；工业仓库，乘以系数 0.75<br>（1）一类工业厂房：指机加工、五金、一般纺织（粗纺、制条、洗毛等）、电子、服装等生产车间，以及无特殊要求的装配车间<br>（2）二类工业厂房：指设备基础及工艺要求较复杂、建筑设备或建筑标准较高的生产车间，如铸造、锻造、电镀、酸碱、仪表、手表、电视、医药、食品等生产车间<br>**工程量计算**<br>工业厂房垂直运输，按工业厂房的建筑面积计算。同一厂房结构形式不同时，应区别不同结构形式分别计算 |
| | 多层 19-1-38 | |
| 现浇混凝土结构 | 单层 19-1-39 | |
| | 多层 19-1-40 | |
| 预制混凝土结构 | 单层 19-1-41 | |
| | 多层 19-1-42 | |

## 三、钢结构工程垂直运输

| 定额项目设置 | | | 定额解释与工程量计算 |
| --- | --- | --- | --- |
| 公共建筑 | 19-1-43～45 | 用钢量（t）：<br>≤4000<br>≤8000<br>＞8000 | **定额解释**<br>1. 钢结构工程垂直运输子目，按钢结构工程基础以上工程内容编制，钢结构工程的基础或地下室，按民用建筑相应子目另行计算<br>2. 钢结构的主要结构构件柱、梁（屋架）、墙、板采用（或部分采用）轮胎式起重机安装时，其（质量百分比）相应子目中的塔式起重机全部扣除<br>**工程量计算**<br>钢结构工程垂直运输，按钢结构工程的用钢量以质量计算 |
| 工业建筑 | 19-1-46～48 | | |

## 四、零星工程垂直运输

| 定额项目设置 | | 定额解释与工程量计算 |
| --- | --- | --- |
| 超深基础增加深＞3m | 筏板基础 19-1-49 | **定额解释**<br>1. 超深基础垂直运输增加子目，适用于基础（含垫层）深度大于3m 的情况。建筑物（构筑物）基础深度，无地下室时，自设计室外地坪起；有地下室时，自地下室底层设计室内地坪算起<br>2. 其他零星工程垂直运输子目，是指能够计算建筑面积（含 1/2 面积）之空间的外装饰层（含屋面顶坪）范围以外的零星工程所需要的垂直运输 |
| | 其他基础 19-1-50 | |
| 零星工程 | 砌体 19-1-51 | |
| | 混凝土 19-1-52 | |

续表

| 定额项目设置 | | 定额解释与工程量计算 |
|---|---|---|
| 零星工程 | 金属构件 19-1-53 | 工程量计算<br>1. 基础（含垫层）深度＞3m 时，按深度＞3m 的基础（含垫层）设计图示尺寸以体积计算<br>2. 零星工程垂直运输，分别按设计图示尺寸和相关工程量计算规则以定额单位计算 |
| | 门窗 19-1-54 | |
| | 装饰面层 19-1-55 | |

## 五、构筑物垂直运输

| 定额项目设置 | | | 定额解释与工程量计算 |
|---|---|---|---|
| 砖烟囱 | 高≤30m | 19-1-56 | 定额解释<br>1. 构筑物高度，指设计室外地坪至构筑物结构顶面的高度<br>2. 混凝土清水池，指位于建筑物之外的独立构筑物。建筑面积外边线以内的各种水池，应合并于建筑物并按其相应规定一并计算，不适用本子目<br>3. 混凝土清水池，定额设置了≤500m³、1000m³、5000m³ 三个基本子目。清水池容量（500～5000m³）设计与定额不同时，按插入法计算；＞5000m³ 时，按每增加 500m³ 子目另行计算<br>4. 混凝土污水池，按清水池相应子目乘以系数 1.10<br>工程量计算<br>构筑物垂直运输，以构筑物座数计算 |
| | 每增高 1m | 19-1-57 | |
| 混凝土烟囱 | 高≤30m | 19-1-58 | |
| | 每增高 1m | 19-1-59 | |
| 砖水塔不保温 | 高≤20m，容量＝100m³ | 19-1-60 | |
| | 每增高 1m | 19-1-61 | |
| | 容量每增减 50m³ | 19-1-62 | |
| 混凝土水塔不保温 | 高≤20m，容量＝100m³ | 19-1-63 | |
| | 每增高 1m | 19-1-64 | |
| | 容量每增减 50m³ | 19-1-65 | |
| 混凝土清水池（封闭式） | ≤500m³ | 19-1-66 | |
| | 1000m³ | 19-1-67 | |
| | 5000m³ | 19-1-68 | |
| | ＞5000m³ 每增加 500m³ | 19-1-69 | |
| 混凝土筒（滑模） | 高≤20m，筒数＝2，筒直径≤15m | 19-1-70 | |
| | 每增高 1m | 19-1-71 | |
| | 直径每增加 5m | 19-1-72 | |
| | 筒数每增加 2 筒 | 19-1-73 | |

## 六、建筑物分部工程垂直运输机械

### （一）定额适用

建筑物分部工程垂直运输，包括主体工程垂直运输、外装修工程垂直运输、内装修工程垂直运输，适用于建设单位将工程分别发包给至少两个施工单位施工的情况。

建筑物分部工程垂直运输，执行整体工程垂直运输相应子目，并乘以表 2-19-1 规定的系数。

分部工程垂直运输系数表　　　　　　　　　　　　　表 2-19-1

| 机械名称 | 整体工程垂直运输 | 分部工程垂直运输 | | |
|---|---|---|---|---|
| | | 主体工程垂直运输 | 外装修工程垂直运输 | 内装修工程垂直运输 |
| 综合工日 | 1 | 1 | 0 | 0 |
| 对讲机 | 1 | 1 | 0 | 0 |
| 塔式起重机 | 1 | 1 | 0 | 0 |
| 清水泵 | 1 | 0.70 | 0.12 | 0.43 |
| 施工电梯或卷扬机 | 1 | 0.70 | 0.28 | 0.27 |

　　（1）主体工程垂直运输，除表 2-19-1 规定的系数外，适用整体工程垂直运输的其他所有规定。

　　（2）外装修工程垂直运输

　　建设单位单独发包外装修工程（镶贴或干挂各类板材、设置各类幕墙）且外装修施工单位自设垂直运输机械时，计算外装修工程垂直运输。

　　外装修工程垂直运输，按外装修高度（设计室外地坪至外装修顶面的高度）执行整体工程垂直运输相应檐口高度子目，并乘以表 2-19-1 规定的系数。

　　（3）内装修工程垂直运输

　　建设单位单独发包内装修工程且内装修施工单位自设垂直运输机械时，计算内装修工程垂直运输。

　　内装修工程垂直运输，根据内装修施工所在最高楼层，按表 2-19-2 对应子目的垂直运输机械乘以表 2-19-1 规定的系数。

单独内装修工程垂直运输对照表　　　　　　　　　　　表 2-19-2

| 定额号 | 檐高（m） | 内装修最高层 | 定额号 | 檐高（m） | 内装修最高层 |
|---|---|---|---|---|---|
| 相应子目 | ≤20 | 1～6 | 19-1-30 | ≤180 | 49～54 |
| 19-1-23 | ≤40 | 7～12 | 19-1-31 | ≤200 | 55～60 |
| 19-1-24 | ≤60 | 13～18 | 19-1-32 | ≤220 | 61～66 |
| 19-1-25 | ≤80 | 19～24 | 19-1-33 | ≤240 | 67～72 |
| 19-1-26 | ≤100 | 25～30 | 19-1-34 | ≤260 | 73～78 |
| 19-1-27 | ≤120 | 31～36 | 19-1-35 | ≤280 | 79～84 |
| 19-1-28 | ≤140 | 37～42 | 19-1-36 | ≤300 | 85～90 |
| 19-1-29 | ≤160 | 43～48 | | | |

　　（二）工程量计算

　　（1）主体工程垂直运输，按建筑物建筑面积计算。

　　（2）外装修工程垂直运输，按外装修的垂直投影面积（不扣除门窗等各种洞口，凸出外墙面的侧壁也不增加）以面积计算。

　　同一建筑物外装修总高度不同时，应区别不同装修高度分别计算；高层（向下延伸至±0.00）与底层交界处的工程量，并入高层工程量内计算。

　　（3）内装修工程垂直运输，按建筑物建筑面积计算。

　　同一建筑物总层数不同时，应区别内装修施工所在最高楼层分别计算。

# 第二节　水　平　运　输

| 定额项目设置 | | | | 定额解释与工程量计算 |
|---|---|---|---|---|
| 混凝土构件水平运输 | 构件长度≤4m | 运距≤1km | 19-2-1 | **定额解释**<br>1. 水平运输，按施工现场范围内运输编制，适用于预制构件在预制加工厂（总承包单位自有）内、构件堆放场地内或构件堆放地至构件起吊点的水平运输<br>在施工现场范围之外的市政道路上运输，不适用本定额 |
| | | 每增运 1km | 19-2-2 | |
| | 构件长度≤6m | 运距≤1km | 19-2-3 | |
| | | 每增运 1km | 19-2-4 | |

续表

| 定额项目设置 | | | | 定额解释与工程量计算 |
|---|---|---|---|---|
| 混凝土构件水平运输 | 构件长度>6m | 运距≤1km | 19-2-5 | 2. 预制构件在构件起吊点半径15m范围内的水平移动已包括在相应安装子目内。超过上述距离的地面水平移动,按水平运输相应子目,计算场内运输 |
| | | 每增运1km | 19-2-6 | 3. 水平运输≤1km子目,定额按不同运距综合考虑,实际运距不同时不得调整 |
| 金属构件水平运输 | 主体构件 | 运距≤1km | 19-2-7 | 4. 每增运1km子目,含每增运1km以内,限施工现场范围内增加运距 |
| | | 每增运1km | 19-2-8 | 5. 混凝土构件水平运输,已综合了构件运输过程中的构件损耗 |
| | | | | 6. 金属构件水平运输子目中的主体构件,是指柱、梁、屋架、天窗架、挡风架、防风桁架、平台、操作平台等金属构件。主体构件之外的其他金属构件,为零星构件 |
| | 零星构件 | 运距≤1km | 19-2-9 | 7. 水平运输子目中,不包括起重机械、运输机械行驶道路的铺垫、维修所消耗的人工、材料和机械,实际发生时另行计算 |
| | | 每增运1km | 19-2-10 | **工程量计算** 1. 混凝土构件水平运输,按构件设计图示尺寸以体积计算 2. 金属构件水平运输,按构件设计图示尺寸以质量计算 |

# 第三节 大型机械进出场

| 定额项目设置 | | | | 定额解释与工程量计算 |
|---|---|---|---|---|
| 大型机械基础 | 独立式基础 | 现浇混凝土 | 19-3-1 | |
| | | 预制混凝土 | 19-3-2 | |
| | 轨道式基础 | | 19-3-3 | |
| | 混凝土基础拆除 | | 19-3-4 | |
| 大型机械安装拆卸 | 自升式塔式起重机 | 檐高≤20m | 19-3-5 | **定额解释** 1. 大型机械基础,适用于塔式起重机、施工电梯、卷扬机等大型机械需要设置基础的情况 |
| | | 檐高≤100m | 19-3-6 | 2. 混凝土独立式基础,已综合了基础的混凝土、钢筋、地脚螺栓和模板,但不包括基础的挖土、回填和覆土配重。其中,钢筋、地脚螺栓的规格和用量、现浇混凝土强度等级与定额不同时,可以换算,其他不变 |
| | | 檐高≤200m | 19-3-7 | |
| | | 檐高≤300m | 19-3-8 | |
| | 卷扬机、施工电梯 | 檐高≤20m | 19-3-9 | 3. 大型机械安装拆卸,指大型施工机械在现场进行安装与拆卸所需的人工、材料、机械和试运转,以及机械辅助设施的折旧、搭设、拆除等工作内容 |
| | | 檐高≤100m | 19-3-10 | |
| | | 檐高≤200m | 19-3-11 | 4. 大型机械场外运输,指大型施工机械整体或分体自停放地点运至施工现场或由一施工地点运至另一施工地点的运输、装卸、辅助材料等工作内容 |
| | | 檐高≤300m | 19-3-12 | |
| | 混凝土搅拌站 | | 19-3-13 | |
| | 静力压桩机 | | 19-3-14 | |
| | 三轴搅拌桩机 | | 19-3-15 | |
| | 柴油打桩机、履带式钻孔机 | | 19-3-16 | |
| | 搅拌水泥桩机、液压钻机 | | 19-3-17 | |
| 大型机械场外运输 | 自升式塔式起重机 | 檐高≤20m | 19-3-18 | |
| | | 檐高≤100m | 19-3-19 | |
| | | 檐高≤200m | 19-3-20 | |
| | | 檐高≤300m | 19-3-21 | |

| 定额项目设置 | | | 定额解释与工程量计算 |
|---|---|---|---|
| 大型机械场外运输 | 卷扬机、施工电梯 | 檐高≤20m　19-3-22 | |
| | | 檐高≤100m　19-3-23 | |
| | | 檐高≤200m　19-3-24 | |
| | | 檐高≤300m　19-3-25 | |
| | 混凝土搅拌站 | 19-3-26 | 5. 大型机械进出场子目未列明机械规格、能力的，均涵盖各种规格、能力。大型机械本体的规格定额按常用规格编制。实际与定额不同时，可以换算，消耗量及其他均不变。大型机械进出场子目未列机械，不单独计算其安装拆卸和场外运输 |
| | 静力压桩机 | 19-3-27 | |
| | 三轴搅拌桩机 | 19-3-28 | |
| | 柴油打桩机、履带式钻孔机 | 19-3-29 | |
| | 搅拌水泥桩机、液压钻机 | 19-3-30 | 工程量计算 |
| | 锚杆钻孔机 | 19-3-31 | 1. 大型机械基础，按施工组织设计规定的尺寸以体积（或长度）计算 |
| | 履带式旋挖钻机 | 19-3-32 | 2. 大型机械安装拆卸和场外运输，按施工组织设计规定以"台次"计算 |
| | 履带式抓斗成槽机 | 19-3-33 | |
| | 履带式挖掘机、履带式液压锤 | 19-3-34 | |
| | 履带式推土机 | 19-3-35 | |
| | 强夯机械 | 19-3-36 | |
| | 沥青混凝土摊铺机 | 19-3-37 | |
| | 压路机 | 19-3-38 | |
| | 履带式起重机 | 19-3-39 | |

# 重点、难点分析

## 一、非泵送混凝土系数

垂直运输子目，定额按泵送混凝土编制。建筑物（构筑物）主要结构构件柱、梁、墙（电梯井壁）、板混凝土非泵送（或部分非泵送）时，其（体积百分比）相应子目中的塔式起重机乘以系数 1.15。

（1）建筑物（构筑物）主要结构构件混凝土全部非泵送时，其相应子目中的塔式起重机乘以系数 1.15。

（2）建筑物主要结构构件混凝土部分非泵送时：

非泵送建筑面积＝非泵送混凝土体积/混凝土总体积×总建筑面积

非泵送建筑面积相应子目中的塔式起重机乘以系数 1.15。

泵送建筑面积＝总建筑面积－非泵送建筑面积（泵送建筑面积相应子目中的塔式起重机不调整）

（3）构筑物主要结构构件混凝土部分非泵送时：

相应子目塔式起重机台班＝子目原塔式起重机台班×（1＋非泵送混凝土体积/混凝土总体积×0.15）

## 二、非塔式起重机安装系数

垂直运输子目，定额按预制构件采用塔式起重机安装编制。

（1）预制混凝土结构、钢结构的主要结构构件柱、梁（屋架）、墙、板采用（或部分采用）轮胎式起重机安装时，其（体积或质量百分比）相应子目中的塔式起重机全部扣除。

1）预制混凝土结构、钢结构的主要结构构件全部采用轮胎式起重机安装时，其相应子目中的塔式起重机全部扣除。

2）预制混凝土结构、钢结构的主要结构构件部分采用轮胎式起重机安装时，

轮胎式起重机安装建筑面积＝轮胎式起重机安装体积（质量）/总体积（质量）×总建筑面积

轮胎式起重机安装建筑面积相应子目中的塔式起重机全部扣除。

塔式起重机安装建筑面积＝总建筑面积－轮胎式起重机安装建筑面积

塔式起重机安装建筑面积相应子目中的塔式起重机不调整。

（2）其他建筑物的预制混凝土构件全部采用轮胎式起重机安装时，相应子目中的塔式起重机乘以系数 0.85。

### 三、 零星工程垂直运输

本章设置了砌体、混凝土、金属构件、门窗、装修面层共 5 个零星工程垂直运输子目，适用于能够计算建筑面积（含 1/2 面积）之空间的外装饰层（含屋面顶坪）范围以外的零星工程。例如：装饰性阳台、不能计算建筑面积的雨篷、屋面顶坪以上的装饰性花架、水箱、风机和冷却塔配套基础、信号收发柱塔等。

凸出建筑物外墙的室外台阶、坡道、腰线、遮阳板、空调机搁板、不能计算建筑面积的飘窗、挑檐、屋顶女儿墙、排烟气道口等建筑物功能必需的小型构配件，不能按零星工程另行计算垂直运输。

### 四、 机械停滞费的计算

施工机械停滞，是指非施工单位自身原因、非不可抗力所造成的施工现场施工机械的停滞。

（1）机械停滞费，就其性质，应属于实体消耗费用，不属于措施费用。

（2）下列情况，不应计算机械停滞费：

1）双方合同中另有约定的合理停滞。

2）由施工单位自身原因造成的机械停滞。

3）施工组织设计内规定的合理停滞。

4）按施工组织设计或合同规定，工程完成后不能马上转入下一个工程施工而发生的停滞。

5）机械迁移过程的停滞。

6）法定假日及冬雨期因自然气候影响而发生的停滞。

（3）机械停滞费的计算公式为：

机械停滞费 ＝台班停滞费×停滞台班数

其中：台班停滞费＝台班折旧费＋台班人工费＋台班其他费用

（4）计算机械停滞费，应注意：

1）台班折旧费、台班人工费、台班其他费用，甲乙双方没有约定时，按《山东省建

设工程施工机械台班单价表》计算。

2）机上人员，如在停滞期间，未在施工现场或另作其他工作时，则不能计算台班人工费。

3）停滞台班数，按 8h 工作制计算。

4）年停滞台班数的计算，不得超过该施工机械的年工作台班数量。

5）如长时间停滞，其停滞费最多不能超过该施工机械开始停滞时的设备现值。

**五、 垂直运输机械和其他大型机械在不同阶段计价活动中如何计算费用**

垂直运输机械和其他大型机械的配备，因为工程具体情况、招标工期、机械生产能力、企业机械调度情况等因素的不同而千差万别；许多情况下，还会与相应定额子目中配置的机械的工作方式、规格、能力等不相一致。

例如：建筑面积、建筑层数相差不大的建筑物，有的配备 1000kN·m 的自升式塔式起重机，有的就可能配备小一些或大一些的自升式塔式起重机。同样地下两层的土方大开挖，有的用斗容量 1m³ 的液压挖掘机，有的就可能用斗容量大一些甚至是其他工作方式的挖掘机。建筑物的垂直运输，按不同的结构形式、不同檐高，分别计算工程量并分别套用相应垂直运输子目后，预算汇料结果可能出现同一工程使用了两种甚至几种不同型号的自升式塔式起重机、施工电梯等情况。

1. 招标控制价

编制招标控制价时，所有大型机械，如土方机械、垂直运输机械（自升式塔式起重机、施工电梯、卷扬机）等，一律执行相应定额子目中配置的机械，不得调整。

垂直运输按相应规定计算工程量，套用相应定额子目后，预算汇料结果可能出现的不同型号的自升式塔式起重机、施工电梯等情况。一律不做调整。

自升式塔式起重机、施工电梯（或卷扬机）的混凝土独立式基础，建筑物底层（不含地下室）建筑面积 1000m² 以内，各计 1 座；超过 1000m²，每增加 400～1000m²，各增加 1 座。建筑物地下层建筑面积 1500m² 以内，各计 1 座；超过 1500m²，每增加 600～1500m²，各增加 1 座。每座分别按 30m³、10m³（或 3m³）计算。现浇混凝土独立式基础，应同时计算基础拆除。

其他大型机械，其基础不单独计算。

自升式塔式起重机、施工电梯（或卷扬机）的安装拆卸和场外运输，其工程量应与其基础座数一致。

其他大型机械的安装拆卸和场外运输，凡按相应规定能够计算的，应按预算汇料结果中的机械名称，每个单位工程至少计 1 台次；工程规格较大或招标工期较长时，按单位工程工程量、招标工期天数、大型机械工作能力等具体因素合理确定。

2. 投标报价

施工单位投标时，应根据工程具体情况、招标工期、机械生产能力、企业机械调度情况等因素，在施工组织设计中（可参考预算汇料结果）明确各种大型机械的配备情况，如大型机械名称、规格、台数、用途和使用时间等。编制报价时，一般应保持其与施工组织设计相一致。

大型机械的基础安装拆卸和场外运输，施工组织设计未明确具体做法时，可按招标控制价口径编入报价。

大型机械的安装拆卸和场外运输，凡按相应规定能够计算的，一般每个单位工程只能计1台次。

3. 竣工结算

大型机械的使用和计价，竣工结算时，应按施工合同的具体约定（不可竞争费用除外）办理。

施工单位中标、进场后，应做好施工组织设计的完善、优化工作，如施工组织设计未能明确的自升式塔式起重机的独立式基础，应详细说明其具体做法（钢筋、地脚螺栓的规格和用量、现浇混凝土强度等级等）。特别是对于那些与相应定额子目中配置机械不一致的大型机械，应充分说明其必要性和不可替代性。经过完善、优化的施工组织设计，应取得建设单位的认可和批准。

由于种种原因，施工组织设计对某些做法未能具体明确时，由于施工组织设计估计不足或者由于施工条件变化，必须修改施工组织设计的某些做法时，应该以详细、确切的现场签证予以记录和弥补。其中，涉及合同价款调整且能够予以说明的，应该说明调整合同价款的计算方法。

经建设单位批准的施工组织设计和手续完备的现场签证，是调整合同价款并按实结算的主要依据。

# 工程预算实例

【例题 2-19-1】 某工程（现浇混凝土结构）单线（结构外边线，无外墙外保温）示意图见图 2-19-1 下，计算该工程招标控制价中垂直运输及垂直运输机械进出场的相关工程量，并套定额。

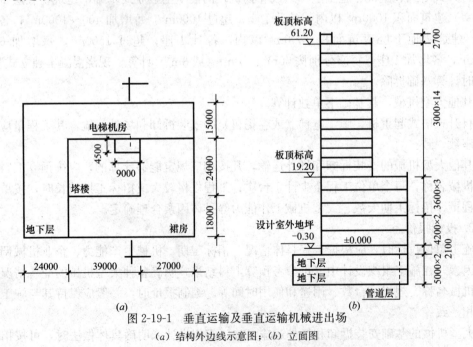

图 2-19-1 垂直运输及垂直运输机械进出场

(a) 结构外边线示意图；(b) 立面图

**解：**

（1）垂直运输

1）地下层垂直运输

地下层底层建筑面积＝90×57＝5130m²

管道层建筑面积＝66×42×0.5＝1386m²

地下层总建筑面积＝5130×2＋1386＝11646m²

套定额 19-1-12 混凝土地下室，地下室底层建筑面积≤10000m²

2）塔楼垂直运输

塔楼檐高＝61.20＋0.30＝61.50m

由于 61.50－60＝1.50m＜2.20m，故 1.50m 忽略不计。

① 塔楼三层～顶总建筑面积＝39×24×17＋9×4.5＝15952.50m²

套定额 19-1-24 现浇混凝土结构，檐高≤60m

② 塔楼一层～二层层高＝4.2-3.6＝0.6m＜1m

塔楼一层～二层总建筑面积＝39×24×2＝1872m²

套定额 19-1-24 现浇混凝土结构，檐高≤60m（层高＞3.6m，乘以 1.15）

3）裙房垂直运输

裙房檐高＝19.2＋0.3＝19.5m

① 裙房标准层建筑面积＝66×42－39×24＝1836m²

裙房总建筑面积＝1836×3＝5508m²

套定额 19-1-19 现浇混凝土结构，标准层建筑面积＞1000m²

② 裙房一层～二层层高＝4.2－3.6＝0.6m＜1m

裙房一层～二层总建筑面积＝1836×2＝3672m²

套定额 19-1-19 现浇混凝土结构，标准层建筑面积＞1000m²（层高＞3.6m，乘以

1.15）

（2）垂直运输机械进出场

1）垂直运输机械现浇混凝土基础

| ① 自升吊基础： | 塔楼 | 39×24＝936m² | 1 座 |
| | 裙房 | 66×42-39×24＝1836m² | 2 座 |
| | 地下层 | 90×57＝5130m² | 4 座 |
| ② 施工电梯： | 塔楼 | | 1 座 |
| ③ 卷扬机： | 裙房 | | 2 座 |
| | 地下室 | | 4 座 |

合计＝30×7＋10×1＋3×6＝238m³，执行定额 19-3-1、19-3-4 子目

2）垂直运输机械安装拆卸、场外运输

| ① 自升吊： | 塔楼 | 檐高＝60m，安拆、外运各 1 台次，执行定额 19-3-6、19-3-19 子目 |
| | 裙房地下层 | 檐高＜20m，安拆、外运各 6 台次，执行定额 19-3-5、19-3-18 子目 |
| ② 施工电梯：塔楼 | | 檐高＝60m，安拆、外运各 1 台次，执行定额 19-3-10、 |

19-3-23 子目
③ 卷扬机：　　裙房地下层　　檐高＜20m，安拆、外运各 6 台次，执行定额 19-3-9、19-3-22 子目

**【例题 2-19-2】**　如图 2-19-2 所示，建筑物下部裙房（外墙门窗面积超过 60%）为干挂石外墙面，上部塔楼为贴面砖外墙面。建设单位单独发包其外墙装饰工程。计算该外墙装饰工程垂直运输机械的工程量，套定额。

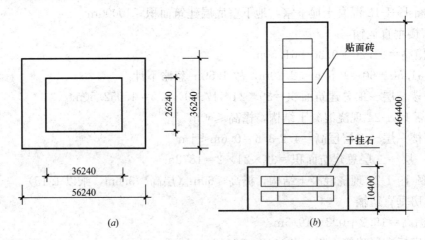

图 2-19-2　外墙装饰垂直运输

(a) 平面图；(b) 立面图

**解：**

(1) 裙房外墙装饰垂直运输机械工程量＝(56.24＋36.24)×2×10.40＝1923.58m²

标准层建筑面积＝56.24×36.24＝2038.14m²＞1000m²

套定额 19-1-19 现浇混凝土结构，标准层建筑面积＞1000m²

（按"分部工程垂直运输系数表"乘以系数）

(2) 塔楼外墙装饰垂直运输机械工程量＝(36.24＋26.24)×2×(46.40－10.40)＝4498.56m²

塔楼外墙装修高度＝46.40m

套定额 19-1-24 现浇混凝土结构，檐高≤60m

（按"分部工程垂直运输系数表"乘以系数）

# 第二十章 建筑施工增加

本章定额包括人工起重机械超高施工增加、人工其他机械超高施工增加、其他施工增加三节。

## 一、整体工程

| 定额项目设置 | | | 定额解释与工程量计算 |
|---|---|---|---|
| 人工起重机械超高施工增加 | 檐高≤40m | 20-1-1 | 1. 超高施工增加<br>（1）超高施工增加，适用于建筑物檐口高度＞20m 的工程<br>　檐口高度，是指设计室外地坪至檐口滴水（或屋面板板顶）的高度。当楼梯间、电梯间、水箱间等凸出建筑物主体屋面时，其超过部分忽略不计<br>（2）超高施工增加，以不同檐口高度的降效系数（%）表示<br>　起重机械降效，指轮胎起重机（包括轮胎式起重机安装子目所含机械，但不含除外内容）的降效<br>　其他机械降效，指除起重机械以外的其他施工机械（不含除外内容）的降效 |
| | 檐高≤60m | 20-1-2 | |
| | 檐高≤80m | 20-1-3 | |
| | 檐高≤100m | 20-1-4 | |
| | 檐高≤120m | 20-1-5 | |
| | 檐高≤140m | 20-1-6 | |
| | 檐高≤160m | 20-1-7 | |
| 人工其他机械超高施工增加 | 檐高≤40m | 20-2-1 | |
| | 檐高≤60m | 20-2-2 | |
| | 檐高≤80m | 20-2-3 | 2. 其他施工增加<br>（1）本节装饰成品保护增加子目，以需要保护的装饰成品的面积表示；其他 3 个施工增加子目，以其他相应施工内容的人工降效系数（%）表示<br>（2）冷库暗室内作增加，指冷库暗室内作施工时，需要增加的照明、通风、防毒设施的安装、维护、拆除以及防护用品、人工降效、机械降效等内容<br>（3）地下暗室内作增加，指在没有自然采光、自然通风的地下暗室内作施工时，需要增加的照明或通风设施的安装、维护、拆除以及人工降效、机械降效等内容<br>（4）样板间内作增加，指在拟定的连续、流水施工之前，在特定部位先行内作施工，借以展示施工效果、评估建筑做法，或取得变更依据的小面积内作施工需要增加的人工降效、机械降效、材料损耗增大等内容<br>（5）装饰成品保护增加，指建设单位单独分包的装饰工程及防水、保温工程，与主体工程一起经总承包单位完成竣工验收时，总承包单位对竣工成品的清理、清洁、维护等需要增加的内容<br>　建设单位与单独分包的装饰施工单位的合同约定，不影响总承包单位计取该项费用 |
| | 檐高≤100m | 20-2-4 | |
| | 檐高≤120m | 20-2-5 | |
| | 檐高≤140m | 20-2-6 | |
| | 檐高≤160m | 20-2-7 | |
| | 檐高≤180m | 20-2-8 | |
| | 檐高≤200m | 20-2-9 | |
| | 檐高≤220m | 20-2-10 | |
| | 檐高≤240m | 20-2-11 | |
| | 檐高≤260m | 20-2-12 | |
| | 檐高≤280m | 20-2-13 | |
| | 檐高≤300m | 20-2-14 | |
| 其他施工增加 | 冷库暗室内作增加 | 20-3-1 | 3. 实体项目（分部分项工程）的施工增加，仍属于实体项目；措施项目（如模板工程等）的施工增加，仍属于措施项目 |
| | 地下暗室内作增加 | 20-3-2 | |
| | 样板间内作增加 | 20-3-3 | |
| | 装饰成品增加 | 20-3-4 | |

## 二、 分部工程

超高施工增加，按总承包单位施工整体工程（含主体结构工程、外装饰工程、内装饰工程）编制。

建设单位单独发包外装饰工程时，单独施工的主体结构工程和外装饰工程，均应计算超高施工增加。

(1) 单独主体结构工程的定额适用，同整体工程。

单独外装饰工程，按设计室外地坪至外墙装饰顶坪的高度，执行相应檐高的定额子目。

(2) 建设单位单独发包内装饰工程，且内装饰施工无垂直运输机械、无施工电梯上下时，按内装饰工程所在楼层，执行表 2-20-1 对应子目的人工降效系数并乘以 2，计算超高人工增加。

单独内装修工程超高人工增加对照表      表 2-20-1

| 定额号 | 檐高（m） | 内装修最高层 | 定额号 | 檐高（m） | 内装修最高层 |
|---|---|---|---|---|---|
| 20-2-1 | ≤40 | 7～12 | 20-2-8 | ≤180 | 49～54 |
| 20-2-2 | ≤60 | 13～18 | 20-2-9 | ≤200 | 55～60 |
| 20-2-3 | ≤80 | 19～24 | 20-2-10 | ≤220 | 61～66 |
| 20-2-4 | ≤100 | 25～30 | 20-2-11 | ≤240 | 67～72 |
| 20-2-5 | ≤120 | 31～36 | 20-2-12 | ≤260 | 73～78 |
| 20-2-6 | ≤140 | 37～42 | 20-2-13 | ≤280 | 79～84 |
| 20-2-7 | ≤160 | 43～48 | 20-2-14 | ≤300 | 85～90 |

## 三、 工程量计算

### （一）超高施工增加

(1) 整体工程超高施工增加的计算基数为 ±0.00 以上工程的全部工程内容，但下列工程内容除外：

1) ±0.00 所在楼层结构层（垫层）及其以下全部工程内容；

2) ±0.00 以上的预制构件制作工程；

3) 现浇混凝土搅拌制作、运输及泵送工程；

4) 脚手架工程；

5) 施工运输工程（含垂直运输、水平运输、大型机械进出场）。

(2) 同一建筑物，檐口高度不同时，按建筑面积加权平均计算其综合降效系数。

综合降效系数＝∑（某檐高降效系数×该檐高建筑面积）÷总建筑面积

上式中：

1) 建筑面积，指建筑物 ±0.00 以上（不含地下室）的建筑面积。

2) 不同檐高的建筑面积，以层数多的地上层的外墙外垂直面（向下延伸到 ±0.00）为其分界。

3) 檐高小于 20m 建筑物的降效系数，按 0 计算。

（3）整体工程超高施工增加，按±0.00以上工程（不含除外内容）的定额人工、机械消耗量之和乘以相应子目规定的降效系数计算。

（4）单独主体结构工程和单独外装饰工程超高施工增加的计算方法，同整体工程。

（5）单独内装饰工程超高人工增加，按所在楼层内装饰工程的定额人工消耗量之和乘以"单独内装饰工程超高人工增加对照表"对应子目的人工降效系数的2倍计算。

（二）其他施工增加

（1）其他施工增加（装饰成品保护增加除外），按其他相应施工内容的定额人工消耗量之和乘以相应子目规定的降效系数（％）计算。

（2）装饰成品保护增加，按下列规定以面积计算：

1）楼、地面（含踢脚）、屋面的块料面层、铺装面层，按其外露面层（油漆涂料层忽略不计，下同）工程量之和计算。

2）室内墙（含隔断）、柱面的块料面层、铺装面层、裱糊面层，按其距楼、地面高度≤1.80m的外露面层工程量之和计算。

3）室外墙、柱面的块料面层、铺装面层、装饰性幕墙，按其首层顶板顶坪以下的外露面层工程量之和计算。

4）门窗、围护性幕墙，按其工程量之和计算。

5）栏杆、栏板，按其长度乘以高度之和计算。

6）工程量为面积的各种其他装饰，按其外露面层工程量之和计算。

超高施工增加（$x$）与其他施工增加（$y$，装饰成品保护增加除外）同时发生时，其相应系数连乘，即按系数$[(1+x)\times(1+y)-1]$计算。

# 附：措施项目工程量清单

## 1　脚手架工程

| 项目编码 | 项目名称 | 项目特征（略） | 计量单位 | 工程量计算规则 |
|---|---|---|---|---|
| 011701001 | 综合脚手架 | | | 按建筑面积计算 |
| 011701002 | 外脚手架 | | m² | 按所服务对象的垂直投影面积计算 |
| 011701003 | 里脚手架 | | | |
| 011701004 | 悬空脚手架 | | | 按搭设的水平投影面积计算 |
| 011701005 | 挑脚手架 | | m | 按搭设长度乘以搭设层数以延长米计算 |
| 011701006 | 满堂脚手架 | | | 按搭设的水平投影面积计算 |
| 011701007 | 整体提升架 | | m² | 按所服务对象的垂直投影面积计算 |
| 011701008 | 外装饰吊篮 | | | |

注：1. 使用综合脚手架时，不再使用外脚手架、里脚手架等单项脚手架；综合脚手架适用于能够按"建筑面积计算规则"计算建筑面积的建筑工程脚手架，不适用于房屋加层、构筑物及附属工程脚手架。

　　2. 同一建筑物有不同檐高时，按建筑物竖向切面分别按不同檐高编列清单项目。

　　3. 整体提升架已包括2m高的防护架体设施。

　　4. 脚手架材质可以不描述，但应注明由投标人根据工程实际情况按照国家现行标准《建筑施工扣件式钢管脚手架安全技术规范》JGJ 130—2011、《建筑施工附着升降脚手架管理暂行规定》（建［2000］230号）等自行确定。

## 2 混凝土模板及支架（撑）

| 项目编码 | 项目名称 | 项目特征（略） | 计量单位 | 工程量计算规则 |
|---|---|---|---|---|
| 011702001 | 基础 | | | |
| 011702002 | 矩形柱 | | | |
| 011702003 | 构造柱 | | | |
| 011702004 | 异形柱 | | | |
| 011702005 | 基础梁 | | | |
| 011702006 | 矩形梁 | | | |
| 011702007 | 异形梁 | | | |
| 011702008 | 圈梁 | | | 按模板与现浇混凝土构件的接触面积计算。 |
| 011702009 | 过梁 | | | 1. 现浇钢筋混凝土墙、板单孔面积≤0.3$m^2$ 的孔洞不予扣除，洞侧壁模板亦不增加；单孔面积 |
| 011702010 | 弧形、拱形梁 | | | >0.3$m^2$ 时应予扣除，洞侧壁模板面积并入墙、板工程量内计算 |
| 011702011 | 直形墙 | | | 2. 现浇框架分别按梁、板、柱有关规定计算；附墙柱、暗梁、暗柱并入墙内工程量计算 |
| 011702012 | 弧形墙 | | | 3. 柱、梁、墙、板相互连接的重叠部分，均不计算模板面积 |
| 011702013 | 短肢剪力墙、电梯井壁 | | | 4. 构造柱按设计图示外露部分计算模板面积 |
| 011702014 | 有梁板 | | | |
| 011702015 | 无梁板 | | | |
| 011702016 | 平板 | | | |
| 011702017 | 拱板 | | | |
| 011702018 | 薄壳板 | | | |
| 011702019 | 空心板 | | $m^2$ | |
| 011702020 | 其他板 | | | |
| 011702021 | 栏板 | | | |
| 011702022 | 天沟、檐沟 | | | 按模板与现浇混凝土构件的接触面积计算 |
| 011702023 | 雨篷、悬挑板、阳台板 | | | 按设计图示外挑部分尺寸的水平投影面积计算，挑出墙外的悬臂梁及板边不另计算 |
| 011702024 | 楼梯 | | | 按楼梯（包括休息平台、平台梁、斜梁和楼层板的连接梁）的水平投影面积计算，不扣除宽度≤500mm 的楼梯井所占面积，楼梯踏步、踏步板、平台梁等侧面模板不另计算，伸入墙内部分亦不增加 |
| 011702025 | 其他现浇构件 | | | 按模板与现浇混凝土构件的接触面积计算 |
| 011702026 | 电缆沟、地沟 | | | 按模板与电缆沟、地沟的接触面积计算 |
| 011702027 | 台阶 | | | 按设计图示台阶水平投影面积计算，台阶端头两侧不另计算模板面积。架空式混凝土台阶，按现浇楼梯计算 |
| 011702028 | 扶手 | | | 按模板与扶手的接触面积计算 |
| 011702029 | 散水 | | | 按模板与散水的接触面积计算 |
| 011702030 | 后浇带 | | | 按模板与后浇带的接触面积计算 |
| 011702031 | 化粪池 | | | 按模板与混凝土的接触面积计算 |
| 011702032 | 检查井 | | | |

注：1. 原槽浇灌的混凝土基础，不计算模板。
2. 混凝土模板及支架（撑）项目，只适用于以平方米计量，按模板与混凝土构件的接触面积计算。以立方米计量的模板及支架（撑），按混凝土及钢筋混凝土实体项目执行，其综合单价中应包含模板及支架（撑）。
3. 采用清水模板时，应在特征中注明。
4. 若现浇混凝土梁、板支撑高度超过 3.6m 时，项目特征应描述支撑高度。

### 3　垂直运输

| 项目编码 | 项目名称 | 项目特征（略） | 计量单位 | 工程量计算规则 |
|---|---|---|---|---|
| 011703001 | 垂直运输 | | 1. m² <br> 2. 天 | 1. 以平方米计量，按建筑面积计算 <br> 2. 以天计量，按施工工期日历天数计算 |

注：1. 建筑物的檐口高度是指设计室外地坪至檐口滴水的高度（平屋顶系指至屋面板板底的高度），凸出主体建筑物屋顶的电梯机房、楼梯出口间、水箱间、瞭望塔、排烟机房等不计入檐口高度。
　　2. 垂直运输指施工工程在合理工期内所需垂直运输机械。
　　3. 同一建筑物有不同檐高时，按建筑物的不同檐高做纵向分割，分别计算建筑面积，以不同檐高分别编码列项。

### 4　超高施工增加

| 项目编码 | 项目名称 | 项目特征（略） | 计量单位 | 工程量计算规则 |
|---|---|---|---|---|
| 011704001 | 超高施工增加 | | m² | 按建筑物超高部分的建筑面积计算 |

注：1. 单层建筑物檐口高度超过20m，多层建筑物超过6层时，可按超高部分的建筑面积计算超高施工增加。计算层数时地下室不计入层数。
　　2. 同一建筑物有不同檐高时，可按不同高度分别计算建筑面积，以不同檐高分别编码列项。

### 5　大型机械设备进出场及安拆

| 项目编码 | 项目名称 | 项目特征（略） | 计量单位 | 工程量计算规则 |
|---|---|---|---|---|
| 011705001 | 大型机械设备进出场及安拆 | | 台次 | 按使用机械设备的数量计算 |

### 6　施工排水、降水

| 项目编码 | 项目名称 | 项目特征（略） | 计量单位 | 工程量计算规则 |
|---|---|---|---|---|
| 011706001 | 成井 | | m | 按设计图示尺寸以钻孔深度计算 |
| 011706002 | 排水、降水 | | 昼夜 | 按排水、降水日历天数计算 |

注：相应专项设计不具备时，可按暂估量计算。

### 7　安全文明施工及其他措施项目

| 项目编码 | 项目名称 | 工作内容及包含范围 |
|---|---|---|
| 011707001 | 安全文明施工 | 1. 环境保护：现场施工机械设备降低噪声、防扰民措施；水泥和其他易飞扬细颗粒建筑材料密闭存放或采取覆盖措施等；工程防扬尘洒水；土石方、建渣外运车辆防护措施等；现场污染源的控制、生活垃圾清理外运、场地排水排污措施；其他环境保护措施 <br> 2. 文明施工："五牌一图"；现场围挡的墙面美化（包括内外粉刷、刷白、标语等）、压顶装饰；现场厕所便槽刷白、贴面砖，水泥砂浆地面或地砖，建筑物内临时便溺设施；其他施工现场临时设施的装饰装修、美化措施；现场生活卫生设施；符合卫生要求的饮水设备、淋浴、消毒等设施；生活用洁净燃料；防煤气中毒、防蚊虫叮咬等措施；施工现场操作场地的硬化；现场绿化、治安综合治理；现场配备医药保健器材、物品和急救人员培训；现场工人的防暑降温、电风扇、空调等设备及用电；其他文明施工措施 |

| 项目编码 | 项目名称 | 工作内容及包含范围 |
|---|---|---|
| 011707001 | 安全文明施工 | 3. 安全施工：安全资料、特殊作业专项方案的编制，安全施工标志的购置及安全宣传；"三宝"（安全帽、安全带、安全网）、"四口"（楼梯口、电梯井口、通道口、预留洞口）、"五临边"（阳台围边、楼板围边、屋面围边、槽坑围边、卸料平台两侧），水平防护架、垂直防护架、外架封闭等防护；施工安全用电，包括配电箱三级配电、两级保护装置要求、外电防护措施；塔式起重机等起重设备（含井架、门架）及外用电梯的安全防护措施（含警示标志）及卸料平台的临边防护、层间安全门、防护棚等设施；建筑工地起重机械的检验检测；施工机具防护棚及其围栏的安全保护设施；施工安全防护通道；工人的安全防护用品、用具购置；消防设施与消防器材的配置；电气保护、安全照明设施；其他安全防护措施<br>4. 临时设施：施工现场采用的彩色、定型钢板，砖、混凝土砌块等围挡的安砌、维修、拆除；施工现场临时建筑物、构筑物的搭设、维修、拆除，如临时宿舍、办公室、食堂、厨房、厕所、诊疗所、临时文化福利用房、临时仓库、加工场、搅拌台、临时简易水塔、水池等；施工现场临时设施的搭设、维修、拆除，如临时供水管道、临时供电管线、小型临时设施等；施工现场规定范围内临时简易道路铺设，临时排水沟、排水设施安砌、维修、拆除；其他临时设施搭设、维修、拆除 |
| 011707002 | 夜间施工 | 1. 夜间固定照明灯具和临时可移动照明灯具的设置、拆除<br>2. 夜间施工时，施工现场交通标志、安全标牌、警示灯等的设置、移动、拆除<br>3. 包括夜间照明设备及照明用电、施工人员夜班补助、夜间施工劳动效率降低等 |
| 011707003 | 非夜间施工照明 | 为保证工程施工正常进行，在地下室等特殊施工部位施工时所采用的照明设备的安拆、维护及照明用电等 |
| 011707004 | 二次搬运 | 由于施工场地条件限制而发生的材料、成品、半成品等一次运输不能到达堆放地点，必须进行的二次或多次搬运 |
| 011707005 | 冬雨期施工 | 1. 冬雨（风）期施工时增加的临时设施（防寒保温、防雨、防风设施）的搭设、拆除<br>2. 冬雨（风）期施工时，对砌体、混凝土等采用的特殊加温、保温和养护措施<br>3. 冬雨（风）期施工时，施工现场的防滑处理、对影响施工的雨雪的清除<br>4. 包括冬雨（风）期施工时增加的临时设施、施工人员的劳动保护用品、冬雨（风）期施工劳动效率降低等 |
| 011707006 | 地上、地下设施、建筑物的临时保护设施 | 在工程施工过程中，对已建成的地上、地下设施和建筑物采取的遮盖、封闭、隔离等必要保护措施 |
| 011707007 | 已完工程及设备保护 | 对已完工程及设备采取的覆盖、包裹、封闭、隔离等必要保护措施 |

注：本表所列项目应根据工程实际情况计算措施项目费用，需分摊的应合理计算摊销费用。

# 参 考 文 献

［1］ 山东省住房和城乡建设厅.《山东省建筑工程消耗量定额》SD01-31-2016. 北京：中国计划出版社，
2016.

［2］ 山东省工程建设标准定额站.《山东省2016版建筑工程消耗量定额技术交底》. 2016年.

［3］ 山东省住房和城乡建设厅.《山东省建设工程费用组成及计算规则》. 2016年.

［4］ 四川省建设工程造价管理总站等.《房屋建筑与装饰工程工程量计算规范》GB 50854—2013 . 北京：
中国计划出版社，2013.